D1693455

Paul Murdin

Die Entdeckung *des* Universums

Eine illustrierte Geschichte der Astronomie

KOSMOS

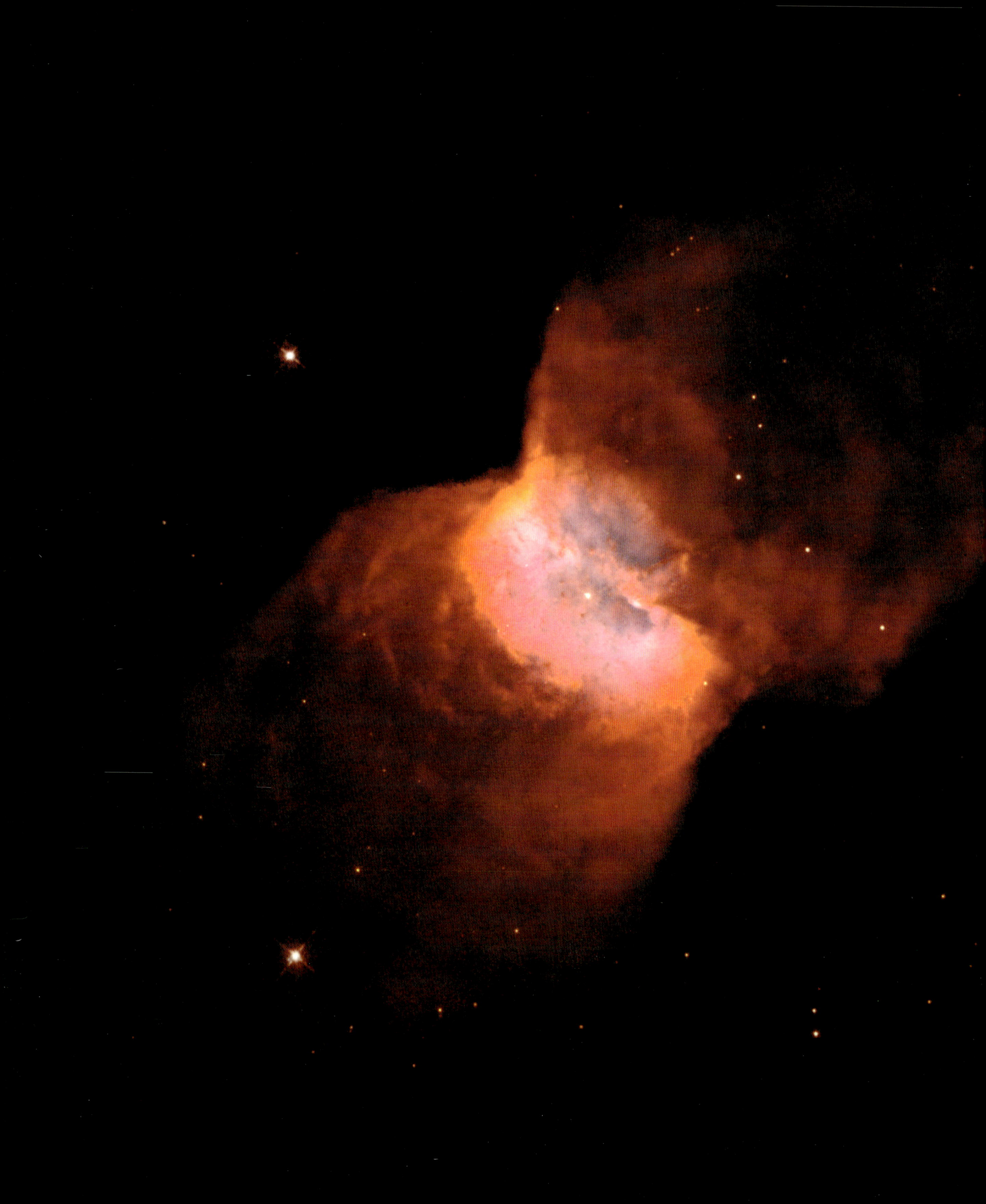

Inhalt

Vorwort 5
1 Bauwerke und Rechenhilfen 6
2 Beobachtungsinstrumente 10
3 Die Anfänge der Astronomie 12
4 Das geozentrische Weltbild 16
5 Astronomie des Mittelalters 20
6 Das kopernikanische Weltbild 24
7 Die Vermessung des Himmels 26
8 Entdeckungen mit dem Teleskop 28
9 Geheimnisvolle Planetenbahnen 34
10 Universelle Anziehung 38
11 Neue Augen für den Himmel 42
12 Neue Planeten 44
13 Die Sterne 50
14 Das Leben der Sterne 56
15 Sterbende Sterne 60
16 Neue Fenster zum Himmel 64
17 Explodierende Sterne 66
18 Die Entstehung der Elemente 70
19 Geburt von Sternen und Planeten 74
20 Die Erforschung der Planeten 78
21 Merkur und Venus 80
22 Erde, Mond und Mars 84
23 Die Gasriesen 90
24 Andere Planetensysteme 96
25 Die Milchstraße und andere Nebel 98
26 Das Reich der Galaxien 102
27 Aktive Galaxien und Quasare 108
28 Das expandierende Universum 110
29 Dunkle Materie und Energie 114
30 Leben im Universum 118
Register 120
Bildnachweis 123

Aus dem Englischen übersetzt von Hermann-Michael Hahn

Titel der Originalausgabe: Mapping the Universe,
erschienen bei Carlton Books Ltd. unter der ISBN 978-1-84732-885-4
Text © Paul Murdin, 2011
Layout © Carlton Books, 2011

Bildnachweis: Seite 123

Umschlaggestaltung von eStudio Calamar unter Verwendung
von Farbfotos von Akira Fujii/DMI (Sternbild Orion) und von
Thinkstock.com (Planet Erde)

Mit 123 Farbfotos, 22 Schwarzweißfotos, 25 Farbzeichnungen und
47 Schwarzweißzeichnungen

Unser gesamtes lieferbares Programm und viele
weitere Informationen zu unseren Büchern,
Spielen, Experimentierkästen, DVDs, Autoren und
Aktivitäten finden Sie unter **kosmos.de**

Gedruckt auf chlorfrei gebleichtem Papier

Für die deutschsprachige Ausgabe:
© 2014, Franckh-Kosmos Verlags-GmbH & Co. KG, Stuttgart
Alle Rechte vorbehalten
ISBN 978-3-440-13816-8
Projektleitung: Sven Melchert
Redaktion: Justina Engelmann
Produktion: Ralf Paucke
Printed in China / Imprimé en Chine

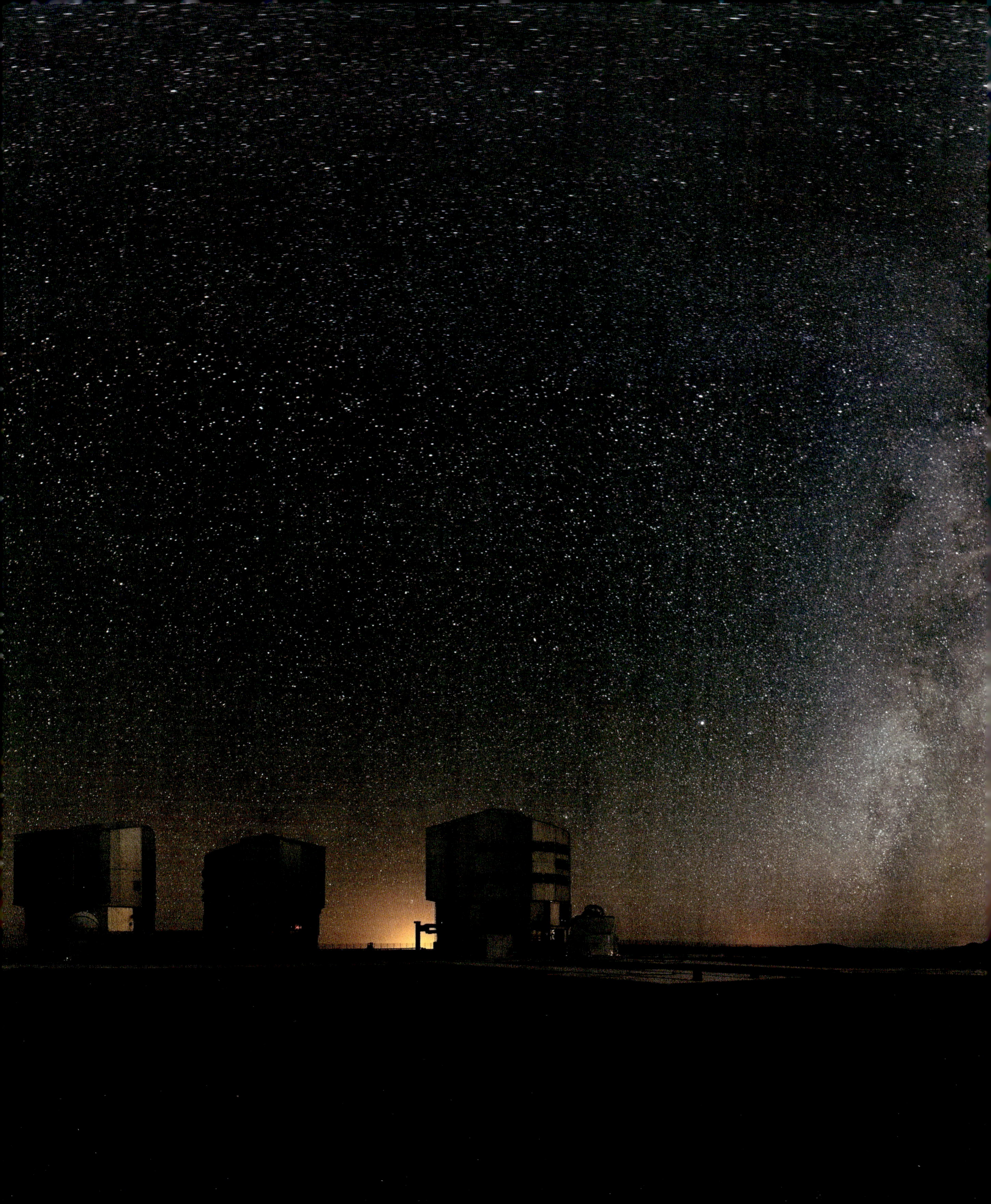

Vorwort

Der Nachthimmel ist ein Erbe der Menschheit. Jeder Mensch, der irgendwo auf der Welt zum Himmel blickt, sieht Sonne, Sterne und Planeten leuchten und wird zum Nachdenken über seine eigene Stellung im Universum angeregt. Dabei wird er zumindest vorübergehend aus den irdischen Belangen herausgehoben. Der gemeinsame Blick nach oben kann zwischenmenschliche Auseinandersetzungen entschärfen, denn dann stehen wir Seite an Seite statt Auge in Auge.

Man vermutet, dass sich schon unsere eiszeitlichen Vorfahren für den Himmel interessierten und Sternbilder sowie den Wechsel der Jahreszeiten und des Mondes kannten und nutzten, um die Zeit zu messen und Kalender zu führen. Die Beschäftigung mit den Sternen schuf die Grundlage für das Weltbild unserer Ahnen, das anfangs beinahe kindlich von einem dauerhaften, verlässlichen und nach unseren Bedürfnissen ausgerichteten Universum ausging. Später wuchs die Erkenntnis, dass wir nur ein unbedeutender Teil eines größeren Ganzen sind, in dem auch immer wieder Katastrophen stattfinden. Doch haben wir uns davon nicht erschrecken oder gar paralysieren lassen, sondern im Gegenteil begonnen, die Konsequenzen dieser für uns neuen Situation zu erforschen. So erlebt die Astronomie heute ein goldenes Zeitalter, in dem es längst nicht mehr um die Berechnung von Planetenbahnen geht, sondern um Antworten auf grundlegende Fragen unserer Existenz: Wie hat alles angefangen? Wie wird alles enden? Sind wir allein im Kosmos? Heute können wir diese Fragen wissenschaftlich angehen, und die Zahl der Antworten – zumindest auf Teilaspekte – nimmt allmählich zu.

Dieses Buch erzählt von der Entwicklung unseres Weltverständnisses durch die Jahrhunderte. Es berichtet, wie technische Fortschritte die Astronomie vorangebracht haben und umgekehrt. Dabei hängt die Wissenschaft natürlich nur zum Teil von der technischen Ausrüstung ab. Ganz entscheidend sind auch die Menschen mit ihren Irrtümern, Fehlern und plötzlichen Inspirationen, ihren logischen Folgerungen und ihren Visionen. So erzähle ich in diesem Buch die Geschichte der Astronomie anhand der Astronomen, beschreibe ihre Art zu denken und wie sie das Universum, in dem wir leben, immer besser verstanden haben. Ich bin stolz, selbst ein Astronom zu sein, und fühle mich mit meinen Vorgängern verbunden. Ich hoffe, dass ich ihre Geschichten mit Respekt und Einfühlsamkeit berichte.

Paul Murdin

Bauwerke und Rechenhilfen

Seit Menschengedenken haben unsere frühen Vorfahren mit Ehrfurcht und Neugier zum Nachthimmel aufgeblickt. Spätestens in der Steinzeit fügten sie die helleren Sternpunkte zu einprägsamen Mustern – den Sternbildern – zusammen, auf die sie ihre Götterwelt projizierten. Sie erkannten auch die regelmäßigen Positionsveränderungen bei einigen der hellsten Himmelsobjekte – den Planeten.

Das Interesse der prähistorischen Menschen am gestirnten Himmel wird durch zahlreiche Bauten belegt, aufwendige Bauwerke, mit denen die Positionen der Gestirne vermessen wurden. Die Ausrichtung dieser Gebäude erscheint auf den ersten Blick nur einer optimalen Ausnutzung von Sonnenlicht und -wärme zu dienen, doch nutzten die Priesterastrologen sie auch, um grundlegende Beobachtungen für ihre Kalenderrechnungen anzustellen, die für praktische Zwecke und rituelle Zeremonien erforderlich waren. Aus dem Glauben heraus, dass selbst die Mächtigsten den Vorgaben der Gestirne unterworfen waren, versuchten sie auch, den Lauf der Planeten vorauszusagen.

Die wohl bekannteste prähistorische astronomische Anlage ist Stonehenge, ein megalithisches Bauwerk im Südwesten Englands. Sein Herzstück ist eine kreisförmige Anordnung aus Megalithen (großen Steinblöcken), die als Pfeiler für einen horizontalen Ring aus Steinplatten dienten. Dieser Ring aus steinernen Toren war von kreisförmig angeordneten Ringen aus Steinen, Holzpalisaden und Gräben umgeben. Stonehenge liegt inmitten prähistorischer Grabhügel, und der Zugang erfolgte über einen von Osten nach Westen führenden Prozessionsweg. Der Steinkreis verfügte über Öffnungen und Visurlinien zu den Sonnenaufgangspunkten während der Sonnenwenden.

Stonehenge wurde zwischen 3100 und 1600 v. Chr. gebaut. Diese lange Nutzungsdauer, der erforderliche Aufwand, die Umgebung und die Tatsache, dass der Ort nie bewohnt war, lassen vermuten, dass Stonehenge als Gedenkstätte für wichtige Verstorbene diente und die rituellen Termine aus dem Sonnenlauf abgeleitet wurden.

1963 verwies der Astronom Gerald Hawkins (1928–2003) darauf, dass zahlreiche Verbindungslinien zur Vorhersage von Finsternissen hätten genutzt werden können. Der Kosmologe Fred Hoyle (1915–2001) entwickelte diese Hypothese weiter, stieß aber auf Kritik von Archäologen. Es gibt aber kaum Zwei-

Rechts: Stonehenge im Südwesten Englands ist eine komplexe Steinsetzung, die auf bestimmte Sonnenaufgangspunkte ausgerichtet ist.

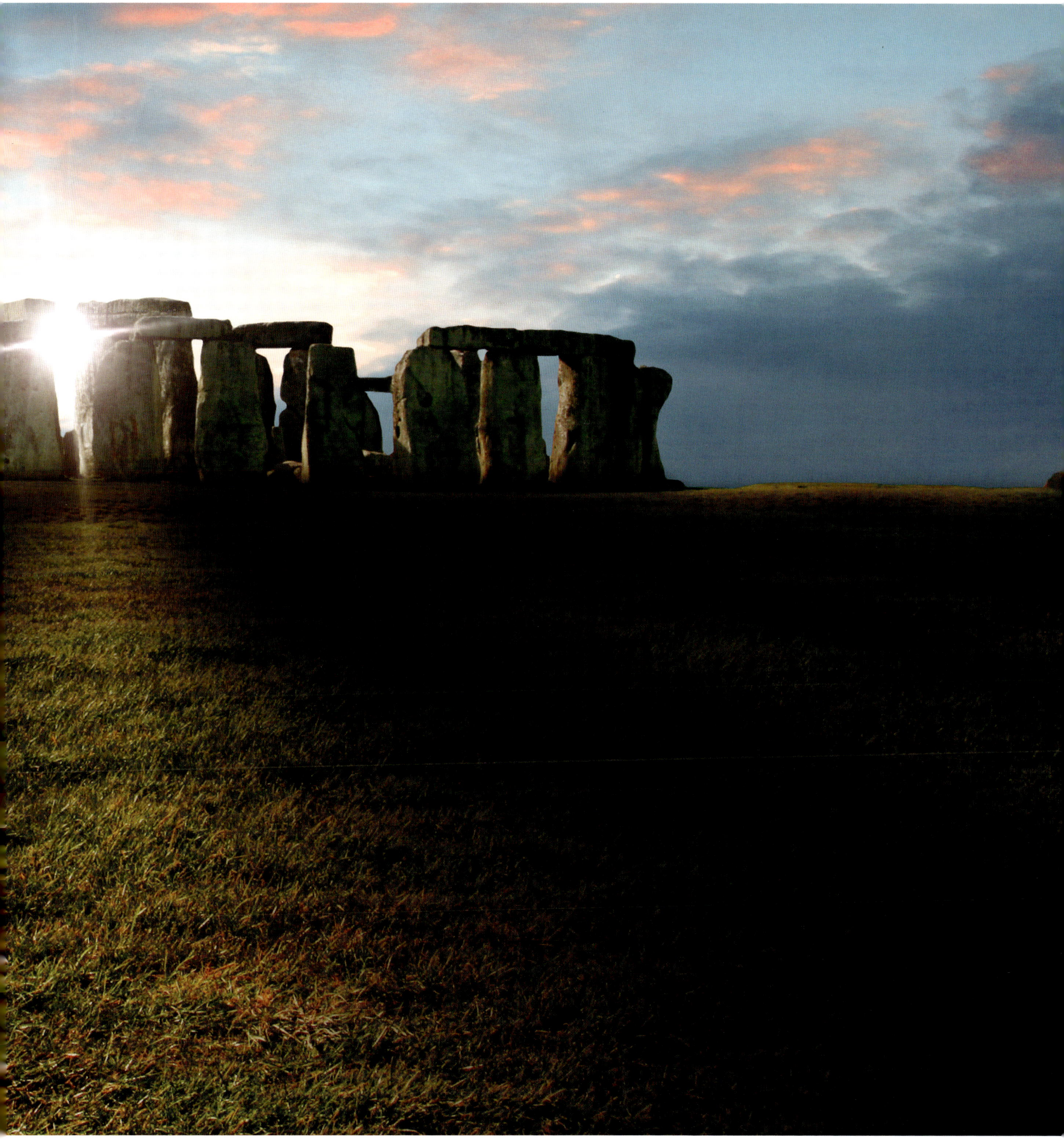

fel an der erwähnten Hauptausrichtung, die schon 1740 dem Altertumsforscher William Stukeley (1687–1765) aufgefallen war.

Ähnliche Ausrichtungen hat man bei anderen megalithischen Bauwerken in Großbritannien und in der Bretagne gefunden. Ein Beispiel ist das Ganggrab bei Newgrange in der irischen Grafschaft Meath. Hier sorgt eine Öffnung über dem Türsturz dafür, dass das Licht der aufgehenden Sonne zur Wintersonnenwende das Innere des Grabes ausleuchtet.

Sonne, Sterne und Steine

Die Pyramiden von Gizeh sind ebenfalls präzise ausgerichtet, und zwar in Ost-West-Richtung. Dies kann nur mit astronomischen Mitteln erreicht worden sein. Der Tempel des Sonnengottes Amun-Re in Karnak unweit von Theben war auf die aufgehende Sonne zur Zeit der Wintersonnenwende ausgerichtet; der ganze Tempelkomplex orientiert sich nach der Sonne.

Während der Blütezeit der Chaco-Canyon-Kultur in New Mexico (zwischen 900 und 1150 n. Chr.) beobachteten die Menschen dort von bestimmten Orten den Sonnenaufgang hinter den Bergen und verfolgten so den Lauf der Jahreszeiten, um die richtigen Zeitpunkte für ihre Feldbestellung und rituellen Feste bestimmen zu können. Ihre „Nachfolger", die Hopi-Indianer, beherrschen diese Praxis noch heute. Im Südwesten der USA und im Nordwesten Mexikos findet man zahlreiche andere prähistorische Orte mit Sonnenvisuren zur Kalenderfixierung. Man kann sich gut vorstellen, dass es vor allem in Gegenden mit kurzen Wachstumsperioden wichtig war, den Sonnenlauf aufmerksam zu verfolgen. Nur mit einer Aussaat zum rechten Moment blieb den Feldfrüchten wie etwa Mais genügend Zeit bis zur Reife.

In der gleichen Gegend stießen die beiden Astronomen Helmut Abt und Bill Miller 1950 im Navajo Canyon und in White Mesa auf Felszeichnungen, die ein anderes Phänomen darstellten: Die Mondsichel und ein heller Stern, den die Ureinwohner dort „verewigt" hatten, könnten die Supernova von 1054 zeigen, die am 4. Juli jenes Jahres von chinesischen Astronomen neben der abnehmenden Mondsichel entdeckt worden war. Auch im Pueblo Bonito des Chaco Canyon wurde ein solches Piktogramm zusammen mit den Umrisslinien einer Hand gefunden.

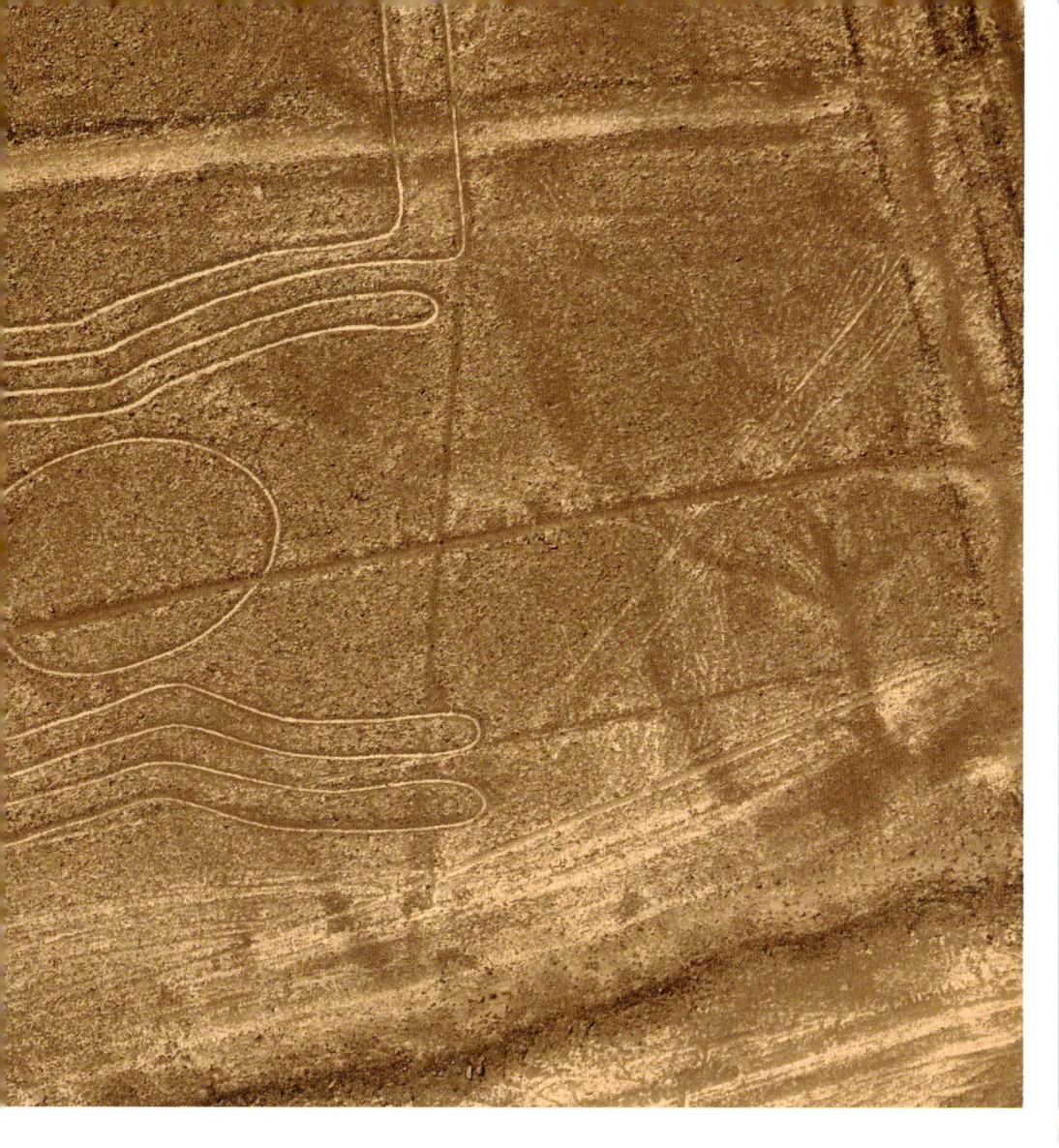

DIE ASTRONOMIE DER MAYAS

Die Mayas im vorkolumbianischen Mexiko hatten detaillierte Kenntnisse über die Bewegung der Planeten. Der sogenannte Gouverneurspalast in Uxmal, einer Maya-Ruinenstadt auf der Halbinsel Yucatan, ist auf einen Azimutwinkel von 118 Grad ausgerichtet, den südlichsten Aufgangspunkt der Venus, der alle acht Jahre einmal erreicht wird. Dies allein wäre kaum erwähnenswert, wenn die Außenwand des Palastes nicht zugleich mit Darstellungen der Venus und der Tierkreissternbilder geschmückt wäre. Auch der Kalender der Mayas hat einen starken Bezug zum Lauf der Venus. Das älteste erhaltene „Buch" aus dem amerikanischen Raum, der sogenannte Dresdner Kodex, ist ein astronomisches Kompendium, das die Grundlagen der Kalenderrechnung unter Einbeziehung jahreszeitlicher, medizinischer, religiöser und astrologischer Hinweise beschreibt. Es stammt wohl aus dem 11. Jahrhundert, stützt sich aber auf deutlich ältere Daten. Ein anderes Maya-Bauwerk, El Castillo oder die Kukulcán-Pyramide in Chichén Itzá, hat 365 Stufen und besitzt wie andere Gebäude dieses Komplexes astronomische Ausrichtungen auf Sonne, Mond und Venus.

Unten: Die Fassade der obersten Etage des Gouverneurspalastes in der Maya-Ruinenstadt Uxmal ist mit zahlreichen Symbolen mit astronomischer Bedeutung geschmückt.

Links oben: Diese Steinritzung mit Stern und Mondsichel im Chaco Canyon (USA) gilt als Darstellung der Supernova vom 4. Juli 1054, die in dieser Kombination zu beobachten war. Mit der Hand ist das Bild „signiert".

Oben: Diese Spinnendarstellung bei Nazca in Peru wird von Dr. Phillis Pitluga vom Adler-Planetarium Chicago als Variante des Sternbilds Orion gedeutet.

Links: Nach Ansicht des Astronomen Norman Lockyer (1836–1920) war die große Halle des Tempels von Amun-Re in Karnak auf den Sonnenuntergangspunkt der Mittsommersonne ausgerichtet. Diese Lithografie wurde 1843 von dem Ägyptologen Richard Lepsius erstellt.

Die südamerikanischen Inkas im heutigen Peru setzten ebenfalls astronomische Beobachtungen zur Kalenderrechnung ein. In Cusco, der Hauptstadt des Inkareichs, bauten sie ausgehend vom Sonnentempel Coricancha im Stadtzentrum radial nach außen verlaufende Pfade, die auf natürliche oder künstlich angelegte Marken am Horizont zuführten. Hier gibt es also Ausrichtungen in alle möglichen Richtungen, und sie wären glatt übersehen worden, wenn es keine schriftlichen Hinweise dazu gegeben hätte.

Ebenfalls in Peru trifft man auf die Zeichnungen von Nazca, die zwischen 400 und 650 n. Chr. dadurch entstanden, dass lange Rillen in Wüstengestein geschabt wurden. Sie zeigen Vögel, Säugetiere, Spinnen und anderes Getier sowie einfach gerade verlaufende Linien. Nach einer nicht unumstrittenen Deutung durch die Archäologin Maria Reiche (1903–1998) handelt es sich dabei um einen Sonnenkalender …

Beobachtungs-instrumente

Vor der Erfindung des Fernrohrs waren die Geräte zur Vermessung von Gestirnspositionen simple Visierstäbe. Die einfachste Version war der Jakobsstab, mit dessen Hilfe man die Höhe eines Gestirns über dem Horizont bestimmen konnte, um zum Beispiel die eigene Position auf der Erde zu ermitteln. Dazu hielt man das Gerät so an die Wange, dass das untere Ende des Querstabes auf dem Horizont „stand", und verschob diesen Stab aufrecht gehalten dann so lange, bis sein oberer Rand den Stern berührte. Auf dem Längsstab konnte man dann den passenden, dort eingetragenen Höhenwinkel des Gestirns ablesen.

Mit einem Quadranten oder Sextanten konnte man den Abstand zwischen zwei Gestirnen ermitteln. Beide Geräte verfüg-

Rechts: Auf diesem Holzdruck von 1531 wird die Benutzung eines Jakobsstabs gemäß einer Anleitung von Jacob Köbel demonstriert.

Unten: Die große Armillarsphäre von 1442 im Garten der alten Sternwarte von Peking wird – einem traditionellen Entwurf von 1074 folgend – von vier Drachen getragen. Weitere Instrumente zur Beobachtung von Gestirnspositionen sind auf einer erhöhten Beobachtungsplattform aufgestellt, von wo man einen freieren Blick zum Himmel hat.

ASTRONOMIE IN CHINA

Astronomie wurde am chinesischen Kaiserhof aus zweierlei Gründen betrieben: Erstens wollte man die Zukunft aus himmlischen Vorzeichen ableiten und zweitens die Einhaltung des Kalenders garantieren. Die alte Sternwarte in Peking besitzt eine besonders reiche Sammlung an großen astronomischen Messgeräten aus der Zeit vor der Erfindung und Verbreitung des Fernrohrs. Sie wurde 1442 errichtet und 1673 erneuert. Zum Teil handelt es sich um Rekonstruktionen älterer Geräte, die meisten anderen wurden von dem Jesuitenpater Ferdinand Verbiest (1623–1688) entworfen. Sie wurden im chinesischen Stil gefertigt, so auch die große Armillarsphäre (links), die genutzt wurde, um die Positionen von Sonne, Mond und Sternen am Himmel durch Anvisieren und Ablesen an den passenden Skalen zu bestimmen.

ten über zwei bewegliche Visierhilfen, die um einen gemeinsamen Drehpunkt justiert werden konnten. Mit ihnen peilte man die beiden Gestirne gleichzeitig an. Auf der kreisbogenförmigen Skala, die – je nach Bautyp – ein Viertel oder ein Sechstel des Vollkreises abdeckte (daher der Name Quadrant oder Sextant) wurde dann der Abstand zwischen den Gestirnen abgelesen. Zumeist wurden die Sterne von mehreren Personen vermessen und dann ein Mittelwert gebildet.

Mauerquadranten mit sehr großen Skalen erlaubten eine entsprechend genaue Höhenmessung der vorbeiziehenden Gestirne in Nord-Süd-Richtung. Den Gipfel der Himmelsvermessung mit bloßem Auge im architektonischen Sinn markiert das Jantar-Mantar-Observatorium, das zwischen 1727 und 1734 von dem indischen Maharadscha Jai Singh II. von Jaipur zur Vermessung der Sonnenposition errichtet wurde.

Astrolabien wurden als tragbare Instrumente ähnlich wie Mauerquadranten benutzt, wobei die Metallscheibe mit den Skalen (die Mater) an einem Ring senkrecht nach unten gehalten wurde. Der Visierstab, die Alhidade, war drehbar im Zentrum befestigt. Eine zweite, durchbrochene Metallplatte, die Rete, enthielt die Positionen von etlichen markanten Sternen und konnte meist auf der anderen Seite drehbar eingelegt werden. Mit ihrer Hilfe ließen sich aus den Messungen einiger Gestirnshöhen Ort und Zeit der Beobachtung ermitteln. Astrolabien wurden bereits in der Antike entwickelt, möglicherweise durch den griechischen Astronomen Hipparchos, aber erst durch islamische Gelehrte wurden sie zu den heute bekannten reich verzierten Instrumenten. Seither waren sie vornehmlich zur Bestimmung der vorgeschriebenen Gebetszeiten und der genauen Ausrichtung nach Mekka im Einsatz.

Astrologie und Medizin

In der hellenistischen, der indischen und der islamischen Kultur, aber auch im Europa vor 1650 wurden Astrolabien auch für medizinische Diagnosen und Behandlungen genutzt. Mit ihrer Hilfe konnte ein Arzt den Anblick des Himmels etwa zum Zeitpunkt der Geburt eines Kranken ermitteln, um dann herauszufinden, welche astrologischen Aspekte die einzelnen Organe des Kranken besaßen – zwischen beiden wurden enge Beziehungen vermutet. Zweifellos hatte dieser Hokuspokus mit einem komplizierten Gerät auch eine beruhigende Wirkung, da er das Vertrauen des Patienten in den „allwissenden" Arzt stärkte.

Oben: Dieses Astrolabium wurde im 16. Jahrhundert von dem flämischen Instrumentenbauer Gualterus Arsenius gefertigt. Die Spitzen der kunstvoll gefertigten Rete markieren die Positionen markanter Sterne. Um die Uhrzeit zu bestimmen, wurden sie durch Drehen über dem dahinter sichtbaren Gradnetz so eingestellt, dass die Werte den mit dem Visierstab gemessenen Höhenwinkeln entsprachen.

Rechts: Eine der größten Sonnenuhren steht im Jantar-Mantar-Observatorium im indischen Jaipur. Der Schatten der Treppe zeigt auf dem großen Mauerring die Ortszeit an.

Die Anfänge der Astronomie

Die Sternbilder

Die Sammlung der uns heute vertrauten Sternbilder wurde erstmals von Eudoxos von Knidos (etwa 410–350 v. Chr.) nach dem Studium alter Schriften in der Bibliothek von Alexandria zusammengestellt. Die Originale und seine eigene Arbeit sind zwar verschollen, aber es gibt eine poetische Version seiner *Phainómena* genannten Abhandlung von dem griechischen Dichter Aratos von Soloi (etwa 310–240 v. Chr.). Die aufgeführten Sternbilder – vorwiegend des nördlichen Himmels – sind hauptsächlich Menschen- und Tiergestalten der griechischen Mythologie gewidmet.

Die älteste bekannte bildliche Darstellung ist auf dem *Farnese-Atlas* zu finden, einer mehr als 2000 Jahre alten Skulptur, die den Titanen Atlas mit der Himmelskugel auf den Schultern zeigt. Im Bereich des Himmelssüdpols existiert eine große Lücke, deren Position und Größe Rückschlüsse auf Entstehungszeit und -ort der Vorlage erlaubt. Danach dürfte der Himmelsglobus den Anblick von einem Ort auf 33 Grad nördlicher Breite zeigen und aus der Zeit der mittelassyrischen Königreiche um 1100 v. Chr. stammen. Einige bruchstückhafte Tontafeln verweisen auf noch frühere mesopotamische Darstellungen um 1700 v. Chr.

Die Sternbilder des Südhimmels, die heute die Lücke füllen, wurden in der Neuzeit geschaffen, als europäische Seefahrer und Forscher die Südhalbkugel der Erde erkundeten. Zum Teil sind sie nach modernen technischen Geräten benannt, wie etwa die Luftpumpe oder das Mikroskop, aber auch das Kreuz des Südens gehört dazu, das auf mehreren Nationalflaggen verewigt wurde.

Die frühesten Darstellungen einzelner Sternmuster findet man in den Höhlenzeichnungen von Lascaux (Frankreich) und El Castillo (Spanien), deren Alter auf 16.500 Jahre geschätzt wird. Dort kann man die Plejaden, die nördliche Krone und das Sommerdreieck erkennen.

Das Sternbild Großer Bär enthält sieben hellere Sterne, die wir gerne zum Großen Wagen zusammenfassen. In seiner ursprünglichen Form markierten die vier Sterne des Wagenkastens den Bären und die drei übrigen Sterne drei Jäger. Diese Vorstel-

Rechts: 1668 vollendete Johannes Vermeer sein Gemälde Der Astronom, *das seinen Delfter Nachbarn, den Optiker Anton van Leeuwenhoek zeigt. Der Astronom vergleicht die Angaben eines Buches über Navigation mit einem Himmelsglobus von Jodocus Hondius, der die Sternbilder in ausgeschmückter Form präsentiert.*

lung hatten sowohl die Griechen, Basken und Juden der Antike als auch Stämme in Zentralasien und in Nordamerika, wie etwa die Cherokee, Algonquin, Zuni, Tlingit und Irokesen. Da die Ureinwohner Nordamerikas vor rund 14.000 Jahren über die damals trocken gefallene Beringstraße von Ostasien aus eingewandert sind, dürfte der Große Bär als Sternbild zumindest so alt sein. Möglicherweise ist er das älteste, heute noch gebräuchliche Kulturgut der Menschheit.

Andere Kulturen und Zivilisationen haben ihre eigenen Sternbilder. Auch die chinesischen Sternbilder sind sehr alt, sie enthalten ebenfalls den Großen Bären. In einem neolithischen Grab in Henan Puyang aus der Zeit um 4000 v. Chr. ist diese Figur in einem Wandbild durch eine Reihe von Muscheln dargestellt. Man findet sie auch auf der Sternkarte von Dunhuang, der ältesten erhaltenen Sternkarte auf Papier, die etwa zwischen 650 und 680 n. Chr. entstanden ist.

Astrologie und die Planeten

Von der heutigen Wissenschaft wird die Astrologie als Irrglaube angesehen, doch regte das astrologische Interesse ursprünglich durchaus zu intensiven Himmelsbeobachtungen an, die damit auch zur Grundlage der astronomischen Forschung wurden. Die Astrologen gehen davon aus, dass die Stellung der Planeten innerhalb der Tierkreiszeichen einen Einfluss auf das irdische Geschehen habe. Danach könnten der Charakter und das Schicksal einer Person aus ihrem Horoskop abgeleitet werden, das eine Auflistung der Planetenkonstellationen zum Zeitpunkt ihrer Geburt (oder Zeugung) zeigt. In gleicher Weise sollte man zum Beispiel auch den Ausgang eines Abenteuers aus dem Horoskop des Abenteurers zum Zeitpunkt des Ereignisbeginns herauslesen können. Es gibt zahlreiche astrologische „Schulen" einschließlich der chinesischen und indischen Varianten, aber die in der westlichen Welt gebräuchlichste Form leitet sich von jener des griechisch-römischen Ägyptens des ersten Jahrhunderts ab.

Die Anforderung, die Planetenpositionen für ein Horoskop berechnen zu können, veranlasste den Astronomen Claudius

Rechts: Atlas mit der Himmelskugel. Dieser römische Farnese-Atlas basiert auf einer griechischen Vorlage aus dem 2. Jahrhundert v. Chr. Der Himmelsglobus enthält die von Aratos beschriebenen Sternbildfiguren und gilt als älteste Darstellung unserer modernen Sternbilder.

Ptolemäus (etwa 90–168 n. Chr.) in Alexandria dazu, das damalige astronomische Wissen im *Almagest* („Die große Abhandlung") und seinem astrologischen Anhang *Tetrabiblos* („Vier Bücher") zusammenzufassen. Die beiden Werke sind uns durch arabische Übersetzungen überliefert. Darin wird das Universum als System von ineinander geschachtelten kristallenen Sphären beschrieben, die sich um die Erde in ihrem Zentrum drehen. Außerdem wird erläutert, wie man die Positionen der Planeten berechnet.

Eigentlich sollten sich die Himmelskörper auf perfekten Kreisbahnen bewegen – dies zumindest hatte der griechische Philosoph Aristoteles (384–322 v. Chr.) gefordert. Tatsächlich aber ziehen sie manchmal schneller, dann wieder langsamer vor den Sternen einher und kehren ihre Bewegungsrichtung mitunter sogar um. Ptolemäus entwickelte daher ein komplexes System aus zahlreichen Hilfskreisen (Epizykeln), um diese Geschwindigkeits- und Richtungswechsel zu erklären. In der einfachsten Form wandert ein Planet auf einem Kreis, dessen Mittelpunkt seinerseits auf einem Kreis um die Erde läuft. In Wirklichkeit waren aber Dutzende solcher Epizykel erforderlich, um die Bewegung der Planeten einigermaßen zu beschreiben. Kein Wunder, dass die schiere Komplexität dieses Systems die Epizykel später zu einer Metapher für schlechte Wissenschaft werden ließ.

Links: Portrait von Ptolemäus nannte der Maler Joos van Gent dieses Bild um 1475. Er stellte Ptolemäus wie einen König dar, vielleicht in Anspielung auf die gleichnamige ägyptische Dynastie.

Unten: Der Große Bär aus dem Himmelsspiegel, *dem handkolorierten Kartensatz einer „Dame" (in Wirklichkeit von Reverend Richard Rouse Bloxam, London, 1825). Die Löcher an den Sternpositionen simulierten den Anblick des Himmels, wenn man die Karte vor eine leuchtende Kerze hielt.*

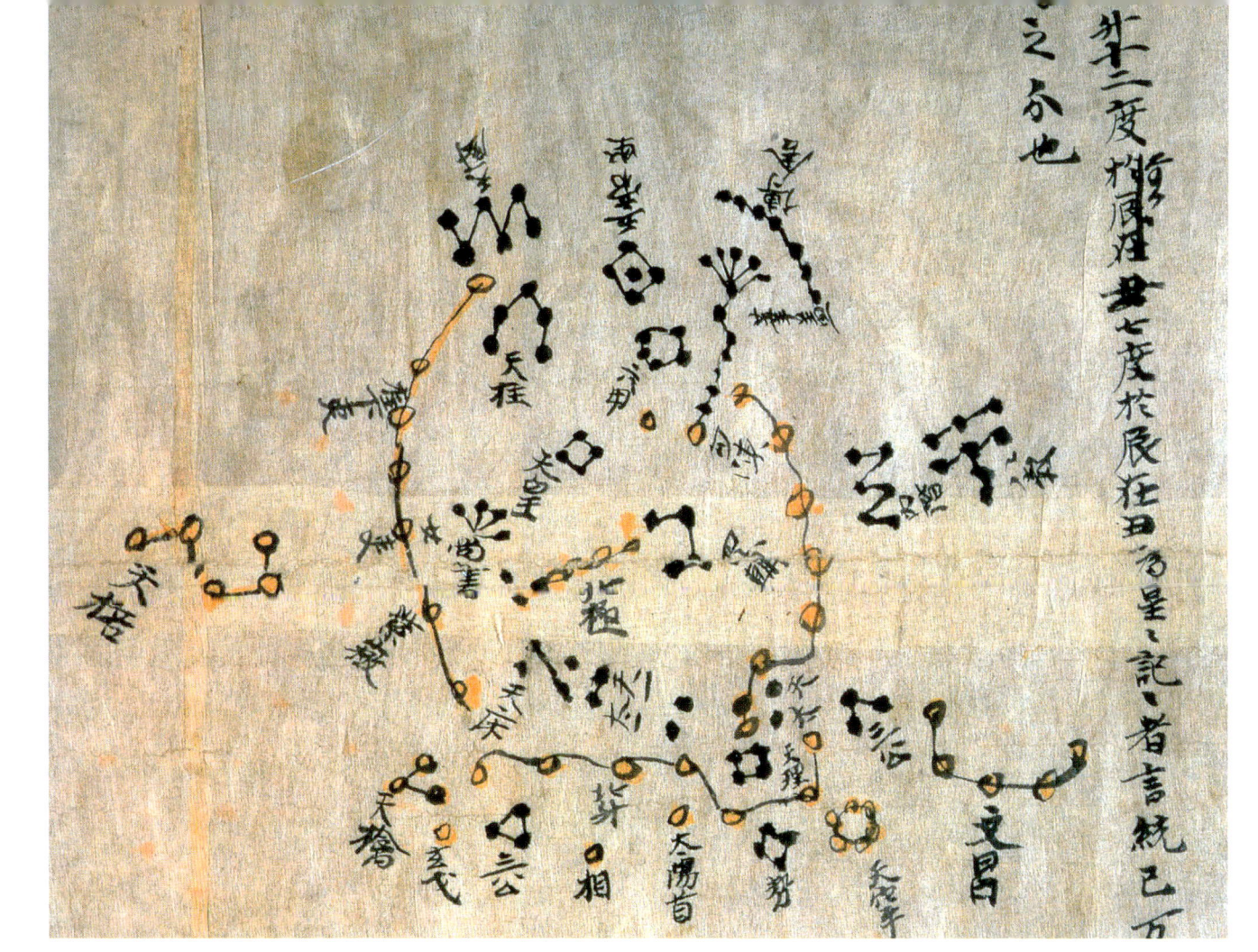

Rechts: Die zirkumpolaren Sternbilder einschließlich des Großen Bären (unten) auf der Sternkarte von Dunhuang (um 650–680 n. Chr.). Die Karte wurde 1900 entdeckt, nachdem sie rund 900 Jahre in der Bibliothek eines buddhistischen Tempels im Westen Chinas zwischen 30.000 Büchern überdauert hatte.

DER TIERKREIS

Der Tierkreis umschließt die Bahnen von Sonne, Mond und Planeten am Himmel. Er geht auf die babylonische Astronomie zurück. Ursprünglich enthielt dieser Himmelsstreifen sechs Tiergestalten, die später durch weitere Figuren wie zum Beispiel die Waage auf eine Gesamtzahl von zwölf ergänzt wurden. Heute wird der Tierkreis in zwölf gleich lange Abschnitte unterteilt, die Tierkreiszeichen. Mit den entsprechenden Sternbildern haben sie nur noch die Namen gemein, weil sich die Erdachse seither gegenüber dem Himmel so weit verlagert hat, dass die Tierkreiszeichen und Sternbilder gleichen Namens um rund 30 Grad gegeneinander verschoben sind.

Rechts: Die Planeten umrunden die Erde in einer Ebene und erscheinen so stets vor dem Band des Tierkreises und seiner Sternbilder und Zeichen. Diese perspektivische Darstellung des Sonnensystems stammt aus dem *Atlas Coelestis* von Andreas Cellarius (Amsterdam, 1660) und wurde von diesem als Tychonisches Modell nach Tycho Brahe bezeichnet. Tatsächlich handelt es sich hier aber um eine frühere Vorstellung, die von dem wenig bekannten römischen Gelehrten Martinanus Capella aus dem 5. Jahrhundert n. Chr. stammt. Darin wandern Merkur und Venus um die Sonne, während die Sonne und alle anderen Planeten die Erde umkreisen.

4

Das geozentrische Weltbild

Thales von Milet (etwa 624–546 v. Chr.) gilt als der erste griechische Philosoph. Nach einem Bericht des Geschichtsschreibers Herodot (etwa 480–424 v. Chr.) sagte er die berühmte Sonnenfinsternis von 585 v. Chr. voraus. Sie ereignete sich während einer Schlacht zwischen Lydern und Medern, die über dieses himmlische Zeichen angeblich so erschrocken waren, dass sie ihre Waffen wegwarfen und Frieden schlossen.

Thales nahm an, dass alles aus Wasser bestehe und das unterschiedliche Aussehen der Dinge auf den verschiedenartigen Erscheinungsformen des Wassers beruhe. Damit versuchte er erstmals, die komplexe Natur mit der Zusammensetzung aus einfacheren Bestandteilen zu erklären – ein Verfahren, das von Aristoteles weiterentwickelt wurde. Dieser fasste seine Gedanken zum Aufbau der Materie zu einer Theorie über den Aufbau der Welt zusammen. Noch heute beschreiten die Kosmologen einen ähnlichen Weg.

Aristoteles glaubte, die irdischen Dinge würden sich aus anderen Elementen zusammensetzen als die Himmelskörper. Alles Irdische sollte aus den vier Elementen Erde, Feuer, Wasser und Luft bestehen. Eisen enthielt danach vorwiegend Erde sowie geringe Anteile der anderen Elemente. Die himmlischen Objekte dagegen bestanden aus einer fünften Substanz, dem Äther (oder der Quintessenz), der gewichtslos war und sich nicht veränderte.

Aristoteles ging davon aus, dass diese Elemente zu ihren natürlichen Orten strebten: Luft zum Beispiel nach oben und Erde zum Mittelpunkt der Welt hin. Die Erde befand sich im Zentrum des Universums, umgeben von einer Reihe konzentrischer Kristallsphären, die Sonne, Mond, die Planeten und – ganz außen – die Sterne trugen. Diese Sphären bewegten sich ewig und stets gleichbleibend kreisend um die Erde. Eine solche Kreisbewegung war unabdingbar für die als vollkommen angenommenen himmlischen Objekte, da der Kreis die vollkommene geometrische Figur darstellt. Um die beobachtete ungleichförmige Bewegung der Planeten zu erklären, schlug Aristoteles vor, dass die Planeten selbst auf zusätzlichen, eingebetteten Sphären herumgeführt würden, insgesamt rund 50 an der Zahl. Die äußerste Schale mit den Fixsternen sollte durch den unbewegten „ersten Beweger" angetrieben werden. Während Aristoteles dahinter jedoch keinen Antrieb im physikalisch-mechanischen Sinne vermutete, war dies später anders. In einer berühmten, mittelalterlichen Holzschnitten nachempfundenen Darstellung karikierte der französische Astronom Camille Flammarion (1842–1925) den ersten Beweger des geozentrischen Weltbilds durch ein Getriebe von Zahnrädern zwischen den einzelnen Sphären.

Unten: Die Bronzebüste des Aristoteles, die der Bildhauer Lysippos im Auftrag Alexanders des Großen fertigte, ist zwar verschollen, durch zeitgenössische Marmorkopien aber trotzdem „erhalten" geblieben. Die Gesichtszüge geben das Aussehen des griechischen Philosophen im Alter von rund 40 Jahren wieder.

Rechts: Ein Pilger blickt am Ende der Welt durch die Himmelssphäre auf den Mechanismus, der Sterne und Planeten in Bewegung hält. Die Darstellung im Stil eines mittelalterlichen Holzschnitts wurde 1888 von dem französischen Astronomen Camille Flammarion veröffentlicht und illustriert das ptolemäische Weltbild der Antike und des Mittelalters.

DIE ERSTE KOMPLEXE RECHENMASCHINE

Flammarions fantasievolle Darstellung des Himmelsgetriebes fand eine überraschende Entsprechung in einem uhrwerkähnlichen Gebilde, das als Mechanismus von Antikythera bekannt geworden ist. Das Gerät aus der Zeit um 150–100 v. Chr. wurde zu Beginn des 20. Jahrhunderts in einem Schiffswrack vor der griechischen Insel Antikythera entdeckt. Es ist entsprechend den Theorien des griechischen Astronomen Hipparchos (etwa 190–120 v. Chr.) entworfen worden. Dieser hatte unter anderem einen präzisen Sternkatalog erstellt, um mögliche neue Sterne zweifelsfrei identifizieren zu können. Aus dem Vergleich mit älteren Messungen hatte er festgestellt, dass sich die Positionen der Sterne relativ zur Erde langsam verschieben. Beobachtungen der Planetenbewegungen aus babylonischer Zeit hatten ihm auch dabei geholfen, geometrische Verfahren zur Berechnung der Positionen von Sonne, Mond und Planeten zu entwickeln, die die Grundlage für den Mechanismus von Antikythera lieferten.

Links: Einige der über 30 Zahnräder des Antikythera-Mechanismus haben den 2000-jährigen Rostfraß am Boden des Mittelmeers überdauert.

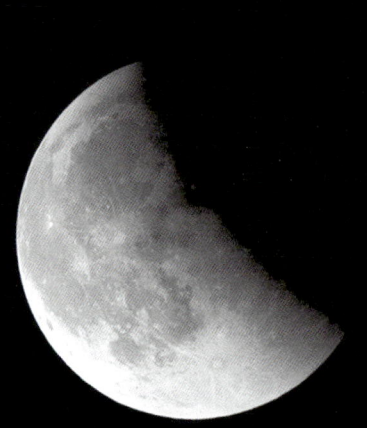

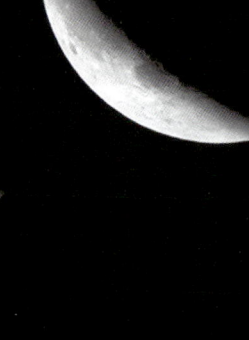

DIE FORM DER ERDE

Der Geograf und langjährige Leiter der Bibliothek von Alexandria, Eratosthenes von Kyrene (etwa 276–195 v. Chr.), erkundete unter anderem die Gestalt der Erde. Während einige frühe Philosophen, darunter Leukippos (im 5. Jahrhundert v. Chr.) und Demokrit (etwa 460–370 v. Chr.), die Auffassung vertreten hatten, dass die Erde eine flache Scheibe sei, gab es gewichtige Argumente zugunsten einer Kugelgestalt. So erwies sich der Schatten der Erde bei jeder Mondfinsternis gleichermaßen als rund, was nur bei einem kugelförmigen Körper möglich ist, zudem konnte der Ausguck im Mast eines Schiffs die nahende Küste schon früher erkennen als die Mannschaft an Deck. Eratosthenes bestimmte nun die Größe der Erde. Er hatte gehört, dass die Sonne zur Sonnenwende in oberägyptischen Syene (unweit des heutigen Assuan) mittags genau im Zenit stand und sich im Wasser eines tiefen Brunnens spiegelte. Als er am gleichen Termin die Schattenlänge eines hohen Turms in Alexandria bestimmte, stellte er fest, dass die Sonne dort um den 50. Teil eines Vollkreises nach Süden versetzt stand. Anschließend bestimmte er die Entfernung zwischen Alexandria und Syene, indem er die Umdrehungen eines Messrades entlang dieser Strecke zählte. So konnte er den Gesamtumfang der Erde zu 50 mal 5000 Stadien ermitteln. Leider wissen wir nicht genau, als wie lang ein Stadion damals angesehen wurde, doch dürfte der resultierende Erdumfang bei rund 45.000 Kilometern gelegen haben – auffallend nah am heute gebräuchlichen Wert von etwa 40.000 Kilometern. Erstaunlich ist, dass ungeachtet dieser unter den Gelehrten durchaus verbreiteten Vorstellung von einer kugelförmigen Erde die meisten Menschen die Erde weiterhin für eine Scheibe hielten. Entsprechend spekulierten viele Zeitgenossen von Kolumbus, er könne am Rand der Erdscheibe herunterfallen. Kolumbus dagegen kannte die wahren Gefahren seiner Reise: Stürme, Meuterei, Mangelernährung und vielleicht auch Seeungeheuer.

Oben links: *Der kalifornische Künstler Antar Dayal illustrierte um 2000 die Vorstellung einer flachen Erde, an deren Rand Schiffe herunterfallen.*

Oben: *Montage der totalen Mondfinsternis vom 21. 1. 2000. Der kreisförmige Rand des Erdschattens auf dem Mond verweist auf die Kugelgestalt der Erde. Die orangerote Färbung des Mondes geht auf Licht zurück, das durch die Erdatmosphäre in den Erdschatten gelenkt wird.*

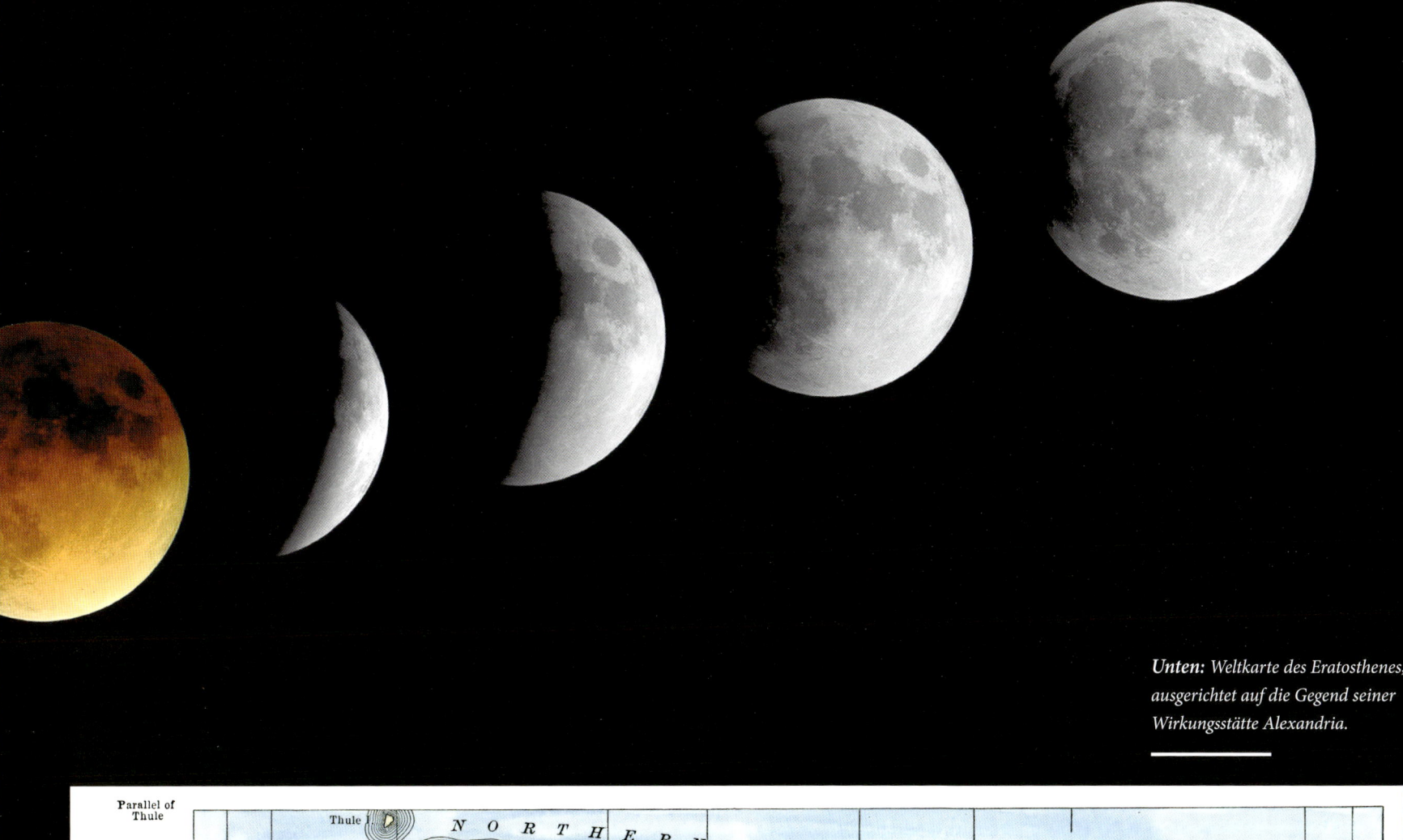

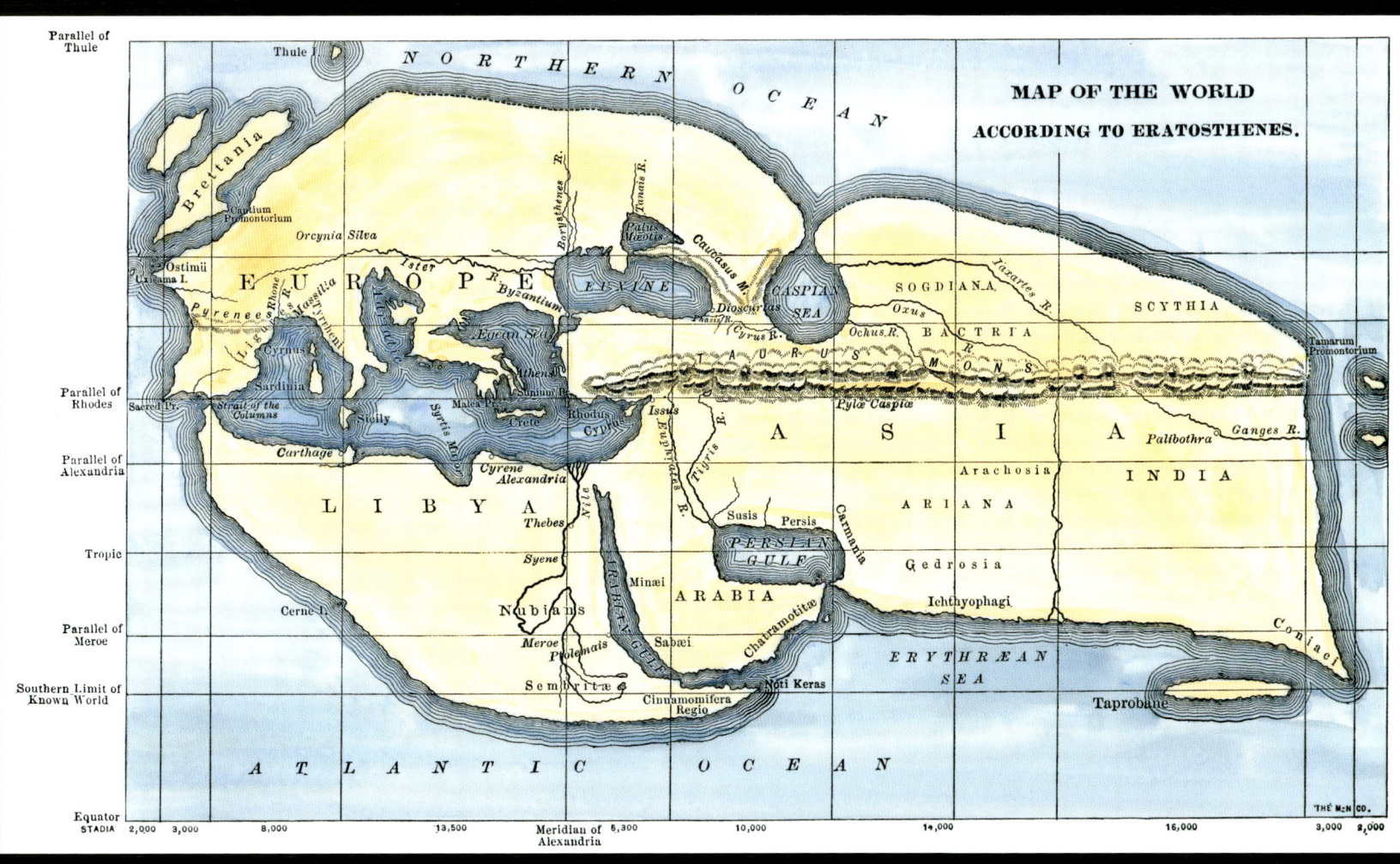

Unten: Weltkarte des Eratosthenes, ausgerichtet auf die Gegend seiner Wirkungsstätte Alexandria.

Astronomie des Mittelalters

Im zweiten vorchristlichen Jahrhundert übernahmen die Römer die führende Rolle im Mittelmeerraum. Da sie die griechische Kultur in vielen Feldern fortsetzten, schrieben Gelehrte wie Ptolemäus ihre Abhandlungen weiter in griechischer Sprache. Nach dem Ende des weströmischen Reiches im fünften Jahrhundert entwickelte sich die Astronomie im mittelalterlichen Europa und in der islamischen Welt auf getrennten Wegen.

Die Rolle der Kirche

Mit dem Zusammenbruch des römischen Reiches begann in Europa das „finstere Mittelalter", in dem viel römisches Wissen verlorenging und astronomische Theorien in das christliche Weltbild eingebaut wurden. Dabei konzentrierte man sich auf zwei Hauptthemen: die Zeitmessung, die für ein gleichzeitiges Feiern von wichtigen Festen in der gesamten Christenheit sehr wichtig war, und die Kosmologie, durch die Wissenschaft und Theologie verträglich aufeinander abgestimmt wurden.

Die Verschmelzung aristotelischer Kosmologie mit christlicher Theologie dauerte ihre Zeit. Zwischen den Gedanken des Aristoteles und den Schriften des Alten Testaments gab es zunächst keine erkennbaren Verbindungen. Diese wurden erst im 13. Jahrhundert durch den Dominikanerpater Thomas von Aquin (1225–1274) und seine Schüler geschaffen. Er identifizierte den ersten Beweger des Aristoteles mit Gott, der für jede der acht Kristallsphären einen Engel zur Bewegung abgestellt hatte. Jenseits der Himmelssphären für die sieben Planeten und dem Firmament der Fixsterne wähnte man eine neunte Sphäre, in der die Wasser des Himmels gesammelt waren. Daran schloss sich in der griechischen Vorstellung das ruhende Empyreum an, der Wohnort der Götter, den die Thomisten mit dem Himmel identifizierten. Aufgrund der Vollkommenheit Gottes musste auch der Himmel vollkommen und ewig sein – im Gegensatz zu unserer vergänglichen irdischen Existenz. Diese Philosophie wurde zur Lehrmeinung der christlichen Kirche.

Die Zeitmessung war ein eher technisch-mathematisches Problem und daher weniger kontrovers diskutiert. Lehrer in Klöstern und Universitäten in ganz Europa, unter ihnen der irische Mönch Johannes von Sacrobosco (etwa 1195–1256), verfassten Bücher zur mathematischen Astronomie und beschrieben darin auch die Konstruktion und den Gebrauch von Sonnenuhren zur täglichen Zeitmessung. Nachts verwendeten Seefahrer und Astronomen das sogenannte Nokturnal, ein Instrument, das von dem spanischen Seefahrer Martín Cortés de Albacar (1510–1582) ausführlich beschrieben worden war. Es nutzte die Positionen markanter Sterne (zum Beispiel der hinteren Kastensterne des Großen Wagens) zur Zeitmessung auf einer 24-Stunden-Skala.

Links: Tragbare Kombination aus Sonnenuhr und Nokturnal, um 1560 aus Messing gefertigt. Zur Zeitbestimmung musste man zunächst die Skala drehen, bis Mitternacht auf das Datum zeigte. Dann hängte man das Gerät an der Öse auf und richtete das zentrale Loch auf den Polarstern. Anschließend drehte man den Zeiger, bis er auf die hinteren Kastensterne des Großen Wagens wies, und las dann auf der Skala die Uhrzeit ab.

Rechts: Hans Holbein der Jüngere malte 1533 Die Botschafter. Das Bild zeigt zwei französische Gesandte am Hof Heinrichs VIII., reiche und gebildete Männer mit weitreichenden Kenntnissen aus Kunst und Wissenschaft. Das demonstriert die Fülle von Gerätschaften auf dem Tisch zwischen ihnen, darunter Sonnenuhr und Himmelsglobus.

Ser.mo Prĩcipe.

Galileo Galilei Humiliss.o Seruo della Ser:ma V:a inuigilan=
do assiduam.te, et d'ogni spirito p[er] potere nõ solam[ente] satisfare
al carico che tiene della lettura di Matematiche nello Stu=
dio di Padoua,

Striue d'auere determinato di presentare al Ser.mo Prĩcipe
l'Ochiale et d'essere di giouamento inestimabile p[er] ogni
negozio et impresa marittima o terrestre stima di tenere que=
sto nuouo artifizio nel maggior segreto et solam[ente] a dispositione
di S. Ser:a L'Ochiale cauato dalle più recõdite speculazioni di
prospettiua hà il uantaggio di scoprire Legni et Vele dell'inimico
p[er] due hore et più di tempo prima ch'egli scuopra noi et distinguendo
il numero et la qualita de i Vasselj, giudicare le sue forze
p[er] allestirsi alla caccia al combattimento o alla fuga, ò pure anco
nella cãpagna aperta uedere et particolarm.te distinguere ogni suo
moto et preparamento.

―――――――――― Adi 7. di Gennaro ――――――――――

Gioue si uedde così ⚹ * ♃ * oui:

Adi 8 così   ori * ♃ * *   10.   11.
                                   ⚹ * * *   ⚹ * * *

♃ * * * era dū.q diretto et nõ retrogrado   oui:

Adi 12. si uedde in tale costituzione * * ⚹ *

Il 13 si uedduno uicinissi.e à Gioue 4 stelle * ⚹ * * * ò meglio così
                                                          * ⚹ * * *

Adi 14 è nugolo

Il 15 ⚹ * * *   oui:
      * la prossa à ♃ era la minre la 4a era di=
stante dalla 3a il doppio ĩcirca.
Lo spazio delle 3 ocidẽtali nõ era   ⚹ * * *   * * * *
maggiore del diametro di ♃ et e=   ⚹ * * *
rano in linea retta.   ⚹ * * *
                                          ♃ long. 71.38 Lat. 1.13

AST_04_ENV 1

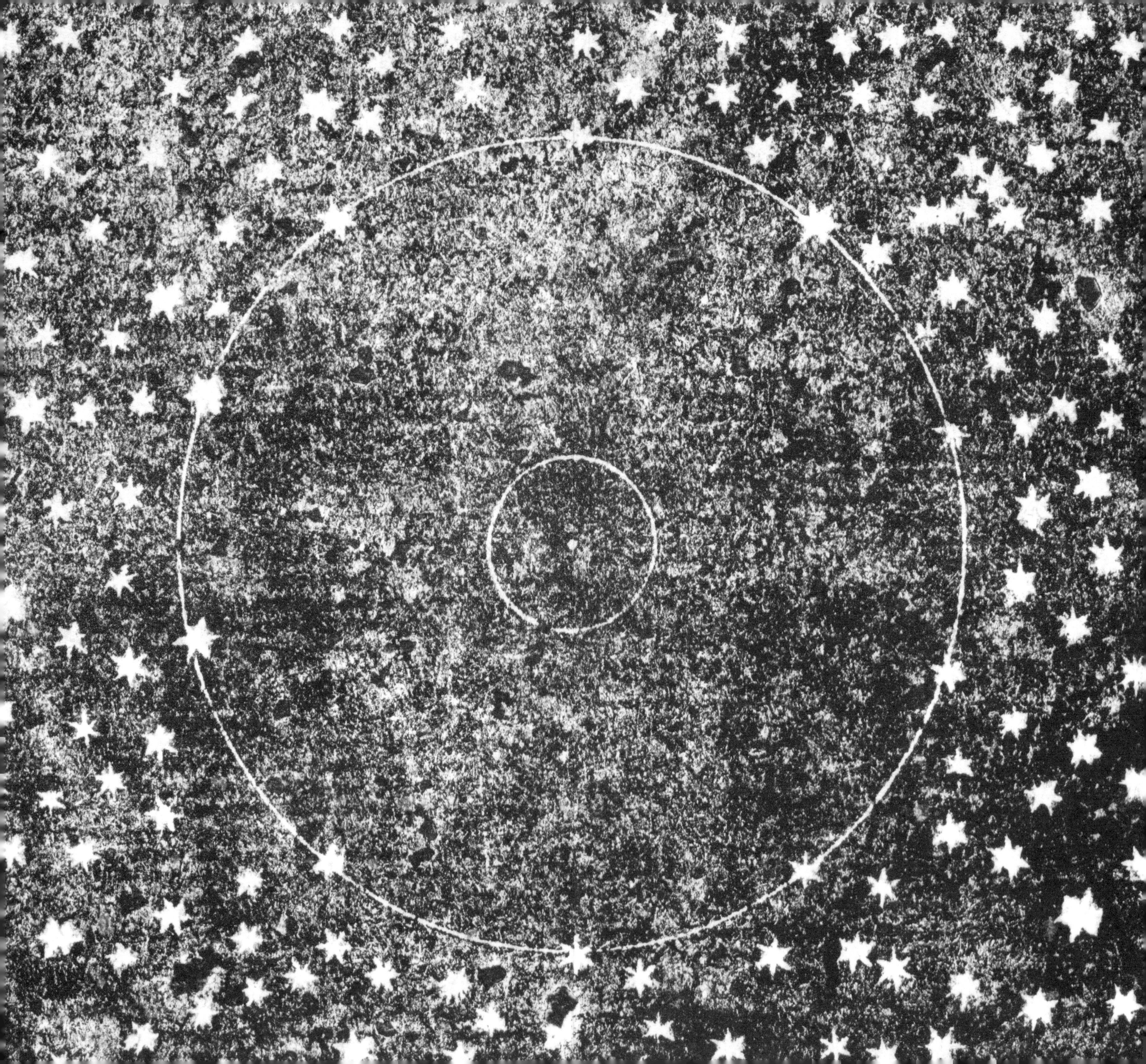

1532
Mensis

Oriens

Occidens

September

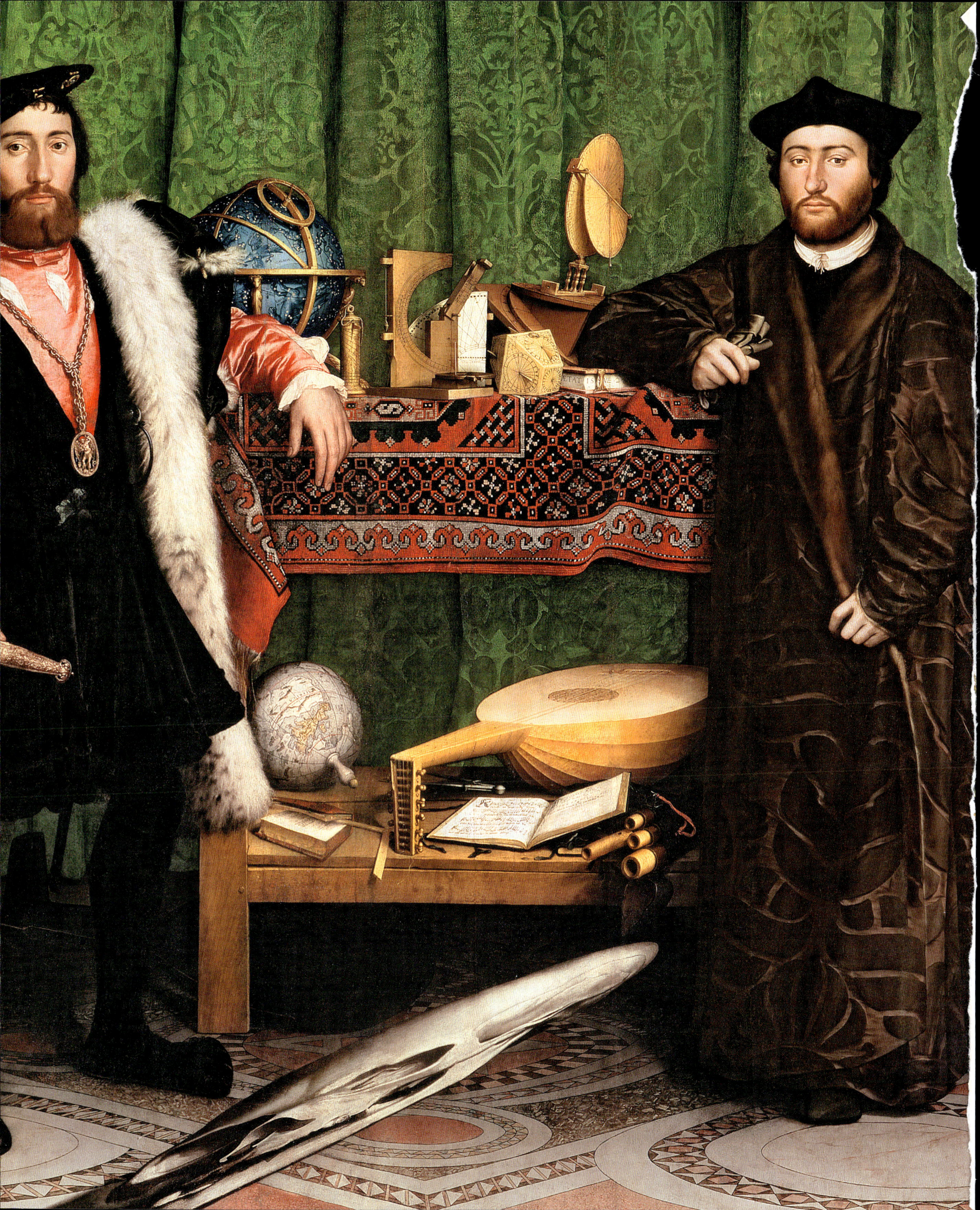

SCIPIO TVRAMINVS CRESCENTII FILVIS CV FVERIT MAGISTRATVS BICCHERNÆ
CAMERARIVS TEMPORE QVO GREGORIVS XIII PONTIFEX MAXIMVS ANNO REFORMAVE
IN PERPETVAM HVIVS REI MEMORIAM HANC TABOLA PINGERE FECIT

Dagegen stellte ein präziser Kalender eine Herausforderung dar. Ein Sonnenjahr ist geringfügig kürzer als 365,25 Tage. Will man also das Kalenderdatum in Übereinstimmung mit den Jahreszeiten halten, muss man etwa alle vier Jahre einen zusätzlichen Schalttag einfügen. Julius Cäsar hatte dazu 45 v. Chr. die Regel eingeführt, dass auf jeweils drei Gemeinjahre mit 365 Tagen ein Schaltjahr folgen müsse. Trotzdem begannen die Jahreszeiten langsam immer früher, denn ein (tropisches) Sonnenjahr dauert nur etwa 365,24219 Tage. Entsprechend hatte sich der Kalender gegenüber den Jahreszeiten im 16. Jahrhundert um rund zehn Tage verspätet. Im Bereich der weströmischen Kirche wurde dieser Fehler 1582 durch eine päpstliche Bulle von Gregor XIII. beseitigt. Er verfügte, dass auf den 4. Oktober gleich der 15. Oktober folgte, und fortan drei Schaltjahre in einem Zeitraum von 400 Jahren ausfielen. Allerdings dauerte es einige Jahrhunderte, bis diese gregorianische Kalenderreform überall in Europa umgesetzt wurde.

Das entscheidende Problem der Kalenderrechnung war die korrekte Bestimmung des Ostertermins, zu dem an das Leiden und die Auferstehung Christi erinnert wurde. Dieser Termin sollte passend zum jüdischen Pessachfest liegen. Der jüdische Kalender aber verknüpfte das Sonnenjahr mit dem Mondlauf, wobei das Pessachfest stets auf den ersten Vollmond nach der Frühjahrstagundnachtgleiche fiel. Aufgrund von Ungenauigkeiten in der Vorausberechnung der Bewegungen von Sonne und Mond war es immer wieder zu Unstimmigkeiten beim Ostertermin gekommen. Auch sie wurden – zumindest für die römisch-katholische Kirche – durch die päpstliche Bulle ausgeräumt, doch bis heute halten viele Ostkirchen an ihrer eigenen Berechnung des Ostertermins fest.

Oben: Papst Gregor XIII. lässt sich von Astronomen aus der Kommission zur Erneuerung des römischen Kalenders über die Details der Verschiebung der Tierkreiszeichen informieren.

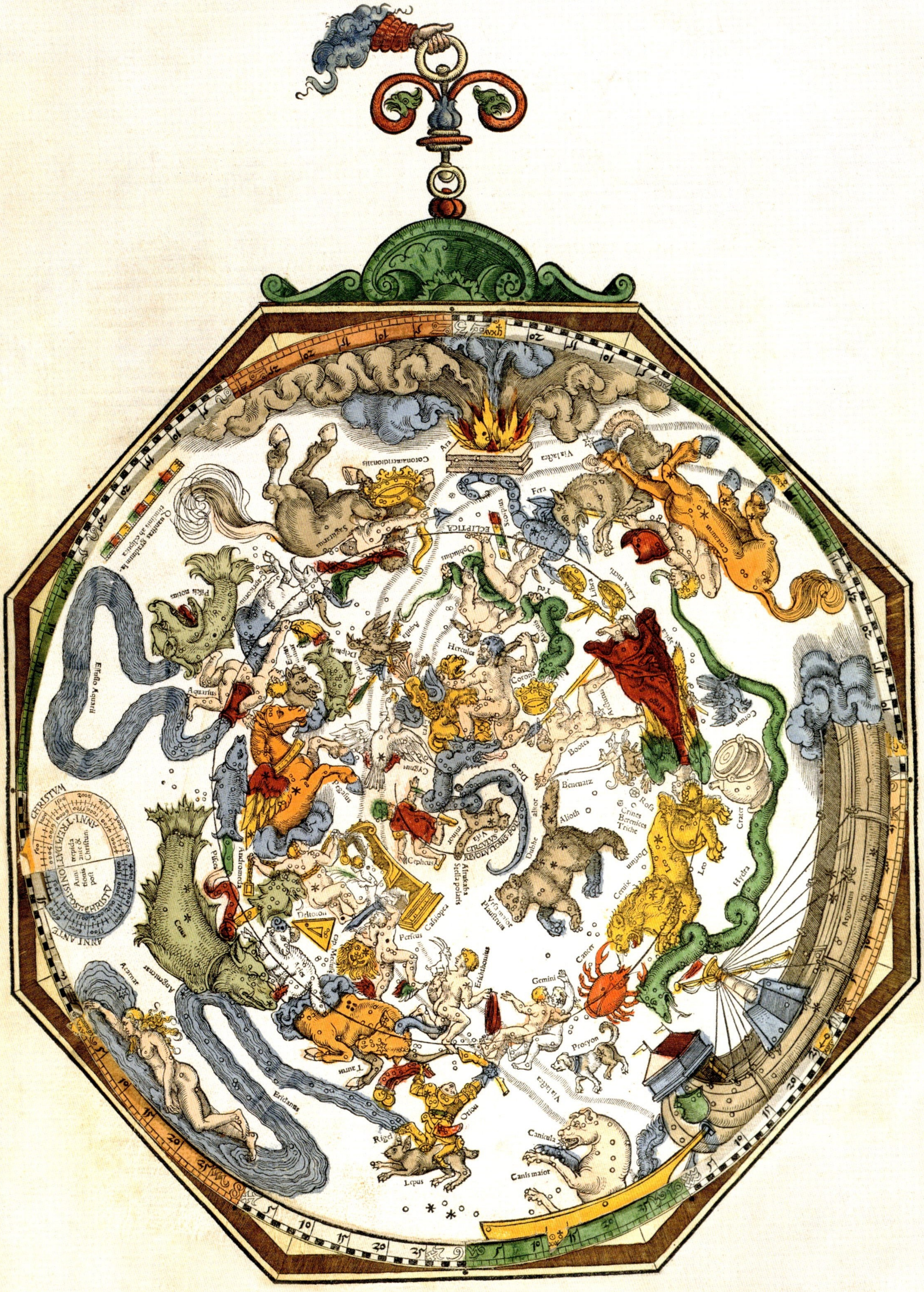

HISTORISCHE DOKUMENTE

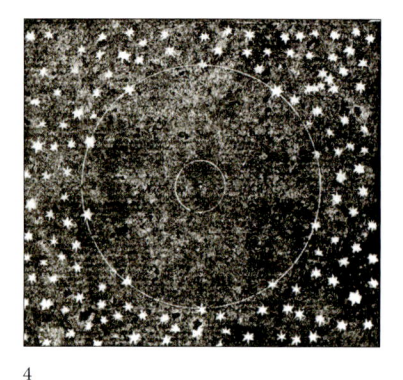

1 2 3 4

Dokument 1:
Der Große Komet von 1532

Diese Wasserfarbenzeichnung des Kometen von 1532 stammt aus einem Buch des 16. Jahrhunderts. Sie zeigt den Kometen vor einer Wolke, passend zur damaligen Vorstellung, dass Kometen atmosphärische Erscheinungen seien. Nach seiner Entdeckung Ende 1532 wurde dieser helle Komet noch vier Monate lang verfolgt, vorübergehend war er sogar am Taghimmel zu sehen. Da er zur gleichen Zeit erschien, zu der die Spanier die „Neue Welt" eroberten, glaubten viele, er habe den Untergang der Azteken und Inkas angekündigt. In Deutschland wurde er unter anderem von Peter Apian beobachtet, der bemerkte, dass der Kometenschweif stets von der Sonne weggerichtet erschien. Später nahm Edmond Halley an, dieser Komet von 1532 sei möglicherweise identisch mit jenem von 1661, weil sie auf ähnlichen Bahnen zögen. Er erkannte ja auch, dass die Bahn des von ihm selbst beobachteten Kometen von 1682 mit jenen von 1531 und 1607 übereinstimmte. Halley sagte die Wiederkehr „seines" Kometen für 1758 voraus. Es scheint aber, dass der Komet von 1532 tatsächlich nur ein „einmaliger" Besucher des inneren Sonnensystems war.

Dokument 2:
Galileis Jupiterbeobachtungen, 1610

1609 entwarf Galileo Galilei einen Brief an Leonardo Donato, den Dogen von Venedig, worin er ihm eines der von ihm gefertigten Teleskope anbot und dessen Nutzen für die Verteidigung der Stadt gegen feindliche Schiffe betonte. Er schickte den Brief am 24. 8. 1609 ab und behielt den Entwurf (hier als Faksimile) als Kopie. Im Januar 1610 nutzte er den freien Raum auf dem unteren Teil des Blatts, um seine ersten Beobachtungen der Jupitermonde zu skizzieren.

Übersetzung des Textes:

„Hochwohlgeborener Fürst,

ich, Galileo Galilei, verneige mich untertänigst vor Eurer Hoheit, stets darauf achtend und mit aller Kraft darauf bedacht, nicht nur Eure Erwartungen an meine mathematischen Vorlesungen in Padua zu erfüllen, sondern Euch auch in Kenntnis zu setzen darüber, dass ich mich entschlossen habe, Eurer Hoheit ein Teleskop zu präsentieren, das bei allen Unternehmungen zu Lande und auf dem Wasser von großer Hilfe sein wird. Ich versichere Ihnen, dass ich diese neue Erfindung als großes Geheimnis behandeln und nur Eurer Hoheit zeigen werde. Das Teleskop wurde zur genauesten Untersuchung entfernter Objekte gebaut. Mit ihm kann man feindliche Schiffe zwei Stunden früher entdecken als mit bloßem Auge, und man kann ihre Zahl und Stärke beurteilen, um vorbereitet zu sein, sie zu jagen, anzugreifen oder vor ihnen zu fliehen. Ebenso kann man im offenen Gelände alle Details erkennen und jede Bewegung und Vorbereitung des Feindes verfolgen."

Dokument 3:
Galileis Zeichnungen des Mondes, 1610

Zwei von Galileis vier ersten Zeichnungen des Mondes, die 1610 als Kupferstiche in seinem Buch *Sidereus Nuncius* („Der Sternenbote") veröffentlicht wurden. Sein Fernrohr hatte ein Gesichtsfeld, das viel kleiner als der Monddurchmesser war, so dass er seine Detailskizzen später wie ein Puzzle zu einer Gesamtansicht zusammenfügen musste. Entsprechend weichen seine Mondansichten von modernen Fotografien und genauen Karten der Mondoberfläche ab, und es ist schwierig, einzelne Formationen wie etwa den auffälligen, kreisrunden Krater im unteren Bild an der Licht-Schatten-Grenze eindeutig zuzuordnen. Man geht zwar davon aus, dass hier der Krater Albategnius gemeint sein könnte, aber die Darstellung ist viel zu groß geraten. Allerdings entsprechen die Bilder sehr genau dem, was Galilei über das Aussehen des Mondes schreibt:

„Am vierten oder fünften Tag nach Neumond, wenn sich der Mond als helle Sichel zeigt, erscheint die Grenze, die das Gebiet im Dunkeln von der beleuchteten Seite trennt, nicht als perfekte Ellipse, wie man es für einen vollkommen kugelförmigen Körper erwarten würde, sondern vielmehr unregelmäßig, ungleichförmig und sehr wellig wie in der Abbildung dargestellt, weil einige helle Ausbuchtungen, wie man sie nennen könnte, über die Grenze hinaus in den dunklen Teil reichen, während sich anderswo Schattenteile bis in den beleuchteten Bereich erstrecken. Mehr noch: Eine große Zahl dunkler Flecken verteilt sich völlig isoliert von der dunklen Seite über die von der Sonne beschienene, helle Fläche mit Ausnahme jener Gebiete, die von den großen, alten Flecken bedeckt werden. Ich habe feststellen können, dass alle diese kleinen, gerade erwähnten Flecken stets die gemeinsame Eigenschaft zeigen, auf der Sonnenseite dunkel zu sein, während sie auf der gegenüberliegenden Seite heller erscheinen, gerade so, als würden sie von leuchtenden Gipfeln gekrönt. Ähnliche Verhältnisse kennen wir von der Erde bei Sonnenaufgang, wenn das Sonnenlicht die Talböden noch nicht erreicht, die gegenüberliegenden Berghänge aber bereits beleuchtet; und so, wie die Schatten in den irdischen Tälern immer kürzer werden, wenn die Sonne höher steigt, so verlieren auch diese Flecken auf dem Mond an Schwärze, je größer der beleuchtete Teil des Mondes wird."

Galilei, *Sidereus Nuncius*

Dokument 4:
Keplers Sonnensystem in einem Universum von Sternen, 1627

Beim Nachdenken über die Konsequenz aus der kopernikanischen Vorstellung, dass die Sonne vielleicht nur ein Stern von vielen ist, zeichnete Johannes Kepler das Sonnensystem in eine Umgebung aus Sternen, die sich bis in die Unendlichkeit erstreckt. Wenn dies der Realität entspräche, müsste der Blick in jede Richtung auf einen Stern treffen. Dies entspricht allerdings nicht dem realen Anblick des Nachthimmels, der viele sternfreie Bereiche enthält. Die Problematik wurde später als Olbers-Paradoxon bekannt, benannt nach dem deutschen Astronomen Heinrich Olbers, der die Diskussion im 19. Jahrhundert neu entfachte. Daran ändert sich auch nichts, wenn man berücksichtigt, dass die Milchstraße begrenzt ist, denn die gleiche Argumentation gilt auch für Galaxien. Der Grund, warum uns der Nachthimmel nicht taghell erscheint, hängt mit dem begrenzten Alter des Universums zusammen: Wir können nur so weit ins All hinausblicken, wie sich das Licht seit dem Anfang des Universums ausbreiten konnte. Das Bild wurde in Keplers *Epitome Astronomiae Copernicae* („Abriss der kopernikanischen Astronomie") veröffentlicht.

Abbildung auf der Rückseite:

Planisphäre aus dem Himmelsatlas Astronomicum Caesareum *(1540) von Peter Apian. Die schmuckvolle drehbare Sternkarte kann, zentriert auf den Pol der Ekliptik, so eingestellt werden, dass sie den Anblick des Himmels an jedem Tag zu jeder Uhrzeit anzeigt.*

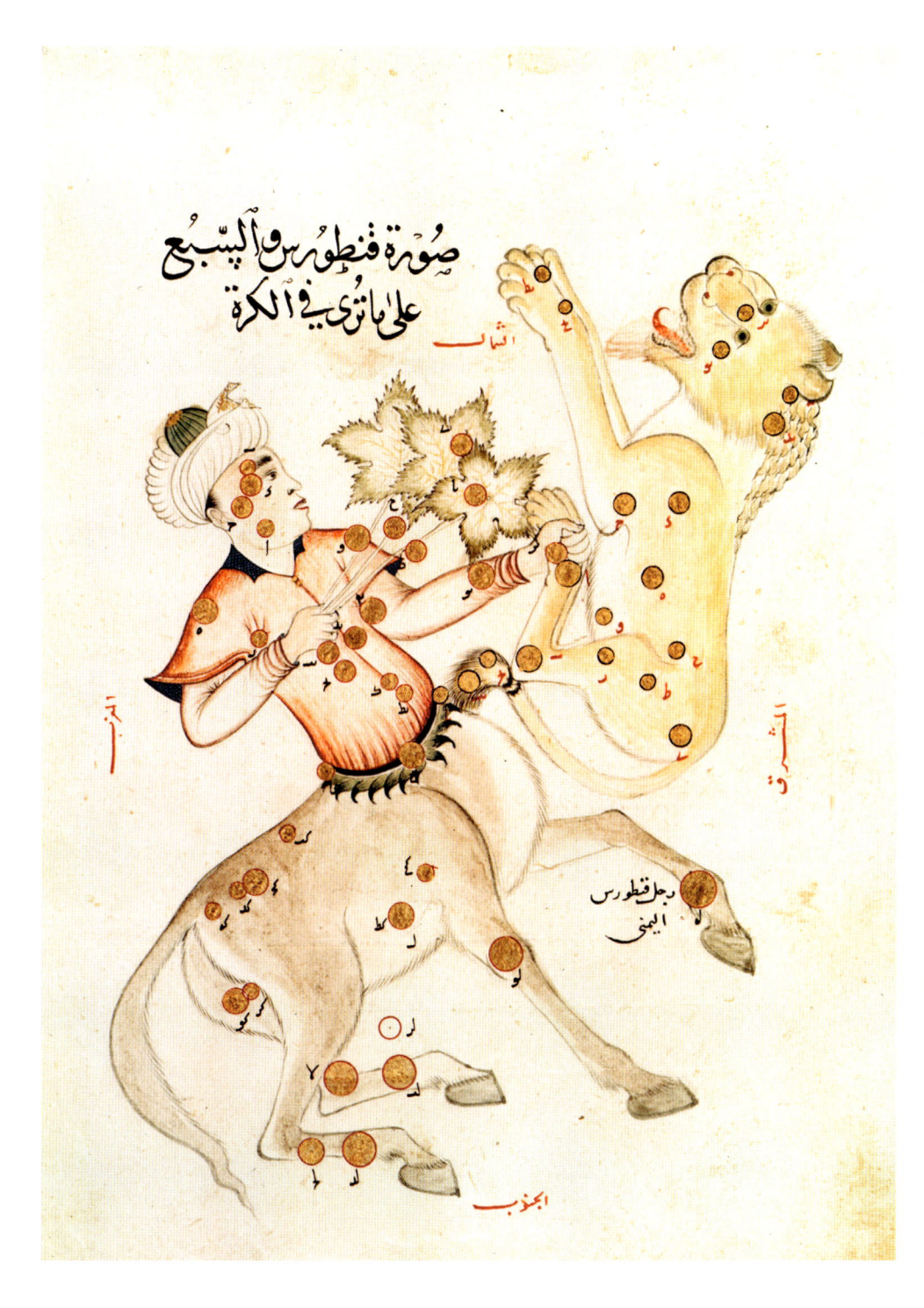

überarbeiteter Form wie etwa der Sternkatalog des Ptolemäus, der von Abd al-Rahman al-Sufi (903–986) mit wunderschönen Sternbildfiguren ausgeschmückt wurde.

Zahlreiche neue Sternwarten wurden eingerichtet, um genauere Daten für die Berechnungen zu bekommen, darunter auch jene von Samarkand (im heutigen Usbekistan), die von Ulugh Beg (1394–1449), dem späteren Herrscher der Region, gegründet wurde. Ulugh Beg überwachte als leitender Astronom den Bau eines gewaltigen Sextanten zur Messung der Gestirnspositionen. Andere Astronomen widmeten sich der Erstellung von Tabellensammlungen, sogenannter Zij, mit denen die Berechnung der Planetenstellungen vereinfacht wurde. Wieder andere entwickelten die aristotelische Kosmologie weiter, so zum Beispiel Muhammad ibn Rushd (1126–1198), der in der westlichen Welt unter dem Namen Averroës, der Kommentator, bekannt wurde.

Zwischen etwa 700 und 1500 erlebte die Astronomie in der islamischen Welt eine Blütezeit, die dazu beitrug, dass ihre Wurzeln aus der klassischen Antike weiterentwickelt wurden oder zumindest nicht verloren gingen. Das Erbe dieser Zeit finden wir in Form zahlreicher arabischer Begriffe und Namen in vielen europäischen Sprachen, von Algorithmus bis Ziffer, von Azimut und Almanach über Horizont und Nadir bis Zenit, von Aldebaran bis Wezen.

Islamische Astronomie

Innerhalb eines Jahrhunderts nach dem Tod des Propheten Mohammed (632 n. Chr.) wurde Bagdad zur Hauptstadt der islamischen Welt, und die Kalifen Hārūn ar-Raschīd (763–809) und al-Ma'mūn (786–833) hatten eine große Bibliothek mit Übersetzungszentrum eingerichtet, um griechische Lehrbücher ins Arabische übertragen zu lassen. So wurden die Grundlagen für eine islamische Wissenschaft geschaffen, in der die Astronomie gleich aus zweierlei Gründen weiterentwickelt wurde: einmal zum Verständnis der himmlischen Vorgänge, zum anderen aber auch als Hilfe zur Erfüllung der islamischen Regeln wie etwa die Bestimmung der Gebetszeiten und die Ausrichtung nach Mekka. Manche der griechischen Werke haben ausschließlich in der arabischen Übersetzung überdauert, mitunter sogar nur in

Oben: Die Sternbilder Zentaur und Wolf aus einer Kopie von al-Sufis Sternkatalog (15. Jh.).

Rechts: Helfer arbeiten an der 1577 gegründeten Sternwarte des islamischen Astronomen Taqi al-Din ibn Ma'ruf in Istanbul, der schwarz gekleidet rechts hinter dem Tisch sitzt. Illustration aus der Geschichte des Königs der Könige *von Ala ad-Din Mansur-Shirazi (um 1581).*

Das kopernikanische Weltbild

Niklas Koppernigk (bekannt als Nikolaus Kopernikus, 1473–1543) wurde in Thorn im heutigen Polen geboren; seine Ausbildung erhielt er in Krakau, Bologna und Ferrara. In Italien entdeckte er sein Interesse an Astronomie und Medizin, zwei Disziplinen, die nach damaligem Verständnis miteinander verknüpft waren. Im Jahr 1500 weilte er für längere Zeit in Rom. 1503 kehrte er nach Polen zurück, wo er in Frauenburg die Stelle eines Domherrn erhielt, die er bis zu seinem Tode ausübte.

Lehrer berichten oft, dass sie einen Lehrstoff erst dann richtig verstanden hatten, als sie ihn unterrichten mussten. Ähnlich dürfte es auch Kopernikus gegangen sein, als er die Bewegung der Planeten mit Hilfe der ptolemäischen Epizykel beschreiben sollte. Einige der geometrischen Konstruktionen zur Epizykelberechnung erschienen ihm recht willkürlich. Vor allem aber störte er sich daran, dass die Periode der Sonnenbewegung um die Erde in der Bewegung eines jeden Planeten auftauchte. „Es ist klar, dass jeder der sechs Planeten einen Teil seiner Bewegung mit der Sonne teilt und die Bewegung der Sonne gleichsam Spiegel und Maß ihrer Bewegungen ist", schrieb der österreichische Astronom Georg von Peuerbach (1423–1461), und Kopernikus war der gleichen Ansicht.

In Frauenburg stellte Kopernikus ein Manuskript zur Diskussion, in dem er zeigte, dass die von Peuerbach aufgezeigten Auffälligkeiten der Planetenbewegung am einfachsten durch eine zentrale Stellung der Sonne zu erklären seien. Wenn sich die Erde um die Sonne bewegen würde, müsste sich diese Bewegung im Lauf eines jeden anderen Planeten widerspiegeln. Dieser erschiene dann als Überlagerung der eigenen Bewegung mit der irdischen Bahn um die Sonne. Auf Anregung eines Schülers, des österreichischen Astronomen Georg Joachim von Lauchen (besser bekannt als Rheticus, 1514–1574), verfasste Kopernikus eine kleine Veröffentlichung zu diesem Thema. Sie blieb unwidersprochen, und so konnte Rheticus seinen Lehrer überreden, ein großes Werk zusammenzustellen. Dessen Druck wurde von dem lutherischen Geistlichen Andreas Osiander (1498–1552) überwacht. Unter dem Titel *De Revolutionibus Orbium Coelestium* („Über die Bewegung der himmlischen Sphären") erschien es 1543 in Nürnberg. Darin legte Kopernikus sein alternatives Weltbild dar, in dem die Planeten (von innen nach außen: Merkur, Venus, Erde, Mars, Jupiter und Saturn) um die Sonne laufen und nur der Mond um die Erde wandert. Dieses Buch gilt als Geburtsstunde des heliozentrischen Weltbildes. Kopernikus selbst soll ein druckfrisches Exemplar erst auf dem Sterbebett erhalten haben.

Um mögliche Kritiker im Vorfeld zu besänftigen, hatte Osiander ein eigenes, aber nicht als solches gekennzeichnetes Vorwort eingefügt, in dem er betonte, dass der Autor nicht behaupte, die Erde wandere wirklich um die Sonne. Vielmehr würde diese Annahme nur die Berechnungen vereinfachen. Kopernikus zeigte unter anderem, dass die rätselhafte rückläufige Bewegung der äußeren Planeten nur vorgetäuscht wird, wenn die Erde diese Planeten auf der Innenbahn überholt.

Rechts: Porträt von Nikolaus Kopernikus. Das Bild zeigt ihn vermutlich zu Anfang des 16. Jahrhunderts, etwa 40-jährig.

Unten: Diese Darstellung des Sonnensystems wurde von Kopernikus für sein Buch De Revolutionibus Orbium Coelestium *(1543) selbst entworfen. Es zeigt die Sonne (Sol) im Zentrum der Planetenbahnen und die Erde „in ihrer jährlichen Umlaufbewegung zusammen mit der Bahn des Mondes".*

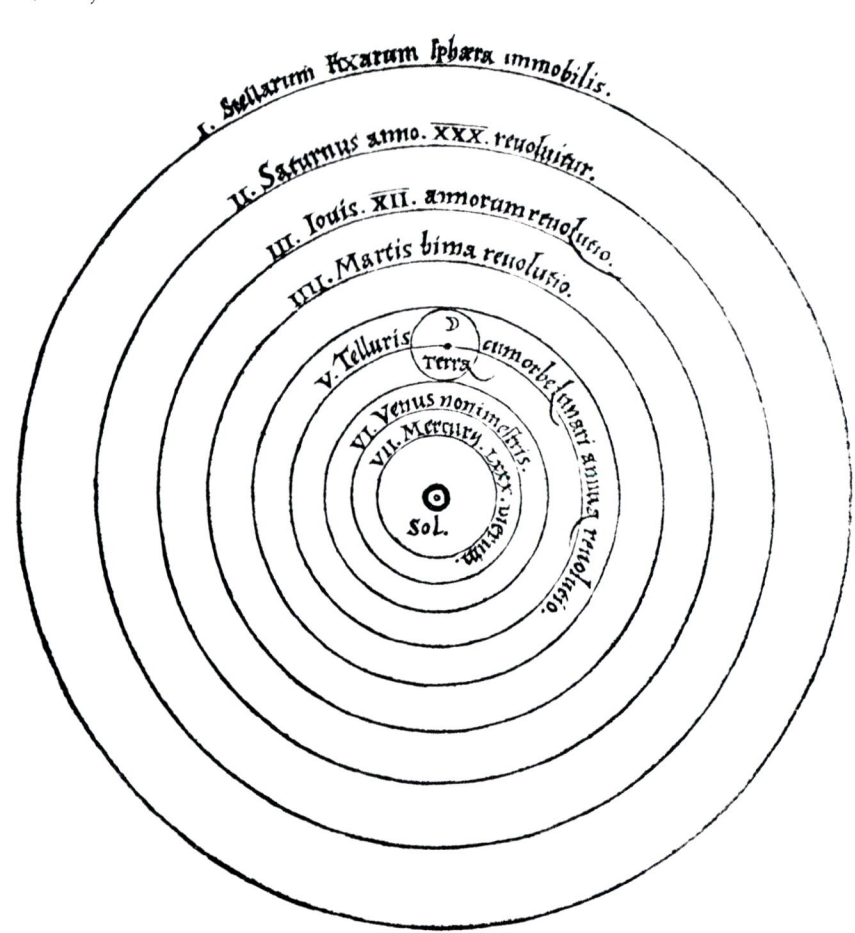

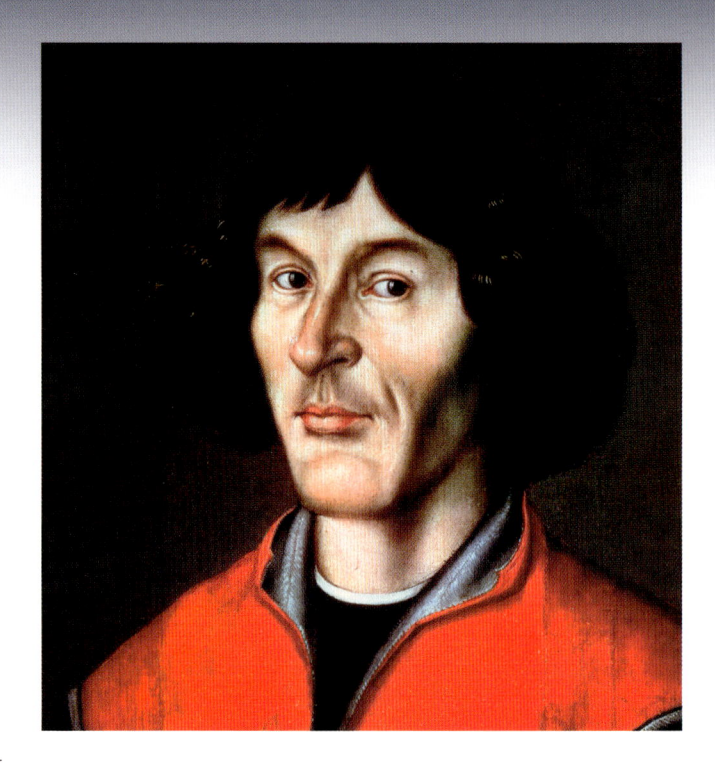

Der größte Teil seines Buches war allerdings sehr theoretisch gehalten. Kopien wurden unter den Gelehrten verteilt und mit Kommentaren versehen, aber die Kernaussage, nach der sich die Erde um die Sonne bewegt, erregte zunächst nur wenig Widerspruch. Zwar fiel schon 1546 auf, dass diese Aussage im Gegensatz zu den Schriften des Dominikanermönches Giovanni Maria Tolosani (etwa 1471–1549) stand, doch richtig problematisch wurde es erst, nachdem Galileo Galilei (1564–1642) die heliozentrische Hypothese des Kopernikus durch seine Beobachtungen mit dem Fernrohr bestätigen konnte und ihr dadurch zu sehr großer Aufmerksamkeit verhalf.

Links: Rheticus zeigt Kopernikus auf dessen Todesbett ein Exemplar seines frisch gedruckten Buches.

———

Unten: Die Bewegung des Mars zwischen 1580 (rechts vom Zentrum beginnend) bis 1596 (oben links endend) nach dem ptolemäischen Weltbild mit der stationären Erde in der Mitte. Mars, der normalerweise gegen den Uhrzeigersinn wandert, kehrt in den Schleifen seine Bewegungsrichtung scheinbar um. Die Zeichnung stammt aus der Astronomia Nova *von Johannes Kepler (1609) und stützt sich auf die Beobachtungen Tycho Brahes. Das Buch zeigte, wie einfach und ansprechend Keplers auf Kopernikus basierende Theorie der Marsbewegung im Vergleich zur hier dargestellten ptolemäischen Sicht war.*

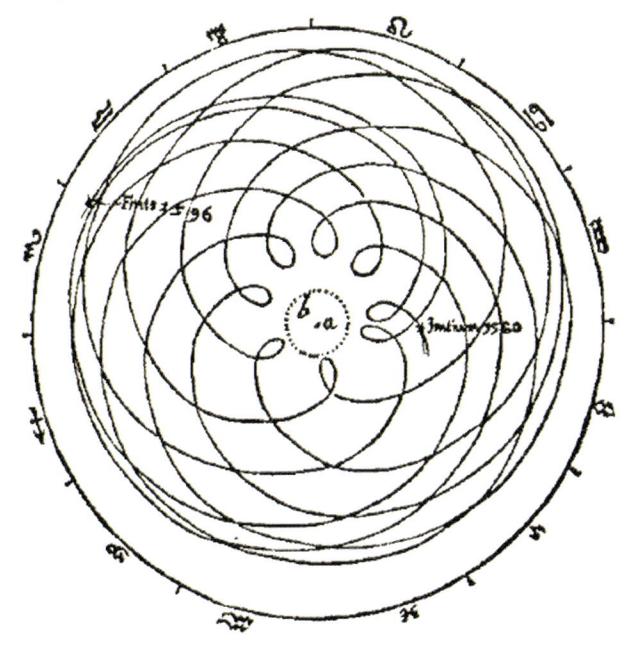

Die Vermessung des Himmels

Bei seinen Vergleichen zwischen dem überlieferten geozentrischen und dem neuen heliozentrischen Weltbild hatte Kopernikus sich auf alte Messungen der Planetenpositionen stützen müssen. In der zweiten Hälfte des 16. Jahrhunderts trug der dänische Astronom Tyge Ottesen Brahe (bekannt als Tycho Brahe, 1546–1601) wesentlich genauere Daten zusammen. Sein Interesse an der Astronomie erwachte, als er 14 Jahre alt war und als Student Fehler in den Planetentabellen seiner Bücher bemerkte. Daraufhin entschloss er sich, die exaktesten Himmelsmessungen seiner Zeit anzustellen. Als im November 1572 ein neuer Stern auftauchte, konnte er dessen Position präzise genug bestimmen, um zu zeigen, dass es sich wirklich um einen Stern und nicht um ein atmosphärisches Phänomen gehandelt hatte. Diese Veröffentlichung trug ihm Ruhm und die Unterstützung des Königs Frederick II. von Dänemark ein, der ihm auf der Insel Hven die Errichtung einer Sternwarte finanzierte (Uranienburg, später erweitert um Sternenburg). 1588 starb der König, und sein zehnjähriger Sohn übernahm die Herrschaft. Anfangs konnten Brahes Freunde seine Interessen am Königshof noch vertreten, doch der heranwachsende König schenkte der Astronomie wenig Beachtung und kürzte schließlich die Zuschüsse für Brahes Observatorien. So musste dieser sich nach einer neuen Wirkungsstätte umsehen und verbrachte seine letzten Jahre in Prag am Hof von Kaiser Rudolf II.

Brahe trug nicht nur die genauesten Beobachtungsdaten seiner Zeit zusammen, sondern hinterließ auch eine eigene Theorie zum Aufbau des Sonnensystems. Sie war ein Kompromiss zwischen den Modellen von Ptolemäus und Kopernikus und sah die Erde weiterhin im Mittelpunkt, umrundet von Sonne und Mond – nur die übrigen Planeten (Merkur, Venus, Mars, Jupiter und Saturn) kreisen in seiner Vorstellung um die Sonne.

Oben rechts: Das Tychonische Modell des Sonnensystems war ein erfolgloser und verwirrender Kompromissversuch zwischen den Weltbildern von Ptolemäus und Kopernikus: Tycho ließ einige Planeten um die Sonne kreisen, andere um die Erde. Der Stich stammt aus Harmonia Macrocosmica *von Andreas Cellarius, Amsterdam, 1708.*

Rechts: Einzig authentisches Porträt von Tycho Brahe in der prunkvollen Kleidung eines dänischen Adligen (zeitgenössische Kopie eines verschollenen Originals).

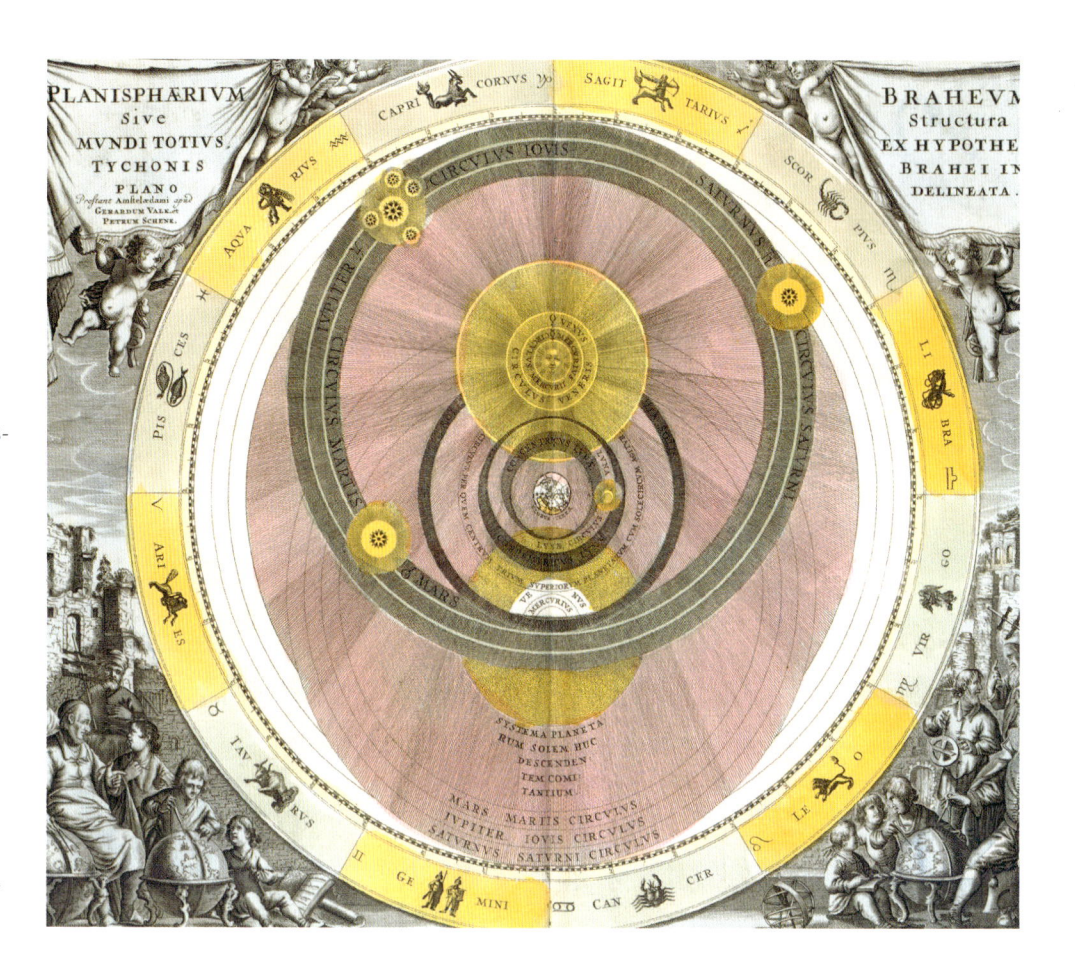

TYCHO BRAHE

Tycho war ein dänischer Adliger, reich genug, um seine Bedürfnisse und Interessen weitgehend selbst bezahlen zu können (es heißt, dass er rund ein Prozent des Gesamtvermögens seines Landes besaß). Die Liste der Geschichten über seine Absonderlichkeiten ist lang: Er besaß eine künstliche goldene Nase, weil er einen Nasenflügel bei einem Duell verloren hatte. Sein Elch verendete, nachdem er betrunken die Treppe heruntergefallen war. Tycho selbst starb nach einem offiziellen Essen an den Folgen eines Blasenrisses, weil er sich nicht getraut hatte, sich bei Tisch für einen Gang zur Toilette zu entschuldigen.

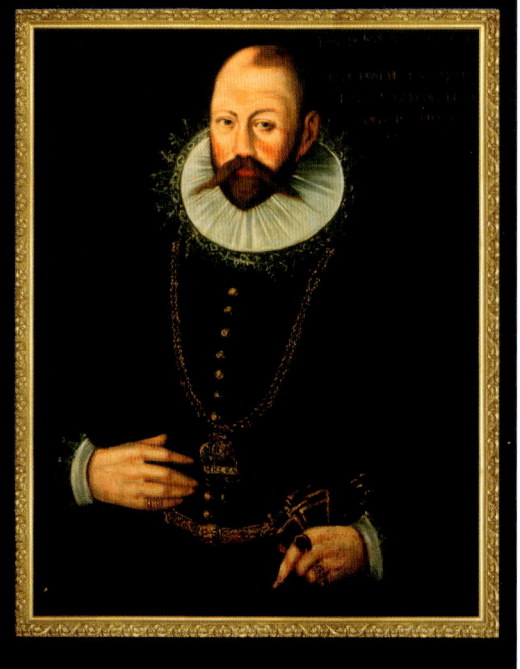

URANIENBURG UND STERNENBURG

Tychos Sternwarte verfügte über die modernsten Laboratorien und Instrumente seiner Zeit, einschließlich eines großen Mauerquadranten. Außerdem gab es eine Bibliothek und Plattformen, auf denen tragbare Instrumente zur astronomischen Beobachtung aufgestellt werden konnten. In drei großen Räumen konnte er Gastwissenschaftler und Würdenträger empfangen. Die mehr als hundert Assistenten kamen von den Universitäten Europas und arbeiteten bei ihm für freie Kost und Logis. Tycho hatte sich das alleinige Nutzungsrecht an den Daten durch entsprechende Verträge mit seinen Mitarbeitern gesichert. Außerdem gab es chemische, medizinische, agrartechnische, meteorologische und kartografische Abteilungen. Uranienburg war die erste Sternwarte im modernen Stil.

Oben links: Uranienburg, Brahes erste wissenschaftliche Arbeitsstätte, war ein Schloss im Disney-Stil. Für astronomische Beobachtungen erwies es sich als unbrauchbar, weil die Instrumente auf den Türmen dem oft stürmischem Wind ausgesetzt waren. Außerdem bot die verwinkelte Architektur keinen Platz mehr für Brahes neue, große Instrumente.

Links: Sternenburg war weitgehend unterirdisch angelegt und bot auch den ebenerdig aufgestellten Instrumenten Windschutz.

Entdeckungen mit dem Teleskop

Galileo Galilei (1564–1642) steht vermutlich bei jedem Wissenschaftler auf der Liste der zehn wichtigsten Forscher – einerseits wegen der Bedeutung seiner Arbeit, andererseits aber auch wegen seines Widerstandes gegen Autoritäten außerhalb der Wissenschaft. Allerdings wird dieser Widerstand durch Galileis pragmatisches Eingeständnis gegenüber der römischen Inquisition wieder relativiert.

1592 war Galilei Professor in Padua geworden, wo er 1609 von der Erfindung des Teleskops durch den Brillenmacher Hans Lipperhey (etwa 1570–1619) im niederländischen Middelburg hörte. Angeblich hatte dessen Enkel beim Spiel mit Glaslinsen bemerkt, dass er die Segelschiffe im nahegelegenen Hafen deutlicher erkennen könne, wenn er zwei bestimmte Linsen hintereinander hielt. Da es Lipperhey nicht gelang, seine Erfindung zu patentieren, verbreitete sich die Kunde vom Aufbau des Teleskops rasch.

Mit Hilfe dieser Informationen baute Galilei 1609 zunächst ein Fernrohr mit dreifacher Vergrößerung, konnte die Konstruktion aber rasch verbessern und noch im gleichen Jahr eine zwanzigfache Vergrößerung erzielen. Ein solches Teleskop bot er der venezianischen Regierung an und nahm einige der Entscheidungsträger mit auf einen Turm, von wo aus er ihnen herannahende Schiffe zeigte, die ohne Teleskop noch nicht zu erkennen waren. Daraufhin wurde sein Jahresgehalt erhöht.

Noch im November und Dezember 1609 richtete Galilei sein Teleskop erstmals auf den Himmel, wenn auch nicht als Erster, denn dieses Verdienst gebührt dem Ethnografen und Mathematiker Thomas Harriot (1560–1621). Anders als jener erkannte Galilei jedoch die Bedeutung dieser Beobachtungen, die für eine Revolution in der Astronomie sorgen sollten.

Mit seinem Teleskop erspähte Galilei auf dem Mond Berge und dunkle, flache Ebenen, die er für Meere hielt. Der Mond sendet kein eigenes Licht aus, sondern reflektiert das auftreffende Sonnenlicht. Im Dunkel der Mondnacht sah er helle Flecken, die er als hohe Bergspitzen identifizierte. Damit war klar, dass zumindest der Mond kein vollkommener, kugelförmiger Körper war, sondern eine raue Oberfläche besaß. Auch die Sonne zeigte Flecken und erwies sich damit als unvollkommen. Vor allem aber verwischten die Beobachtungen die Grenzen zwischen der Erde und dem Himmel, denn so, wie Galilei den Mond sah, müsste vom Mond aus auch die Erde erscheinen.

Anfang 1610 nahm Galilei den Planeten Jupiter ins Visier. Zunächst erkannte er neben dem Planeten drei sternähnliche Punkte. In den darauffolgenden Nächten wurde deutlich, dass diese Objekte stets in der Nähe des Planeten blieben, dabei aber ihre Positionen untereinander und relativ zu Jupiter veränderten, dass am Ende sogar vier solcher Lichtpunkte den Jupiter begleiteten. Wie konnte das möglich sein? Nach zehn Tagen kam ihm der entscheidende Gedanke: Die vier kleinen Sterne mussten Jupiter umkreisen wie der Mond die Erde. Jupiter stand offenbar im Zentrum eines Miniatur-Sonnensystems. Diese Einsicht verlieh der kopernikanischen Vorstellung vom Planetensystem zusätzliches Gewicht.

Galilei nutzte die Entdeckung der Jupitermonde für seine Zwecke und bezeichnete sie zu Ehren der Florentiner Fürstenfamilie Medici als Mediceische Sterne. Das Familienoberhaupt Cosimo II. hatte er als jungen Mann in Mathematik unterrichtet, und nun war er auf der Suche nach einer neuen Anstellung. Cosimo bot Galilei daraufhin eine Position am Hof an.

Links: Galileo Galilei, porträtiert von Justus Sustermans aus Antwerpen, dem Hofmaler der Medici. Es ist eines der letzten Porträts des alternden Astronomen und zeigt ihn mit seinem Teleskop.

Rechts: Zwei Fernrohre (möglicherweise von Galilei selbst gefertigt) auf einem Präsentationsständer. Im Zentrum der elfenbeinernen Fassung steckt die Linse des Teleskops, mit der die Jupitermonde entdeckt wurden. Galilei schenkte diese Linse dem Großfürsten Ferdinand II., durch unachtsame Behandlung zerbrach sie jedoch.

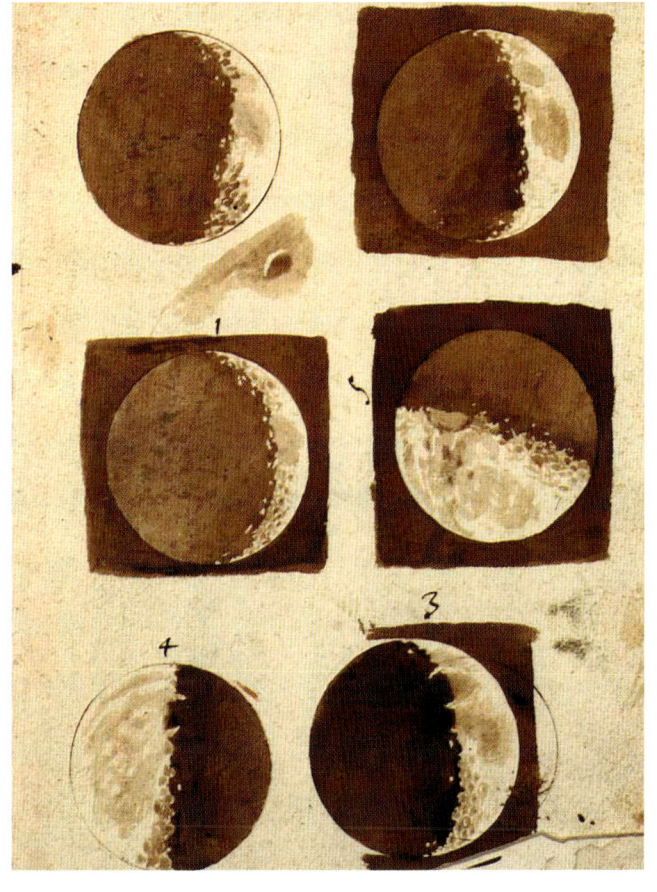

Links: Wasserfarbenzeichnungen des Mondes von Galilei (aus einem Exemplar des Sidereus Nuncius der Nationalbibliothek in Florenz). Es handelt sich vermutlich um Originale, die Galilei nach Beobachtungen Ende 1609 oder Anfang 1610 anfertigte.

Unten: Für sein Buch Il Saggiatore („Die Goldwaage", Rom, 1623) fertigte Galilei diesen Stich mit Fernrohransichten der Planeten. Mars und Jupiter (rechts oben) sind einfache Scheiben, Saturn (links oben) zeigt eine komplexe Struktur, während die Venus einen Phasenwechsel erkennen lässt, von einer großen, dünnen Sichel zu einer kleinen, vollen Scheibe. Dies war nur möglich, wenn die Venus sich um die Sonne bewegte.

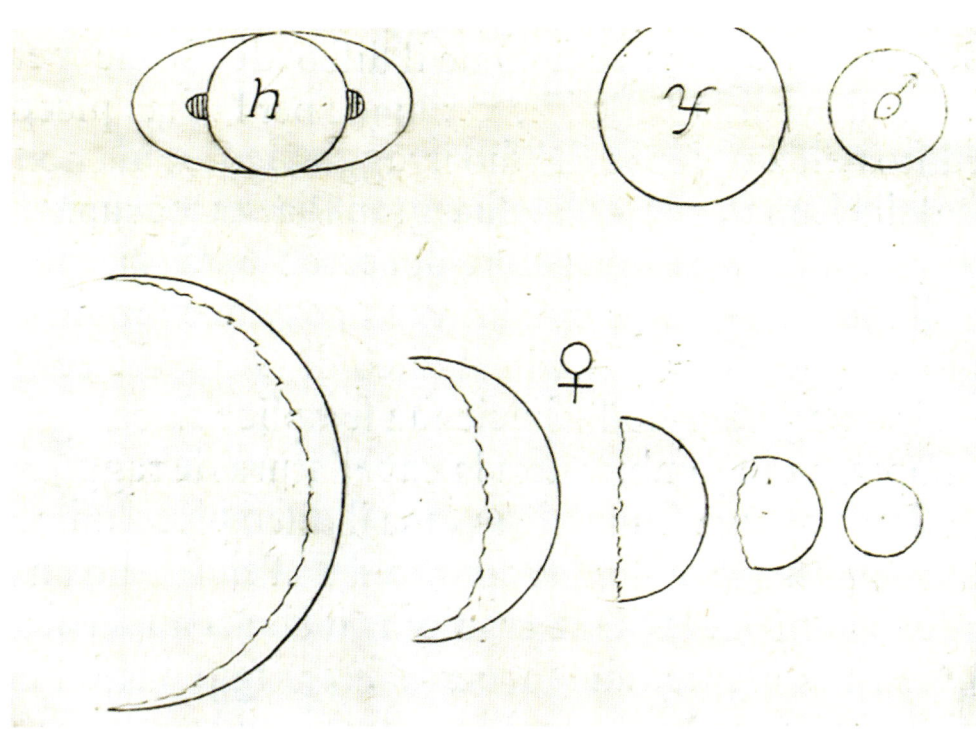

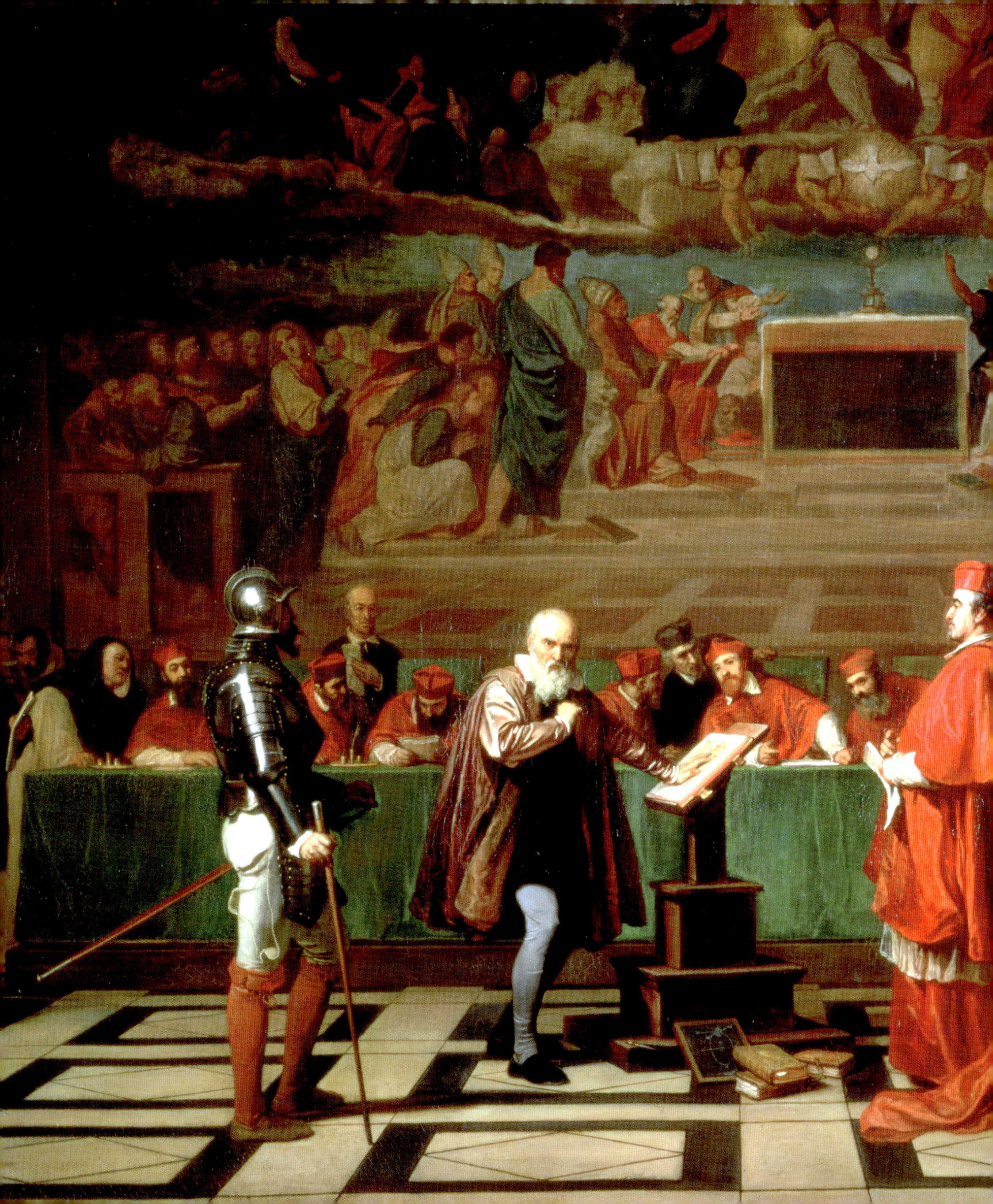

GALILEI UND DIE KIRCHE

Anfangs wurden Galileis Ansichten von der päpstlichen Kurie als hinnehmbare wissenschaftliche Fortschritte angesehen, in Übereinstimmung mit den zeitgenössischen Forschern. Im Laufe der Zeit brachten sie ihn aber in arge Bedrängnis, jedoch konnten ihn Freunde wie Kardinal Bellarmin vor dem Schlimmsten schützen. Schließlich wurde er aber bei der Inquisition denunziert und musste sich einem langwierigen Verfahren von Anhörungen stellen, bis er wegen Häresie angeklagt wurde. Im Verlauf des Prozesses wurden ihm mögliche Folterwerkzeuge gezeigt, um ihn unter Druck zu setzen. Galilei verstand diese Drohung sehr wohl, gab auf, wurde verurteilt und musste seine Ansichten widerrufen. Er wurde unter Hausarrest gestellt und durfte die kopernikanische Lehre nicht weiter verbreiten, nicht einmal als Hypothese. Erblindet starb er 1642 in seinem Haus bei Florenz.

Links: Galilei vor dem Heiligen Offizium im Vatikan, gemalt von dem Franzosen Joseph Nicolas Robert-Fleury (1847). Das metaphorische Gemälde an der Wand zeigt den Disputa del Sacramento *von Raffael, in dem eine Wolkenschicht die ewigen Gewissheiten des Himmels und den Heiligen Geist oben von den disputierenden, fehlbaren Auseinandersetzungen weltlicher Theologen, Häretiker und Päpste darunter trennt, zu denen sich jetzt die Mitglieder der Inquisition am Prozesstisch gesellen. Galilei steht selbstbewusst und mit etlichen wissenschaftlichen Argumenten in Gestalt diverser Bücher ausgestattet vor dem unnachgiebigen Kardinal. Das Bild eines Malers der Romantik erzählt eine heldenhafte, antiklerikale Geschichte, die mit der Realität des Prozesses und dem damaligen Zustand Galileis wenig gemein hat: einem alternden Mann, der angesichts der angedrohten Folter zitternd und kniend mit der Hand auf der Heiligen Schrift widerruft.*

Rechts: Astronomische Beobachtungen – Jupiter *von Donato Creti (1711). Der Bologneser Maler Creti hatte von Luigi Ferdinando, Graf von Marsigli (1658–1730) den Auftrag, eine Serie von Gemälden über astronomische Beobachtungen in der Natur zu erstellen, die dieser Papst Clemens XI. schenken wollte, um ihn für die Förderung eines astronomischen Instituts in Bologna zu gewinnen. Das Geschenk erfüllte seinen Zweck und die Sternwarte konnte 1714 als erstes öffentliches Observatorium Italiens errichtet werden. Creti malte die Landschaften der acht Gemälde selbst und beauftragte dann den Miniaturenmaler Raimondo Manzini (1688–1744) damit, astronomische Objekte und Erscheinungen am Himmel einzufügen. Dieser nutzte dazu Notizen und Zeichnungen des Astronomen Eustachio Manfredi (1674–1739) sowie eigene astronomische Beobachtungen, die er unter dessen Anleitung vorgenommen hatte. Auf dem Gemälde mit der Bezeichnung* Jupiter *diskutieren zwei Astronomen im Vordergrund vor einem Teleskop ihre Beobachtungen. Neben Jupiter, auf dem man sechs größere Wolkenbänder und den Großen Roten Fleck erkennt, sind drei seiner vier großen Monde dargestellt.*

Fernrohr-Ansichten

Von September 1610 an beobachtete Galilei den Planeten Venus. Innerhalb von gut zwei Monaten erkannte er, dass die Venus Phasen wie der Mond zeigt. Er fasste diese Entdeckung in ein Anagramm, das er später entschlüsselte – eine Methode, mit der er sein Erstlingsrecht sichern konnte, während seine Entdeckungsmeldungen noch unterwegs zu ausgewählten Empfängern waren. In einem Brief an den toskanischen Botschafter in Prag, Giuliano de Medici, schrieb Galilei das Anagramm *Haec immatura a me iam frustra leguntur o y*, was in etwas holprigem Latein etwa so viel heißt wie „Das habe ich zu früh schon vergeblich versucht".

Anders sortiert ergeben die Buchstaben dieses Anagramms den Satz *Cynthiae figuras aemulatur mater amorum* („Die Mutter der Liebe [Venus] imitiert die Formen der Cynthia [des Mondes]."). Galilei bemerkte außerdem, dass die Venus kleiner wurde, wenn sie sich von der schmalen Sichel zur Vollvenus wandelte – sie musste sich dabei also von der Erde entfernen. Daraus konnte er ableiten, dass sich die Umlaufbahn der Venus bis jenseits der Sonne erstreckt. Im System des Ptolemäus dagegen verlief die Venusbahn zwischen Erde und Sonne, und die der Sonne stets nahe Venus konnte nie voll beleuchtet erscheinen.

Mit seinem Teleskop konnte Galilei auch Sterne erkennen, die dem bloßen Auge verborgen blieben. Er erkannte, dass die Milchstraße aus unzähligen schwachen Einzelsternen zusammengefügt ist, deren gemeinsames Leuchten den milchigen Schimmer hervorruft. Er gab an, wie viele zusätzliche Sterne er in bekannten Sternhaufen wie den Plejaden, der Praesepe oder auch im Schwertgehänge des Orion gezählt hatte. Das mochte zwar keine wissenschaftliche Bedeutung haben, aber es wurde klar, dass die Sterne zumindest nicht zum Wohle der Menschen existierten – unsichtbare Sterne hätten ja wenig Sinn!

In der Summe reichten die Entdeckungen Galileis, um die Vorstellungen von Aristoteles und Ptolemäus zu widerlegen. Was Galilei gesehen hatte, bestätigte vielmehr die Hypothese des Kopernikus, nach der die Erde als Planet um die Sonne wanderte und die Sterne sehr viel weiter von uns entfernt waren.

Innerhalb weniger Wochen veröffentlichte Galilei seine Entdeckungen und Erklärungen in dem Büchlein *Sidereus Nuncius* („Der Sternenbote"). Er sandte Kopien an befreundete Forscher in ganz Europa, darunter auch Johannes Kepler, der Galileis Entdeckungen sogleich durch eigene Beobachtungen bestätigen konnte und dies auch in einer eigenen Veröffentlichung festhielt. Andere Adressaten weigerten sich dagegen, auch nur durch ein Teleskop zu blicken, um sich selbst ein Bild zu machen und damit ihren Glauben an eine hoch geschätzte Theorie des Lebens und des Universums zu gefährden. Während Kopernikus nur eine Umwälzung im technischen, rechnerischen Sinn erreicht hatte, hatte Galilei eine Umwälzung des Weltbildes angestoßen – etwas, das nie ohne Widerstand hingenommen wird.

Oben: Astronomische Beobachtungen – Venus *von Donati Creti (1711). Zwei Astronomen diskutieren in der Morgendämmerung an einem Flussufer ihre Beobachtungen der Venus mit einem Teleskop, das – auf einem Quadranten montiert – teilweise von dem Baum im Vordergrund verdeckt ist. Die junge Frau im Vordergrund hat ihre Schuhe nach einem Spaziergang ausgezogen und hängt ihren romantischen Gedanken nach. Der Planet am Himmel ist als große und schmale, detaillose Sichel dargestellt.*

Geheimnisvolle Planetenbahnen

Johannes Kepler (1571–1630) entdeckte – gestützt auf die präzisen Beobachtungen Tycho Brahes – die wahre Bahnform der Planeten. Geboren wurde er in Weil der Stadt unweit von Stuttgart und wollte zunächst Geistlicher werden, ehe er 1594 eine Stelle als Mathematiklehrer im österreichischen Graz antrat. Dort entwickelte er ein Modell des Sonnensystems nach den Vorgaben von Kopernikus, in dem die sechs Planetenbahnen durch die fünf regelmäßigen Körper (Tetraeder, Würfel, Oktaeder, Dodekaeder und Ikosaeder) getrennt waren. Dieses Modell stellte er 1596 in der Schrift *Mysterium Cosmographicum* („Kosmografisches Geheimnis") vor. Zwar war die Verknüpfung der regelmäßigen Körper mit den Dimensionen der Planetenbahnen bestenfalls angenähert und nur durch ungenaue Beobachtungsdaten gestützt, doch verrät die Schrift einiges über die Denkweise Keplers, der die Bewegung der Planeten durch zugrunde liegende mathematische Beziehungen erklären wollte.

Als Protestant im katholischen Österreich zur Zeit der einsetzenden Gegenreformation war Kepler religiösen Anfeindungen ausgesetzt, zumal er sich weigerte, zum Katholizismus überzutreten. So ging er 1600 als Assistent Brahes nach Prag. Als Brahe im darauffolgenden Jahr starb, wurde Kepler sein Nachfolger als kaiserlicher Hofmathematiker, der unter anderem Horoskope für die Kaiserfamilie erstellen musste. Außerdem erbte er Tychos sorgsam gehütete Beobachtungsdaten der Planetenbewegungen. Mit ihrer Hilfe fand er nach langem Suchen die wahre Bahnform der Planeten: Es waren Ellipsen, keine Kreise, womit er zugleich die veränderlichen Bahngeschwindigkeiten der Planeten erklären konnte.

Mit dem Tod des Kaisers versank Prag in religiöse und politische Auseinandersetzungen, und Kepler zog 1612 nach Linz. Doch auch dort war er religiösen Streitereien ausgeliefert und musste darüber hinaus seine Mutter verteidigen, die von einer anderen Frau der Hexerei bezichtigt worden war, die so die Begleichung einer finanziellen Schuld zu unterlaufen versuchte. Trotzdem fand er noch Zeit genug, verschiedene Gesetze zur Planetenbewegung zu testen und damit sein ursprüngliches Modell auf der Basis der regelmäßigen Körper zu ersetzen. Schließlich entdeckte er eine Beziehung, die einen allgemeingültigen Zusammenhang zwischen Bahnradius und Umlaufzeit herstellte. Dieses „dritte keplersche Gesetz" veröffentlichte er 1619 in dem Buch *Harmonices Mundi* („Weltharmonik").

Mit seinen drei Gesetzen zur Planetenbewegung konnte er wesentlich genauere Berechnungen ihrer zukünftigen Positionen erstellen, die er 1623 in den Rudolfinischen Tafeln auflistete.

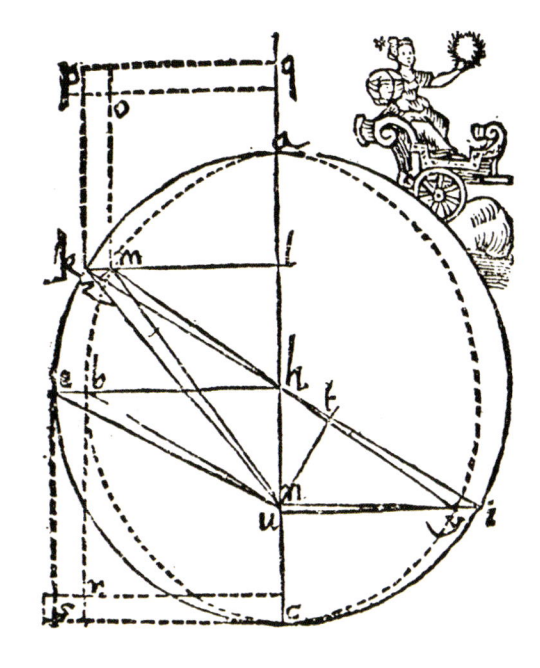

Leider erlebte er den Triumph seiner Arbeit nicht mehr: den Venusdurchgang vor der Sonne am 24. November 1639 (julianisch), den der englische Astronom Jeremiah Horrocks (1618–1841), gestützt auf diese Tafeln, vorhersagte und – ebenso wie der Textilkaufmann und Amateurastronom William Crabtree (1610–1644) – beobachten konnte. Ohne die von Kepler erstellten Tafeln wäre niemand auf die Idee gekommen, nach einem solchen Ereignis Ausschau zu halten.

Ganz links: Keplers Modell des Sonnensystems, das die Planetenbahnen untereinander durch die eingeschlossenen regelmäßigen Körper trennt.

Mitte: Tychos Sternkarte der Kassiopeia von 1572, in der der neue Stern mit einem „I" (Nova Stella) gekennzeichnet ist. Die übrigen Sterne sind ebenfalls lateinisch beschrieben wie A – caput (Kopf) oder F – pes (Fuß).

Links: In seinem Buch Harmonices Mundi zeichnet Kepler die Marsbahn als Ellipse.

Unten links: William Crabtree verfolgt den Venusdurchgang vor der Sonne 1639 vom Dachboden seines Tuchladens aus. Dieses Wandgemälde von Ford Madox Brown ist im Rathaus von Manchester zu besichtigen.

KEPLERS GESETZE ZUR PLANETENBEWEGUNG

Gestützt auf die Beobachtungen von Tycho Brahe formulierte Johannes Kepler sein erstes Gesetz, nach dem sich die Planeten auf Ellipsen um die Sonne bewegen, nicht auf Kreisen oder deren Überlagerungen (Epizykel). Sein zweites Gesetz stellte einen Zusammenhang zwischen der Geschwindigkeit und dem Sonnenabstand dergestalt her, dass die Verbindungslinie zwischen Sonne und Planet in gleichen Zeiträumen gleiche Flächen überstreicht. Ein Planet läuft also in Sonnennähe schneller als in Sonnenferne. Das dritte keplersche Gesetz schließlich besagt, dass die Quadrate der Umlaufzeiten zweier Planeten im gleichen Verhältnis zueinander stehen wie die dritten Potenzen ihrer Bahnhalbachsen.

Die von Kepler formulierten mathematischen Zusammenhänge blieben nahezu 50 Jahre unerklärt, bis Isaac Newton seine Gravitationstheorie entwickelte.

Oben: Johannes Kepler, 1610 von einem unbekannten Künstler porträtiert. In der Hand hält er einen Zirkel zur Abstandsmessung auf Globen und Karten für seine astronomischen Berechnungen.

DIE NEUEN STERNE VON 1572 UND 1604

Bei der Rückkehr von einem Abendessen traf Tycho Brahe am 11. November 1572 auf eine Gruppe von Bauern, die aufgeregt auf das Sternbild Kassiopeia zeigten. Als er hinschaute, fand er dort einen hellen, zuvor nie gesehenen Stern am Himmel. Dabei hatte man seit Aristoteles geglaubt, der Himmel sei unveränderlich.

Über ein Jahr lang vermaß Brahe die Position des neuen Sterns (der heute als Tychos Supernova bekannt ist) und konnte so zeigen, dass sich dessen Position nicht veränderte und auch keine Parallaxe zeigte, was man bei einem vergleichsweise nahen Objekt aufgrund der Erddrehung oder der Bewegung um die Sonne erwartet hätte. (Die Parallaxe eines Objektes ist der Winkel, um den es sich von der Erde aus gesehen bewegt, während sie sich dreht oder um die Sonne wandert.) Der neue Stern musste sich also weit jenseits der Mondbahn im Bereich der Fixsterne befinden.

32 Jahre später lieferte ein zweiter neuer Stern den Sargnagel für die aristotelische Vorstellung von einem unveränderlichen Himmel. Johannes Kepler hat diese Supernova im Sternbild Schlangenträger zwar nicht selbst entdeckt, wohl aber später alle verfügbaren Beobachtungsdaten zusammengetragen, was ihr zu dem Beinamen Keplers Supernova verhalf.

Die neuen Sterne waren die Supernovae von 1572 und 1604. Heute beobachten die Astronomen an beiden Stellen expandierende Gashüllen als Fragmente der Sterne, die dort damals explodierten.

1573 beschrieb Tycho Brahe seine Beobachtungen in dem Büchlein *De Nova Stella* („Der neue Stern") so: „Letztes Jahr am 11. November beobachtete ich nach Sonnenuntergang wie gewöhnlich an einem klaren Abend den Sternhimmel über mir. Dabei bemerkte ich, dass ein neuer, unbekannter Stern, der die anderen an Helligkeit übertraf, fast genau über mir erstrahlte. Weil ich aber schon seit früher Jugend alle sichtbaren Sterne des Himmels kannte (es ist übrigens nicht schwer, solche Kenntnis zu erlangen), wusste ich sofort, dass es an dieser Stelle des Himmels nie einen Stern gegeben hatte, nicht einmal einen ganz lichtschwachen, geschweige denn ein solch helles Objekt."

Keplers Supernova leuchtete zur Zeit einer Konjunktion von Mars, Jupiter und Saturn auf, wie sie in dieser Form nur etwa alle 800 Jahre eintritt und die daher bei Astrologen große Beachtung fand. Ähnliche Konstellationen hatte es um die Zeit Karls des Großen und der Geburt Jesu gegeben. Letztere war von Kepler schon als mögliche Erklärung des Sterns von Bethlehem ins Spiel gebracht worden. Entsprechend erwartete er, dass die Konjunktion 1604 ein besonderes Ereignis für Kaiser Rudolf ankündigte.

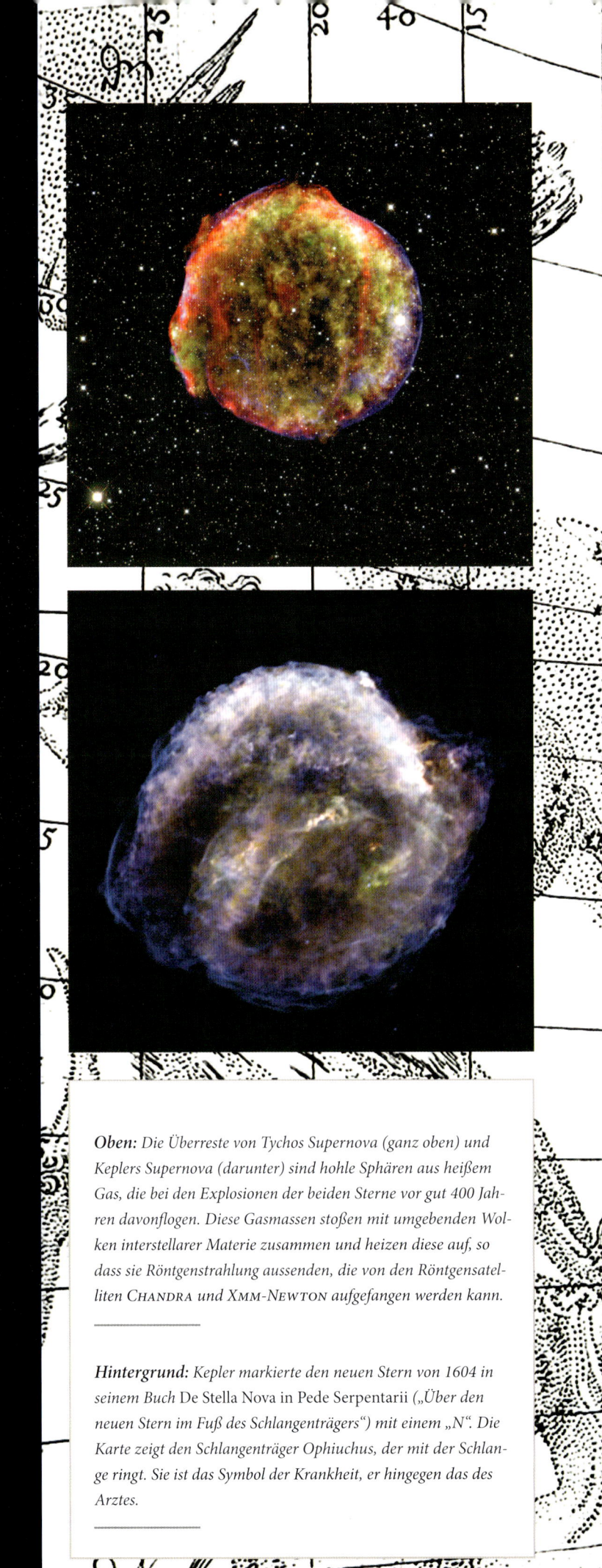

Oben: Die Überreste von Tychos Supernova (ganz oben) und Keplers Supernova (darunter) sind hohle Sphären aus heißem Gas, die bei den Explosionen der beiden Sterne vor gut 400 Jahren davonflogen. Diese Gasmassen stoßen mit umgebenden Wolken interstellarer Materie zusammen und heizen diese auf, so dass sie Röntgenstrahlung aussenden, die von den Röntgensatelliten Chandra *und* Xmm-Newton *aufgefangen werden kann.*

Hintergrund: Kepler markierte den neuen Stern von 1604 in seinem Buch De Stella Nova in Pede Serpentarii („Über den neuen Stern im Fuß des Schlangenträgers") mit einem „N". Die Karte zeigt den Schlangenträger Ophiuchus, der mit der Schlange ringt. Sie ist das Symbol der Krankheit, er hingegen das des Arztes.

Ad fol. 76.
signum ✶ ✶ ✶

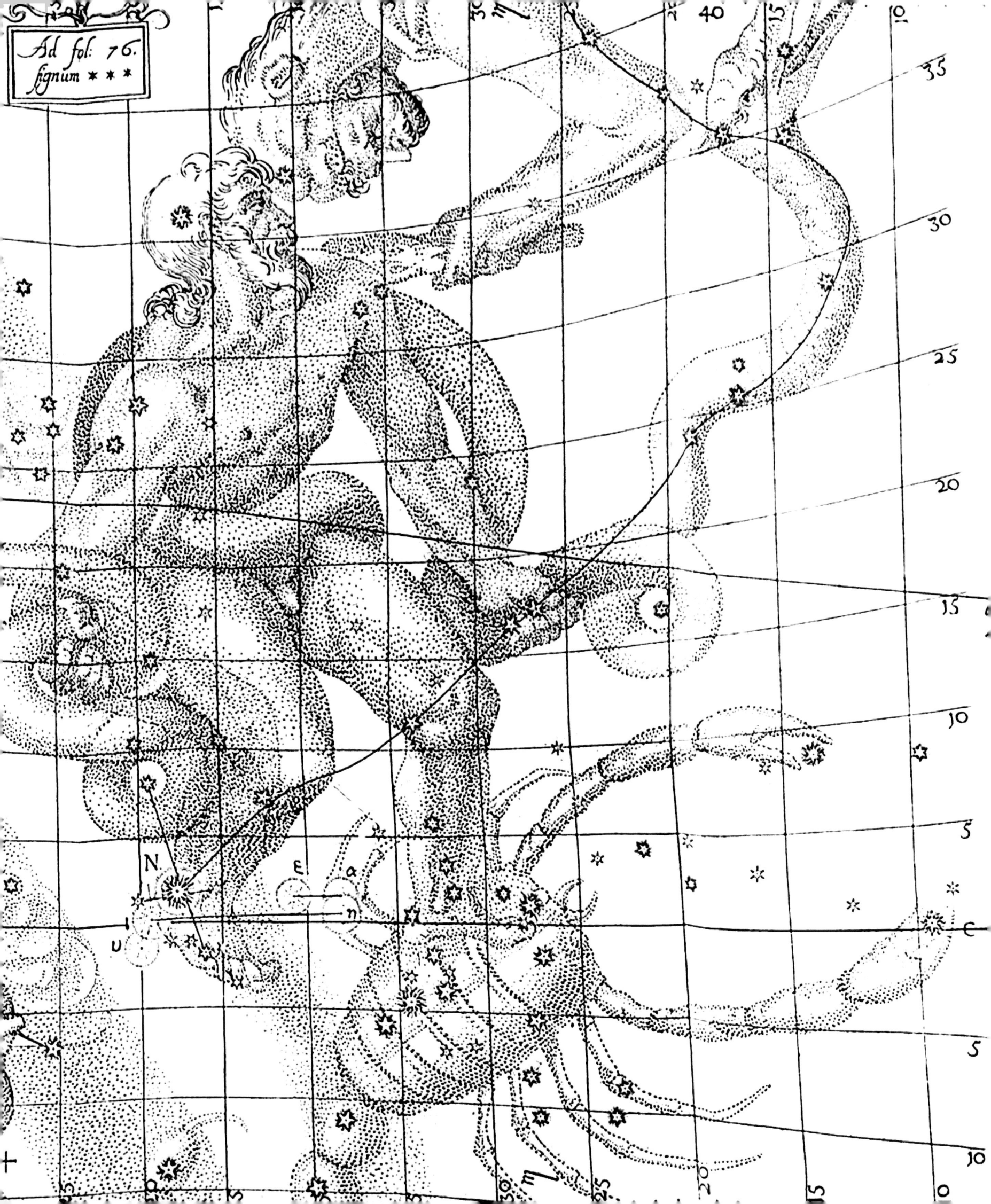

10

Universelle Anziehung

Als Galilei starb, wurde Isaac Newton (1643–1727) geboren. Er studierte am Trinity College der Universität Cambridge. Kurz nach seinem Abschlussexamen 1665 wurde die Universität wegen der Pest geschlossen, und Newton kehrte in sein Elternhaus Woolsthorpe Manor zurück, wo er seine Studien fortsetzte. Später erzählte Newton gerne, dass er in dieser Zeit einmal zwischen den Apfelbäumen im Garten saß und über die Bewegung des Mondes nachdachte, als er sah, wie ein Apfel zu Boden fiel. Dadurch wurde er auf die Idee gebracht, dass hier in beiden Fällen die gleiche Kraft wirksam sein könnte. Er entwickelte daraus schließlich das Gesetz der Schwerkraft, die er als die Kraft beschrieb, die zwischen zwei Körpern entlang ihrer Verbindungslinie wirkt und mit dem Quadrat des gegenseitigen Abstands abnimmt.

Nach einer längeren Pause griff er diese Idee 1679 wieder auf und kombinierte sie mit den keplerschen Gesetzen der Planetenbewegung. Newton diskutierte diese Arbeiten mit seinem Freund Edmond Halley (1656–1742), der ihn schließlich dazu brachte, seine Überlegungen in lateinischer Sprache zu veröffentlichen. So entstand sein berühmtes Werk *Prinicipa* (1687). Newtons Gravitationstheorie wurde fortan zum Vorbild für wissenschaftliche Gesetze – mathematisch und logisch klar formuliert.

1705 nutzte Edmond Halley die Gravitationstheorie Newtons, um die Bahn des Kometen aus dem Jahr 1682 zu bestimmen. Zugleich konnte er zeigen, dass sich die Kometen der Jahre 1531 und 1607 auf der gleichen Bahn bewegt hatten. Daraus leitete er ab, dass es sich jeweils um den gleichen Kometen gehandelt haben müsse, der offenbar etwa alle 76 Jahre wiederkehrte, und sagte dessen Wiederkehr für 1758 voraus. Leider erlebte er die eindrucksvolle Bestätigung seiner Voraussage nicht mehr.

1703 wurde Newton Präsident der Royal Society of London und zwei Jahre später geadelt. In dieser einflussreichen Position erhielt er den Vorsitz im Beirat des Royal Observatory, das 1675 in Greenwich errichtet worden war, um astronomische Daten für die Navigation auf hoher See bereitzustellen. Sein erster Direktor, John Flamsteed (1646–1719) hatte die Positionen von Planeten, Mond und Sternen mit größerer Präzision vermessen als je zuvor, und die Rotationsdauer der Erde aus den Südstellungen

Rechts: Isaac Newton in einem handkolorierten Druck von William Blake (1804). Newton ist als perfekte Gestalt dargestellt, die eine Zeichnung mit einem Zirkel ausmisst. Blake stand rationalen Diskursen kritisch gegenüber und setzte mehr auf schöpferische Geisteskraft.

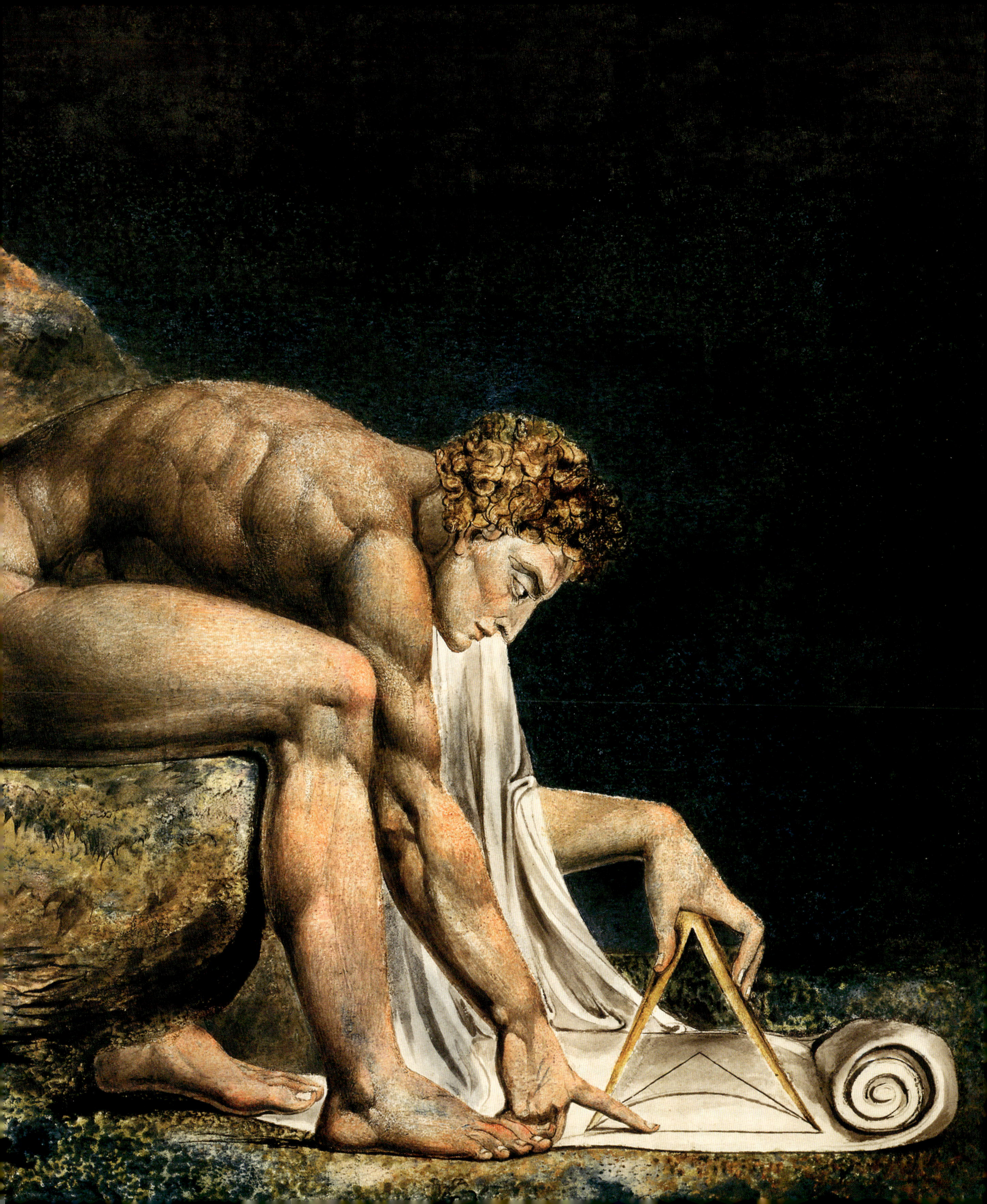

der Sonne abgeleitet. Der Meridian (die Nord-Süd-Linie), der durch Flamsteeds Beobachtungsinstrument verlief, wurde zum Bezugslängengrad für die „Greenwich Mean Time", die im 19. Jahrhundert auch Basis für das Zeitzonen- und Längengradnetz der Erde wurde.

Außerdem entwickelte Flamsteed Theorien zur Vorausberechnung von Mond- und Planetenpositionen für Navigationszwecke. Die solchermaßen gefundenen Werte wurden schließlich in einem Jahrbuch für Seefahrer mit dem Titel *The Nautical Almanach* veröffentlicht. Flamsteed beschränkte seine Arbeit auf den Bereich, für den die Sternwarte eingerichtet worden war, und versuchte, hierfür möglichst korrekte Daten zu liefern. Newton dagegen forderte von ihm eine umfassende und rasche Veröffentlichung aller Beobachtungsdaten, damit er damit seine Theorie der Schwerkraft überprüfen könne. Beide gerieten darüber in heftigen Streit, bis schließlich Halley einen Kompromiss erreichte, wonach Flamsteed Newton für den Privatgebrauch auch mit vorläufigen Daten beliefern sollte. Man kann sich Flamsteeds Erregung vorstellen, als er später feststellen musste, dass Newton seine Daten in einem Buch veröffentlicht hatte.

Rechts: Der achteckige Saal (das Oktogon) im Royal Observatory in Greenwich war der ursprüngliche Beobachtungsraum der Sternwarte, der mit zahlreichen Uhren und hohen Fenstern ausgestattet war.

Unten: Edmond Halley und der nach ihm benannte Komet, der 1986 zum vierten Mal nach seiner Vorhersage in Sonnennähe kam.

PLAN du premier Etage   au dessous de la platte forme

11

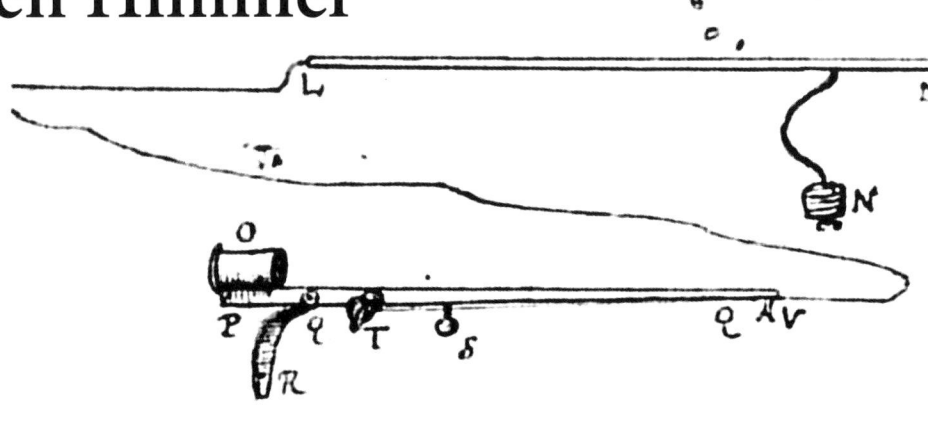

Neue Augen für den Himmel

Galileis Fernrohr war klein. Es hatte nur ein winziges Gesichtsfeld, eine geringe Vergrößerung und lieferte außerdem verschwommene Bilder – erstaunlich, dass es überhaupt so viel mehr zeigte als das bloße Auge. Wissenschaftler und Techniker versuchten daher schon bald, mit neuen Verfahren zur Glasschmelze und Linsenbearbeitung größere und bessere Optiken zu entwickeln.

Bei Linsenteleskopen (Refraktoren) gibt es jedoch ein grundsätzliches Problem. Die Lichtablenkung ist abhängig von der Farbe, die Farbanteile werden nicht im gleichen Brennpunkt gebündelt. Die Bilder sind daher unscharf und zeigen farbige Ränder. Man nennt dies chromatische Aberration.

Es gibt zu diesem Problem drei Lösungsansätze. Der Holländer Christiaan Huygens (1629–1695) reduzierte den Effekt dadurch, dass er dünnere Linsen mit entsprechend längerer Brennweite nutzte. Einige Himmelsbeobachter bauten extrem lange, offene Teleskope, bei denen die Frontlinse an einem hohen Pfosten befestigt war, das Okular dagegen in Kopfhöhe. Diese „Luftteleskope" ließen sich nur schwer ausrichten und wurden durch den kleinsten Luftzug in heftige Schwingungen versetzt. Trotzdem konnte der italienisch-französische Astronom Giovanni Domenico Cassini (1625–1712) mit einem solchen Teleskop zwei lichtschwache Saturnmonde entdecken.

Ein weiterer Lösungsansatz ergibt sich aus der optischen Konstruktion. Zwei oder mehr Linsen aus unterschiedlichem Glas lassen sich so kombinieren, dass sich die Farbfehler der einzelnen Linsen gegenseitig aufheben. Man spricht dann von einem achromatischen Objektiv. Dieser Ansatz geht auf Chester Moore Hall (1703–1771) zurück und wurde von dem Optiker John Dollond (1706–1761) weiterentwickelt. Das größte Teleskop mit einem achromatischen Objektiv ist der Yerkes-Refraktor mit einem Durchmesser von 102 Zentimetern, der 1895 von Alvan Clark (1832–1897) gebaut wurde.

Rechts: Christiaan Huygens konstruierte 1684 ein Luftfernrohr ohne Tubus. Mit einem Seil, das Objektiv und Okular verband, verschob er das Okular möglichst nahe an den Brennpunkt, um das betrachtete Objekt scharf sehen zu können.

Die dritte und beste Methode ist allerdings der Einsatz von Spiegelteleskopen, da dort keine Farbfehler auftreten. Isaac Newton baute 1668 einen ersten Prototyp. Zwar verformen sich dünne Spiegel unter ihrem eigenen Gewicht, aber durch spezielle Lager-Konstruktionen lassen sie sich dennoch optimal in Form halten. Zu den größten Einzelspiegeln mit Durchmessern von mehr als acht Metern zählen die beiden Teleskope des Large Binocular Telescope (LBT) auf dem Mount Graham in Arizona und die vier Teleskope des Very Large Telescope (VLT) der Europäischen Südsternwarte ESO in Chile. Sie werden durch zahlreiche Aktuatoren auf der Rückseite ständig in Bestform gebracht. Noch größer (zehn Meter Durchmesser) sind zum Beispiel die segmentierten Spiegel der beiden Keck-Teleskope auf Hawaii und des Gran Telescopio Canarias auf La Palma, die aus kleineren Spiegelwaben bestehen und durch komplexe Steuerungssysteme in Form gehalten werden. Mittlerweile planen die Teleskopbauer Instrumente mit Spiegelsystemen zwischen 30 und 40 Metern Durchmesser.

Oben: Das größte Linsenteleskop der Erde, der Yerkes-Refraktor bei Chicago, mit einem Objektivdurchmesser von 1,02 Metern.

Rechts: Isaac Newton baute diesen kleinen Prototyp eines Spiegelteleskops 1668. Der Entwurf dazu ist in der Hülle nach Seite 49 zu finden.

Neue Planeten

Wilhelm Herschel (1738–1822) wurde in Hannover geboren und war zunächst Militärmusiker. Mit 19 Jahren siedelte er nach England über und ließ sich in Bath als Musiker nieder. Seine Schwester Caroline (1750–1848) litt unter der wenig schmeichelhaften Prophezeiung ihres Vaters, dass sie aufgrund ihrer Armut und der Spätfolgen einer Pockenerkrankung wohl niemals heiraten würde. 1772 folgte sie daher ihrem Bruder nach England und wurde dessen Haushälterin und Mitarbeiterin.

Wilhelm lernte in seiner Freizeit die Grundlagen der Astronomie kennen und baute sich ein leistungsfähiges Teleskop. Jede klare Nacht nutzte er für eine systematische Durchmusterung des Himmels, wobei Caroline ihm zur Hand ging und notierte, was er an Nebeln, Sternhaufen und Doppelsternen beobachtete.

Uranus und die Asteroiden

1781 bemerkte Herschel ein Objekt, das nicht punktförmig erschien, sondern sich als kleines Scheibchen langsam vor dem Sternenhintergrund bewegte. Es erwies sich als neuer Planet jenseits der Saturnbahn. Herschel nannte ihn zunächst „Georgium Sidus" (Georgsstern) – nach dem damaligen englischen König. Doch dieser Name traf außerhalb Englands auf Ablehnung, und so wurde er in Uranus umbenannt. Unterdessen nutzte Caroline ihr eigenes Teleskop und entdeckte damit 1786 einen Kometen, „The Lady's Comet" – der erste von einer Frau entdeckte Komet.

Uranus war nur der Anfang einer Serie von Planetenentdeckungen. 1766 hatte Johann Titius (1729–1796) eine Regel gefunden, die später von Johann Bode (1747–1826) verbreitet wurde und die einen Zusammenhang zwischen der Nummer eines Planeten und seinem Bahnradius herstellt – von Merkur als Nummer 1 bis Saturn als Nummer 7. Uranus passte als Nummer 8 recht gut in das System, aber zwischen Mars (Nummer 4) und Jupiter (Nummer 6) klaffte eine Lücke. Wo war Planet Nummer 5?

Um die Jahrhundertwende organisierte Baron Franz Xaver von Zach (1754–1832) mit etlichen Astronomenkollegen eine Suchaktion nach diesem Planeten zwischen Mars und Jupiter. Wenig später, am 1. Januar 1801, entdeckte der in Palermo tätige Astronom Giuseppe Piazzi (1746–1826), der nicht zu dieser Gruppe

Rechts: Wilhelm Herschel katalogisierte Doppelsterne, Sternhaufen und Nebel und entdeckte bei seinen sorgfältigen Himmelsdurchmusterungen auch den Planeten Uranus.

Oben: Herschel baute und verkaufte zahlreiche Exemplare dieses Teleskoptyps mit einem 15-Zentimeter-Spiegel. Das Instrument besaß einen zwei Meter langen Tubus aus Mahagoni-Holz, Drehscheiben, Seilzüge, Zahnräder und ein Stativ auf lenkbaren Rollen. Der Beobachter blickte durch das Okular im oberen Teil des Tubus und nutzte das kleine Teleskop als Sucher.

Rechte Seite: Diese Falschfarbenansicht des Uranus im Infraroten, aufgenommen mit dem HUBBLE-Weltraumteleskop, zeigt nicht nur die Ringe und einige der 27 bekannten Monde, sondern auch einzelne Wolkenbänder in der Uranusatmosphäre sowie mehrere helle Wolken in höheren Atmosphärenschichten.

Links: Auf den Bildern von Voyager 2 *zeigte sich Uranus 1986 als weitgehend strukturlose Kugel, die durch den Methananteil in der Atmosphäre leicht bläulich erscheint.*

gehörte, ein Objekt, das recht gut in diese Lücke passte. Piazzi nannte es Ceres, nach der römischen Göttin des Ackerbaus und zugleich Patronin Siziliens. Allerdings wurden innerhalb von gut sechs Jahren noch drei weitere Objekte in dieser Gegend gefunden (Pallas, Juno und Vesta), die ebenfalls Platz 5 der Titius-Bodeschen Regel beanspruchten.

Entsprechendes gilt für die meisten der mehreren hunderttausend Kleinplaneten oder Asteroiden, die man bis heute gefunden hat. Einige gelten als Protoplaneten, die sich nicht zu einem „normalen" Großplaneten zusammenfinden konnten, weil der nahe Jupiter sie mit seiner Schwerkraft daran gehindert hat. Viele andere Asteroiden sind wohl eher Fragmente dieser oder anderer, längst zertrümmerter Brocken. Von Zeit zu Zeit stürzen solche Trümmer auch auf die Erde und können dann als Meteoriten gefunden werden. Die größeren Asteroiden sind annähernd kugelförmig, doch die Mehrheit der kleineren Objekte ist unregelmäßig geformt und von zahllosen kleinen Einschlagkratern zernarbt, wie nahe Vorbeiflüge von Raumsonden wiederholt gezeigt haben.

Neptun

Asteroiden sind Kleinplaneten – ein Großplanet sollte aber noch entdeckt werden, diesmal mit Hilfe der Mathematik. Nachdem man ältere Sichtungen von Uranus gefunden und ausgewertet hatte, konnte dessen Bahn recht gut berechnet werden. Doch in den nächsten Jahrzehnten wich Uranus immer mehr von dieser vorhergesagten Bahn ab. Zur Erklärung schlug die schottische Mathematikerin Mary Somerville (1780–1872) vor, dass ein Planet jenseits der Uranusbahn an dessen Bewegung zerre und ihn beschleunige, solange er ihm voraus war, ihn jedoch verzögere, nachdem er von Uranus überholt worden war. In Paris entwickelte François Arago (1786–1853) einen ähnlichen Lösungsansatz. Beide gewannen – jeder für sich – einen jungen talentierten Mathematiker, der bereit war, sich des Problems anzunehmen: John Couch Adams (1819–1892) in England und Urbain Le Verrier (1811–1877) in Frankreich. Die beiden berechneten unabhängig voneinander die mögliche Position eines solchen Planeten. Adams konnte jedoch keinen seiner wissenschaftlichen Kollegen dafür gewinnen, intensiv nach diesem Objekt zu suchen, schon gar nicht den jähzornigen George Airy (1801–1892), der damals Astronomer Royal in Greenwich war. Le Verrier dagegen informierte den jungen deutschen Astronomen Johann Galle (1812–1910) an der Berliner Sternwarte. Dieser hielt noch am gleichen Abend (23. September 1846) Ausschau nach dem gesuchten Objekt, das er unweit der vorausberechneten Position entdeckte. Dieser achte Planet erhielt den Namen Neptun.

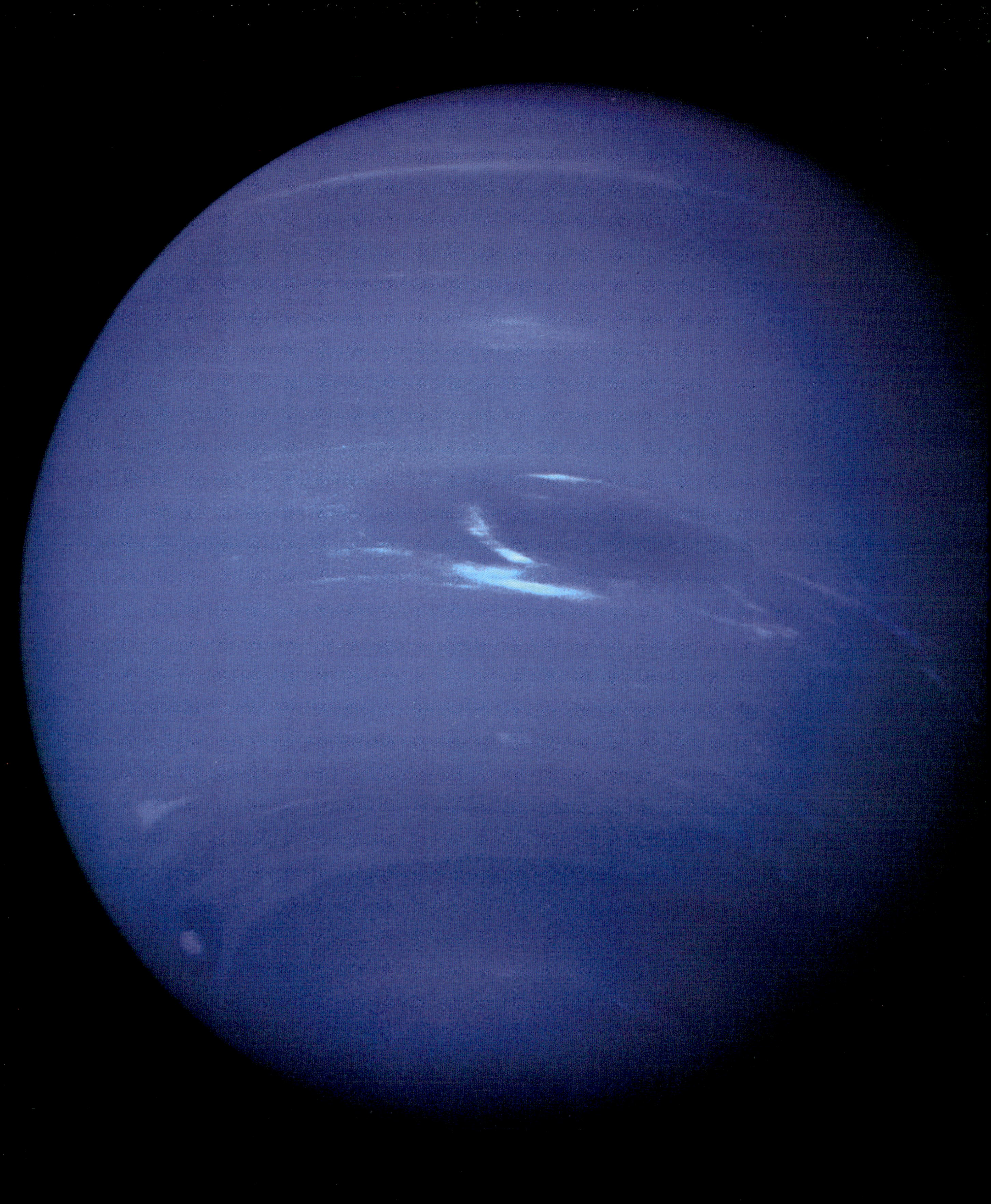

Pluto und der Kuiper-Gürtel

Die Größe des bekannten Sonnensystems war durch die Entdeckung des Uranus verdoppelt worden und hatte durch Neptun noch einmal kräftig zugelegt. Aber war damit der Rand des Sonnensystems erreicht? Je länger die Bewegung von Neptun verfolgt wurde, desto mehr verstärkte sich der Eindruck, dass auch er von seiner vorausberechneten Bahn abwich. Auf der Basis dieser Beobachtungen begann der amerikanische Astronom Percival Lowell (1855–1916) damit, ab 1906 nach dem mysteriösen „Planet X" zu suchen. 1929 setzte ein junger Amateurastronom, Clyde Tombaugh (1906–1997), der eine Anstellung am Lowell-Observatorium erhalten hatte, die Suche fort. Dazu verglich er Fotografien der gleichen Himmelsregion, die er im Abstand von einer Woche aufgenommen hatte, um „bewegte Sterne" aufzuspüren. Am 18. Februar 1930 stieß er auf ein Objekt, das sich jenseits der Neptunbahn bewegte. Es erhielt den Namen Pluto nach dem Gott der Unterwelt und wurde als neunter Planet angesehen.

Allerdings war Pluto viel lichtschwächer als der erwartete Planet X – er musste also viel kleiner und weniger massereich sein als erhofft und konnte damit für die Bahnstörungen von Neptun nicht verantwortlich sein. Er befand sich nur zufällig in dieser Himmelsregion, seine Bahn kreuzte sogar die Bahn des Neptun.

Links: Nach dem eher langweiligen Anblick des Uranus erwarteten die Astronomen 1989 bei Neptun nur sehr wenig. Umso überraschter waren sie, dass der noch kältere Neptun deutliche Wetterphänomene zeigte wie den „Großen Dunklen Fleck", einen Wirbelsturm mit einer Breite von der Größe der Erde, sowie helle Wolken, die mit Geschwindigkeiten von bis zu 2000 Stundenkilometern durch die Atmosphäre trieben.

Unten: Pluto ist eine Kugel aus Eis und Gestein. Seine Oberfläche zeigt helle und dunkle Gebiete aus Methaneis, das durch die UV-Strahlung der Sonne in eine schmierige, teerähnliche Substanz verwandelt wurde. Die Bilder des Hubble-Weltraumteleskops sind nur wenige Pixel groß, doch konnte aus den Fotos durch eine intensive, computergestützte Bildauswertung diese „Karte" des Zwergplaneten erstellt werden.

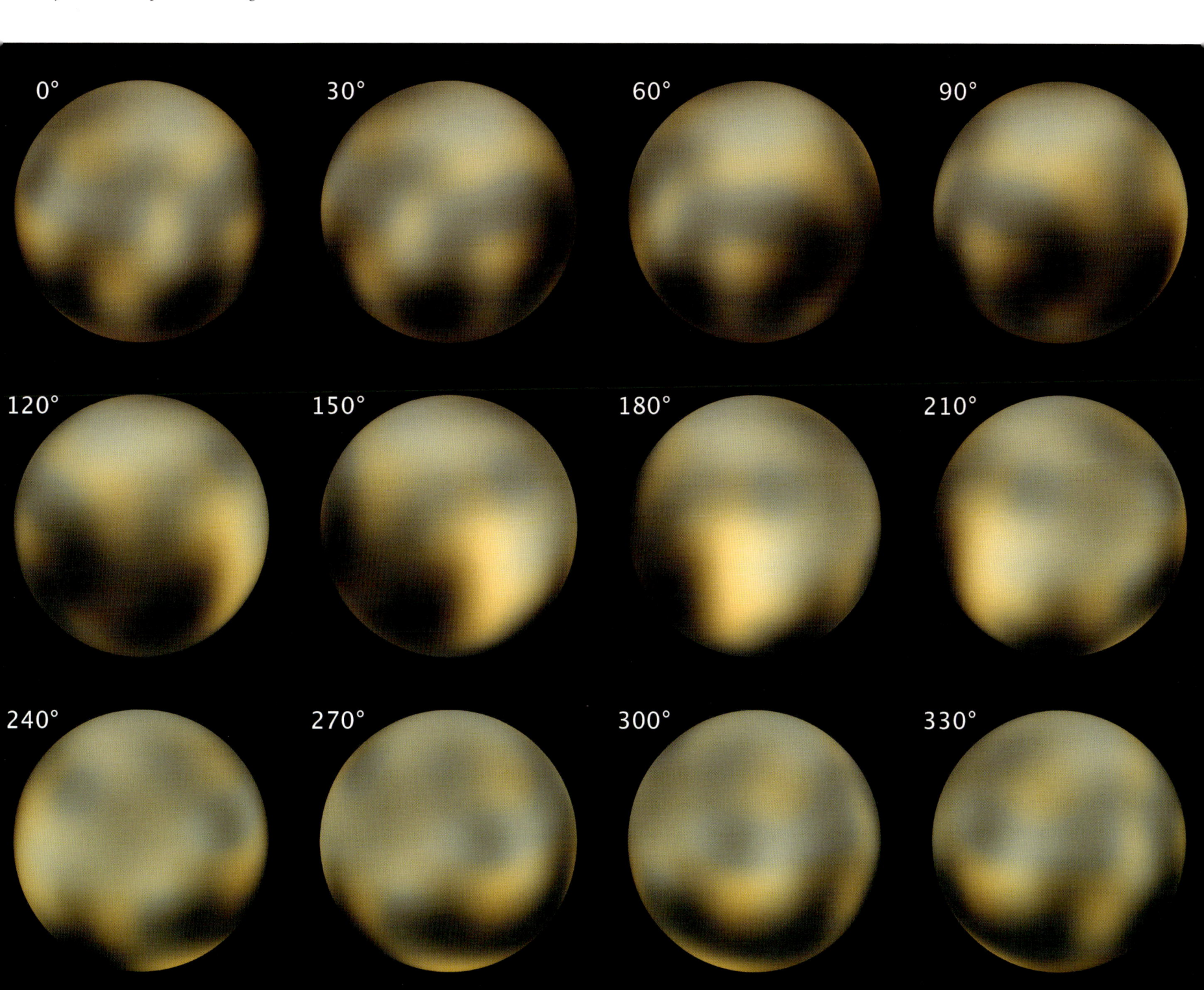

1943 und 1951 vermuteten der irische Amateurastronom Kenneth Edgeworth (1880–1972) und der amerikanische Planetologe Gerard Kuiper (1905–1973) unabhängig voneinander, dass der Raum jenseits der Neptunbahn von vielen kleineren Himmelskörpern erfüllt sei. Tatsächlich fanden David Jewitt und Jane Luu im Herbst 1992 ein zweites Trans-Neptun-Objekt (nach Pluto), und mehr als 20 Jahre später (Anfang 2013) sind über 1250 bekannt. Sie bewegen sich im sogenannten Edgeworth-Kuiper-Gürtel jenseits der Neptunbahn. Als angesichts dieser Fülle Bahn, Größe und andere Eigenschaften Plutos neu bewertet wurden, zeigte sich, dass auch er eher als Trans-Neptun-Objekt einzustufen ist, und so beschlossen die Astronomen im August 2006, Pluto nicht länger als Planeten zu führen.

Rechts: Der Asteroid Lutetia wurde 2010 bei einem Vorbeiflug der ESA-Sonde Rosetta aus einer Entfernung von 3200 Kilometern fotografiert. Der etwa hundert Kilometer große Kleinplanet ist von zahlreichen Einschlagkratern zernarbt.

Unten: Der Komet McNaught 2007, hier auf einer Aufnahme des Siding Spring Observatory in Australien, war einer der hellsten Kometen der letzten 50 Jahre. Eis und Staub waren in der Hitze der nahen Sonne explosionsartig aus dem Kern herausgebrochen und haben den langen Schweif geformt.

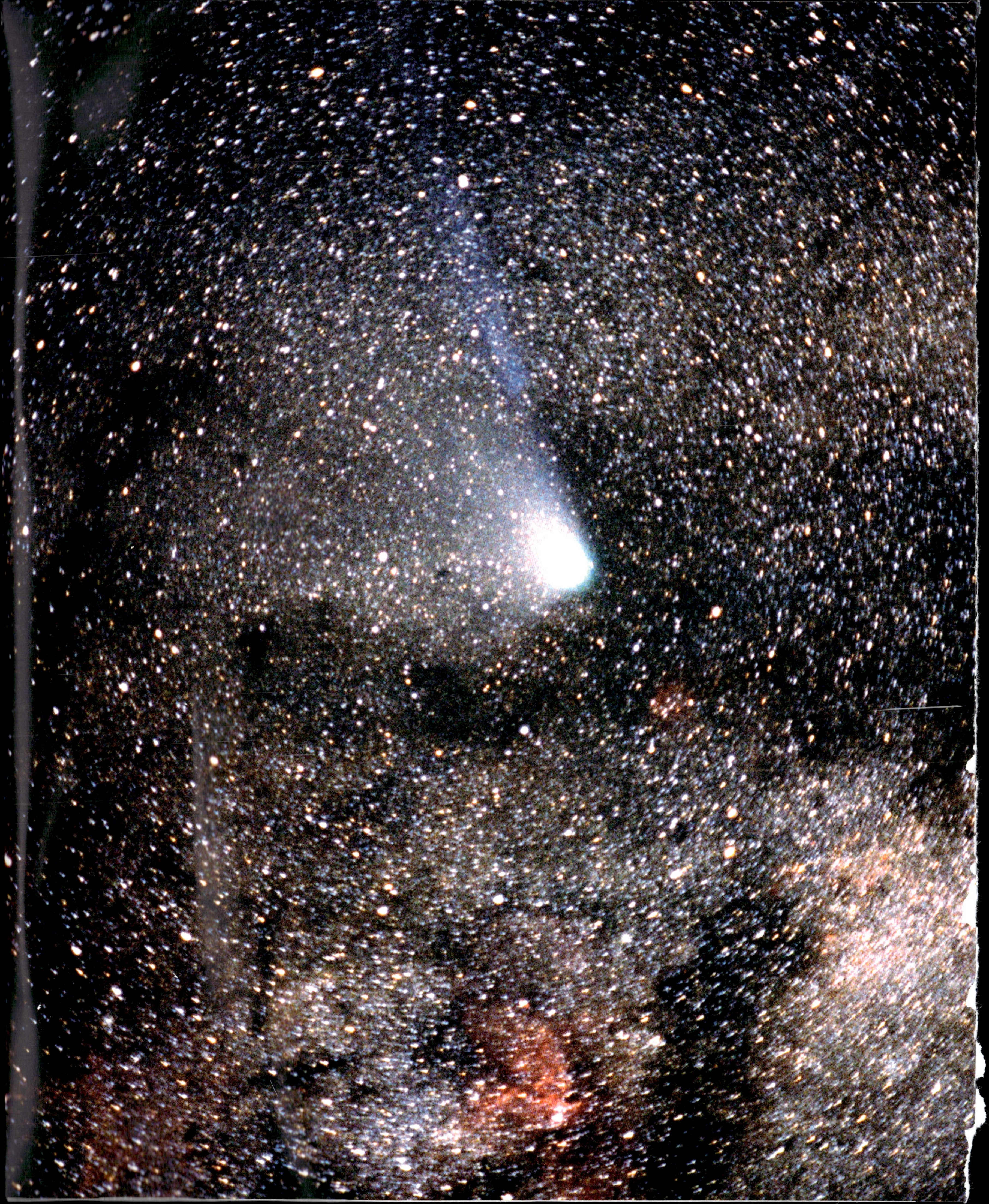

HISTORISCHE DOKUMENTE

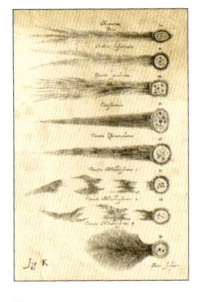

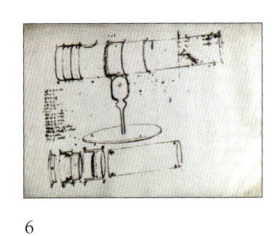

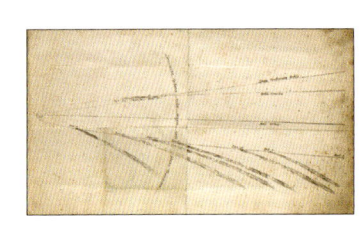

5 6 7 8

Dokument 5:
Kometenansichten von Johannes Hevelius, 1668
Diese Illustration, die 1668 von dem Danziger Astronomen Johannes Hevelius veröffentlicht wurde, zeigt verschiedene Typen von Kometen. Kometen sind Brocken aus Eis und Gestein, die die Sonne auf lang gestreckten Ellipsenbahnen umrunden – mit Perioden, die viele hundert, tausend oder noch mehr Jahre dauern können. Wenn sich ein Komet der Sonne nähert, bricht die Sonnenwärme das Eis auf, und das frei werdende Gas strömt ab. Zusammen mit dem Staub führt es zur Bildung zweier Kometenschweife, wobei der Gasschweif selbst leuchtet, während der Staubschweif das auftreffende Sonnenlicht reflektiert. Der Gasschweif ist stets geradlinig von der Sonne weg gerichtet, der Staubschweif kann auch stärker gebogen erscheinen. Kometen können daher jeweils unterschiedlich aussehen, wie die Vielfalt der Darstellungen von Hevelius in seinem Buch *Cometographica* (1668) zeigt.

Dokument 6:
Newtons Spiegelteleskop, 1672
Diese Skizzen seines Spiegelteleskops von 1668 fertigte Sir Isaac Newton 1672 an. Hier wird das Licht durch einen konkaven Spiegel gebündelt. Dieser reflektiert das Licht im Tubus zurück nach vorne, wo es ein zweiter Spiegel seitlich auf das Okular lenkt. Dieses erste Spiegelteleskop war nur 15 Zentimeter lang und hatte einen Durchmesser von 2,5 Zentimetern, konnte aber 30- bis 40-fach vergrößern.

Dokument 7:
Newtons Zeichnung einer Kometenbahn, 1680
In seinem Buch *Principia* stellte Newton eine Lösung zur Bewegung zweier Himmelskörper im gemeinsamen Schwerefeld vor. Die von ihm beschriebene Schwerkraft nimmt mit dem Quadrat der Entfernung ab und führt zu elliptischen, parabolischen oder sogar hyperbolischen Umlaufbahnen. Er wandte diese Theorie auf den hellen Kometen von 1680 an, den ersten Kometen, der (von Gottfried Kirch) mit Hilfe eines Teleskops entdeckt und dessen Bahn mit der newtonschen Gravitationstheorie berechnet worden war. Mit diesem Faltblatt, das in die *Principia*-Ausgabe eingeklebt wurde, zeigte Newton die weitgehende Übereinstimmung der Kometenbahn mit einer Parabel.

Dokument 8:
Herschels Entdeckung des Uranus, 1781
Die Aufzeichnungen Wilhelm Herschels beschreiben den Moment, als er zum ersten Mal den Planeten Uranus sah – am 13. März 1781. Die obere Hälfte des Blatts enthält die Aufzeichnungen vom Vortag über Mars und Saturn, die untere Hälfte die Beschreibung des Gebiets um den Stern Pollux (Beta Geminorum): „Um Viertel um den Stern ζ [Zeta] Tauri ist der untere der beiden Sterne entweder seltsam nebelhaft oder vielleicht ein Komet." Mit seinem ausgezeichneten Teleskop konnte er sofort erkennen, dass es sich nicht um einen gewöhnlichen Stern handelte, was er vier Tage später anhand der Bewegung des Objekts bestätigt fand. Die beiden senkrechten Linien auf dem Blatt stammen von Herschels Schwester Caroline, die damit deutlich machte, dass sie die Notizen ihres Bruders in ein ordentliches Beobachtungsbuch übertragen hatte.

Abbildung auf der Rückseite:
Der Komet Halley 1986 vor dem Hintergrund der Milchstraße. Diese Aufnahme wurde von Schülern aus Charleston, South Carolina, mit einer Kamera an Bord des Kuiper Airborne Observatory (eines umgebauten C-141C-Flugzeugs) in einer Flughöhe von rund 14 Kilometern gemacht.

Die Sterne

Wenn die Erde nicht ruht, sondern sich um die Sonne bewegt, warum bewegen sich dann die Sterne nicht in die entgegengesetzte Richtung – so wie Bäume, die aus dem Fenster eines fahrenden Zuges gesehen in Gegenrichtung vorbeifliegen? Nun, die Größe der Erdbahn ist im Vergleich zu den Distanzen der Sterne verschwindend klein, so dass man diese Parallaxenbewegung der Sterne mit bloßem Auge nicht erkennen kann. An weit entfernten Gebäuden oder gar Bergen am Horizont sieht man die Bewegung des Zuges ja auch kaum. Tatsächlich stützt sich unser räumliches Sehvermögen auf diesen Effekt der entfernungsabhängigen Parallaxe.

Die Parallaxe von Fixsternen ist sehr klein, und so sind im Laufe der Geschichte zahlreiche Astronomen daran gescheitert, sie zu bestimmen. Erst Friedrich Wilhelm Bessel (1784–1846), dem Direktor der Sternwarte Königsberg, gelang 1838 die Parallaxenmessung am Stern 61 Cygni, der etwa eine halbe Million Mal weiter von uns entfernt ist als die Sonne. Mit Kenntnis ihrer Entfernung konnte man auch erstmals die Leuchtkraft von Sternen ermitteln, eine physikalische Eigenschaft des Objekts. Man war bei den Sternen nun nicht länger auf Positionsmessungen beschränkt.

Eine andere physikalische Eigenschaft der Sterne ist ihre Farbe. Einige Sterne erscheinen dem bloßen Auge rötlich (wie zum Beispiel Beteigeuze im Orion), andere bläulich (wie das Gegenüber in diesem Sternbild, Rigel). Von Eisen, das ins Feuer gehalten wird, weiß man, dass es seine Farbe mit der Temperatur ändert: Nach einiger Zeit erscheint es dunkelrot glühend, wird dann immer heller, leuchtet schließlich gelb und am Ende fast weiß. Offenbar besitzen auch die Sterne unterschiedliche Temperaturen. Wenn man aber die Temperatur und die Leuchtkraft eines Sterns kennt, kann man seine Größe berechnen. Manche Sterne sind viel größer als die Sonne, sie würden sogar bis weit über die Erdbahn hinausreichen.

Die Astrophysiker, die solche Untersuchungen anstellten, hatten unterschiedliche Ausbildungen, wie sie damals typisch für Astronomen waren. Joseph von Fraunhofer (1787–1826) arbeitete als Optiker, erfand das Spektroskop und leitete ein optisches Institut in Benediktbeuren. Pater Angelo Secchi (1818–1878) war Jesuit in Rom, William Huggins (1824–1910) ein wohlhabender englischer Amateurastronom, Edward Pickering (1846–1919) ein Harvard-Professor, Hermann Vogel (1841–1907) der Direktor der Sternwarte Potsdam, dem ersten Observatorium, das sich ganz der Astrophysik verschrieben hatte.

Diese Forscher verbesserten ihre Beobachtungstechniken und entdeckten, dass die Spektren der Sterne zahlreiche dunkle Lücken, sogenannte Linien, enthalten. Gustav Kirchhoff (1824–1887) und Robert Bunsen (1811–1899) gelang eine Erklärung dieses Phänomens. Der heiße Sternkörper wird von einer Schicht kühleren Gases (der Sternatmosphäre) umgeben, und die Atome dort absorbieren einen Teil des Sternlichts. Da jedem chemischen Element charakteristische Linien zugeordnet werden können, konnte man die Zusammensetzung der Sterne aus der Analyse ihrer Spektren ermitteln. So fand man schließlich, dass Sterne und Planeten aus den gleichen Materialien bestehen, wenn auch in unterschiedlicher Zusammensetzung. Cecilia Payne-Gaposchkin (1900–1979) stellte fest, dass die Sterne hauptsächlich Wasserstoff enthalten, aber auch all die anderen Elemente, die wir auf der Erde kennen.

Oben: Pater Angelo Secchi, Jesuitenpater und Astronom, ein Pionier der Sternspektroskopie.

Links: Mit diesem Heliometer bestimmte Friedrich Wilhelm Bessel die erste Fixsternentfernung. Das Gerät wurde vorrangig zur Messung des variablen Sonnendurchmessers während eines Jahres als Folge der elliptischen Erdumlaufbahn konzipiert. Bessel nutzte es auch nachts, um die Verschiebung von 61 Cygni relativ zu seinen Nachbarsternen als Folge der Umlaufbewegung der Erde zu messen.

Rechte Seite: Das Sternbild Orion enthält zwei helle Sterne sehr unterschiedlicher Farbe: Beteigeuze oben links ist einer der rötesten Sterne für das bloße Auge, während Rigel rechts unten bläulich weiß strahlt.

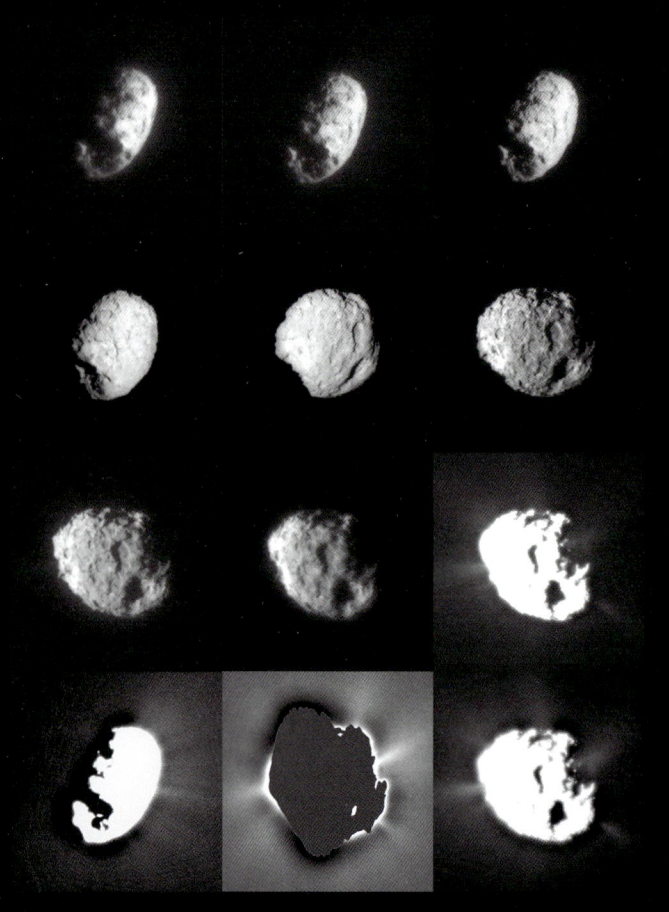

KOMETEN

Der Edgeworth-Kuiper-Gürtel und der Bereich jenseits davon, die Oortsche Wolke, sind die Herkunftsorte der Kometen. Die Oortsche Wolke erstreckt sich bis in eine Entfernung von mehr als einem Lichtjahr und damit bis an die Grenze des Sonnensystems. Der Name geht auf den holländischen Astronomen Jan Hendrik Oort (1900–1992) zurück, der ihre Existenz aus Kometenbeobachtungen ableitete – gesehen hat die Wolke noch niemand.

Kometen tauchen seit Menschengedenken am Himmel auf, meist unerwartet. Sie zeigen auffällige Schweife und wurden mit abergläubischer Furcht betrachtet, weil man sie für Unglücksboten hielt. Im frühen 18. Jahrhundert sagte Edmond Halley die Wiederkehr eines von ihm beobachteten Kometen alle 76 Jahre voraus. Inzwischen konnte dieser Komet bis ins Jahr 240 v. Chr. zurückverfolgt werden. 1066 tauchte er wenige Monate vor der Schlacht von Hastings auf.

Kometen bestehen aus Eis und Staub – Resten, die bei der Entstehung des Sonnensystems übrig geblieben sind. Wenn ein Stern oder dichte Gaswolken in großer Entfernung vorbeiziehen, können einige der Kometen aus der Oortschen Wolke nach innen stürzen. Dabei werden sie von der Sonne erwärmt und verlieren Gas und Staub, woraus die Schweife entstehen. Der restliche Staub verkrustet anschließend und verdeckt das Eis zunehmend. Entsprechend sind Kometen keine glänzenden Schneekugeln, sondern erscheinen eher wie dunkle Klumpen aus Kohlestaub. Wenn ein Komet in die Nähe von Jupiter oder einem anderen großen Planeten gerät, kann er umgelenkt und auf eine engere, kürzere Bahn gebracht werden. Andernfalls kann es Millionen Jahre bis zu einer Wiederkehr dauern.

Oben: Halleys Komet erschien im März 1066 und wurde im Teppich von Bayeux verewigt, der die Eroberung Britanniens durch den Normannen Wilhelm im gleichen Jahr in zahlreichen Bildern festhält. Hier sieht man, wie der englische König Harold, der später in der Schlacht bei Hastings getötet wurde, von einem Boten über die Erscheinung des Kometen am Himmel informiert wird. Der Komet selbst steht rechts neben den Worten Isti mirant stella[m] („Diese betrachten den Stern").

Links: Der Komet Wild 2 auf Bildern der Raumsonde STARDUST. Diese Annäherungssequenz ist zeilenweise gereiht, jeweils von links nach rechts. Eines der Bilder ist stark überbelichtet, um die Jets von Gas und Staub bestmöglich zu erfassen. Der Komet ähnelt einer langsam rotierenden Frikadelle.

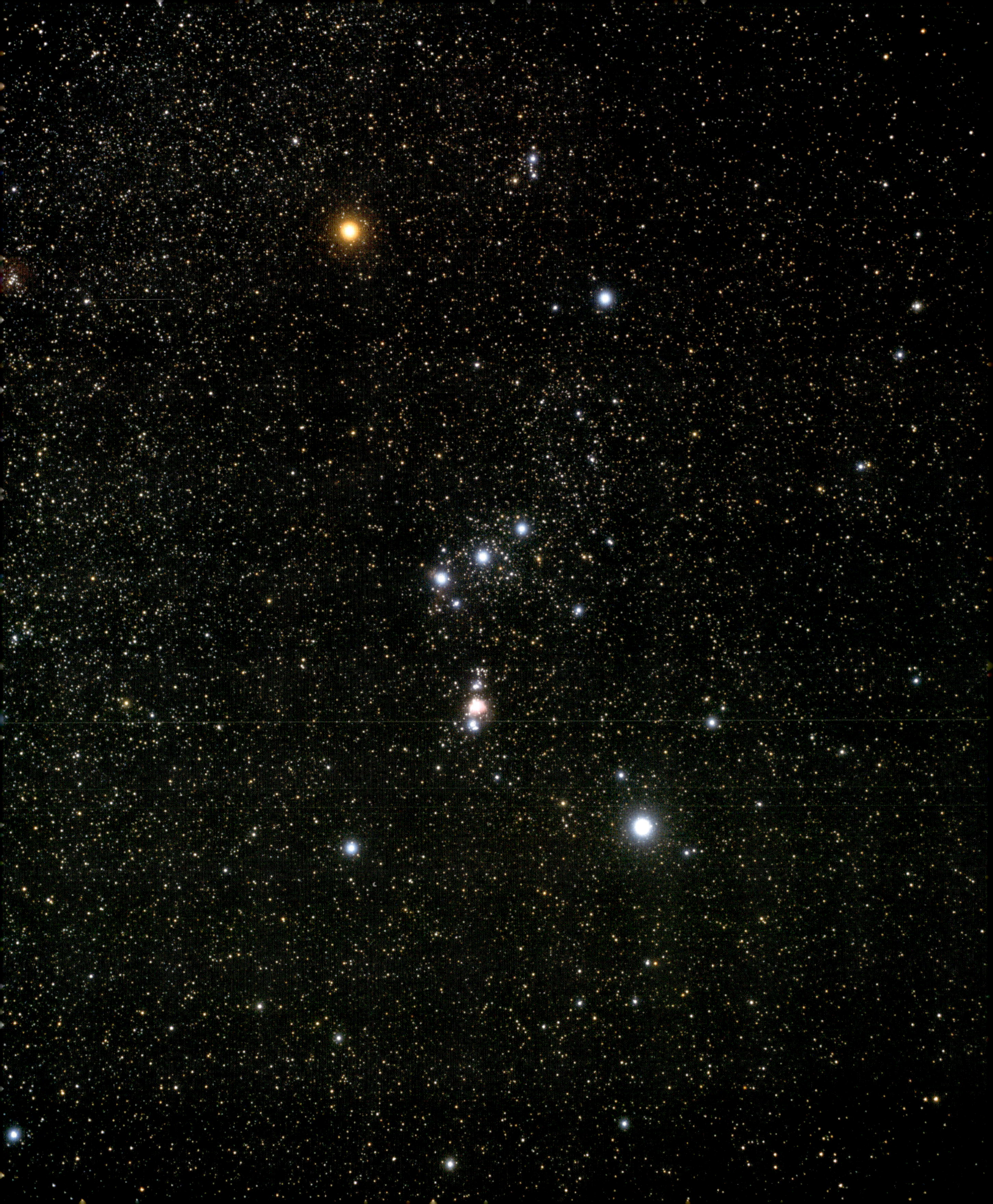

Die sorgfältige Vermessung der Spektrallinien führte Pickering und Vogel 1887 zu einer überraschenden Entdeckung: Bei manchen Sternen pendelten diese Linien regelmäßig hin und her. Es zeigte sich, dass dort zwei Sterne einander auf so engen Bahnen umrunden, dass sie selbst in großen Teleskopen nicht getrennt erkannt werden konnten. Aber mit Hilfe des newtonschen Gravitationsgesetzes konnten aus dieser Umlaufbewegung die Massen der beteiligten Sterne bestimmt werden. Manche der Sternpartner erwiesen sich als viel massereicher als die Sonne (bis zu hundertmal und mehr), andere dagegen als deutlich masseärmer (mit gerade einmal einem Zehntel der Sonnenmasse).

Im Laufe der Zeit konnten die Astrophysiker so eine wachsende Zahl von Daten über die Sterne zusammentragen. Auf der Suche nach möglichen Zusammenhängen trugen der dänische Astronom Ejnar Hertzsprung (1873–1967) und der amerikanische Astrophysiker Henry Norris Russell (1877–1957) die vermessenen Sterne abhängig von Leuchtkraft und Temperatur in

Oben links: Hermann Vogel, Astrophysiker, Spektroskopiker und Direktor des Observatoriums in Potsdam.

Links: Edward Pickering, amerikanischer Physiker, Spektroskopiker und Harvard-Professor.

ein Diagramm ein. Tatsächlich enthüllte dieses Diagramm wichtige physikalische Zusammenhänge, da die meisten Sterne entlang einer schmalen Linie von links oben (heiß und hell) bis rechts unten (kühl und dunkel) liegen. Die Astrophysiker sprechen von der Hauptreihe im Hertzsprung-Russell-Diagramm (HRD). Zugleich zeigte sich, dass die heißen Sterne massereich sein mussten, die kühlen dagegen in der Regel massearm waren.

Es gibt aber auch Sterne abseits der Hauptreihe, helle, rote und damit kühle Sterne, die als Riesen und Überriesen bezeichnet werden. Russell fand außerdem noch heiße, aber dunkle und deshalb sehr kleine Sterne, die etwa die Masse der Sonne, aber nur die Größe der Erde haben. Man nennt sie Weiße Zwerge.

Es war der britische Astrophysiker Arthur Stanley Eddington (1892–1944), der das äußere Erscheinungsbild der Sterne aus ihrem inneren Zustand heraus erklären konnte. Ein Stern, der durch die eigene Anziehungskraft zusammengehalten wird, setzt diesem nach innen gerichteten Druck den Gasdruck der verdichteten Gasmassen entgegen. Eddingtons Berechnungen zeigten, dass das Innere eines Sterns sehr dicht und heiß ist und diese Werte nach außen hin kontinuierlich abnehmen.

Die äußeren Sternschichten zeigen weniger extreme Verhältnisse, sie können aber faszinierende Effekte hervorbringen: Einige Sterne pochen wie ein Herz. Der erste Stern, bei dem dies bemerkt wurde, erhielt den Beinamen „der Wundersame" (Mira). 1596 hatte der friesische Pastor David Fabricius (1564–1617) bemerkt, dass dessen Helligkeit zunächst kräftig angestiegen war, der Stern dann aber wieder verblasste – und dies mit einer verblüffenden Regelmäßigkeit etwa alle elf Monate. Mira ist der Prototyp einer Klasse von veränderlichen Sternen, die sich aufblähen und wieder schrumpfen. Das Gas in den äußeren Schichten wirkt in verdichtetem Zustand wie eine Barriere für die Strahlung aus dem Inneren, so dass sich ein erhöhter Druck aufbaut, der den Stern aufbläht. Damit werden die äußeren Schichten durchlässig, der Stern schrumpft wieder und der Prozess beginnt von neuem.

Oben: Das Astrophysikalische Observatorium Potsdam wurde als erste Sternwarte speziell für astrophysikalische Untersuchungen gegründet.

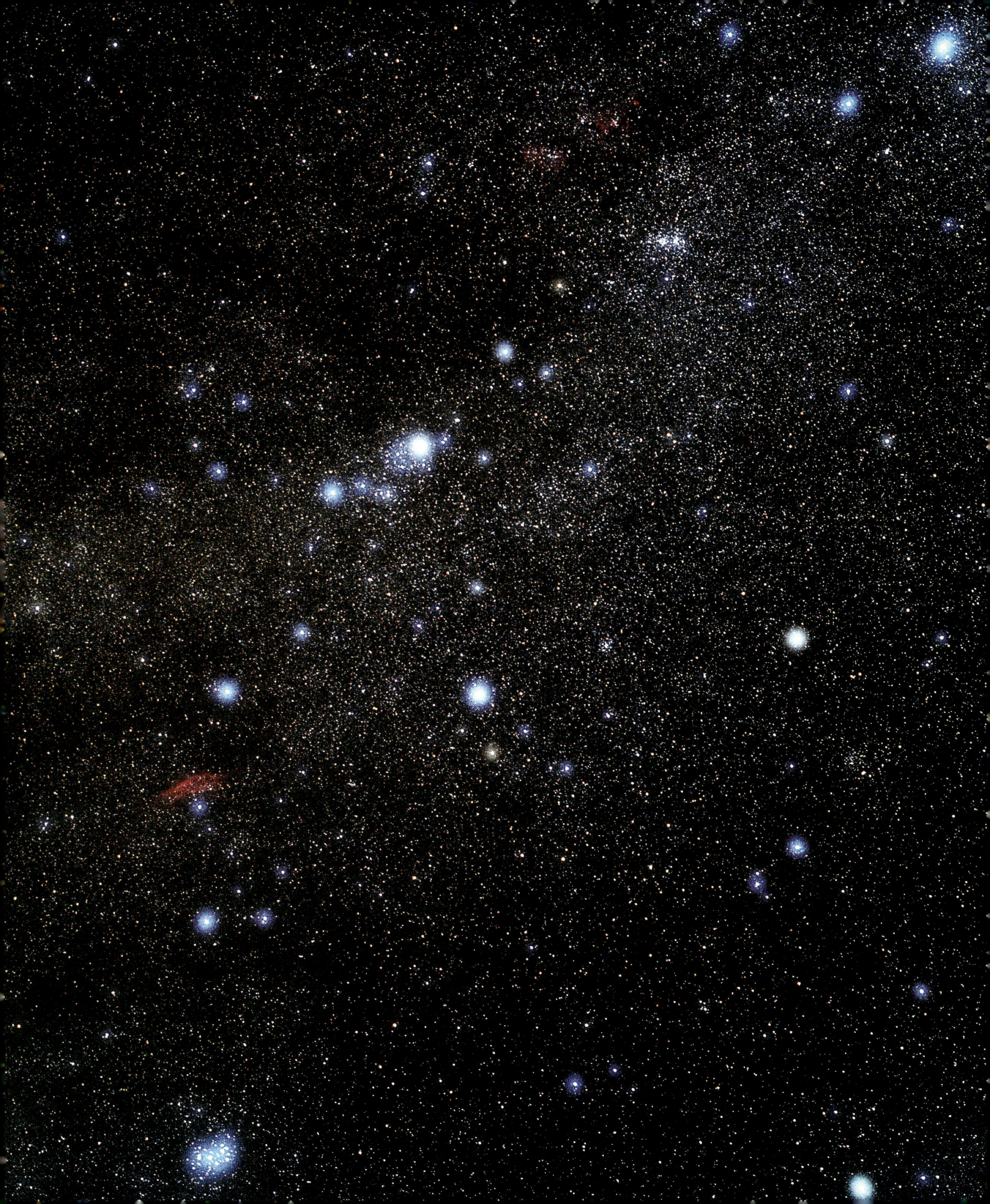

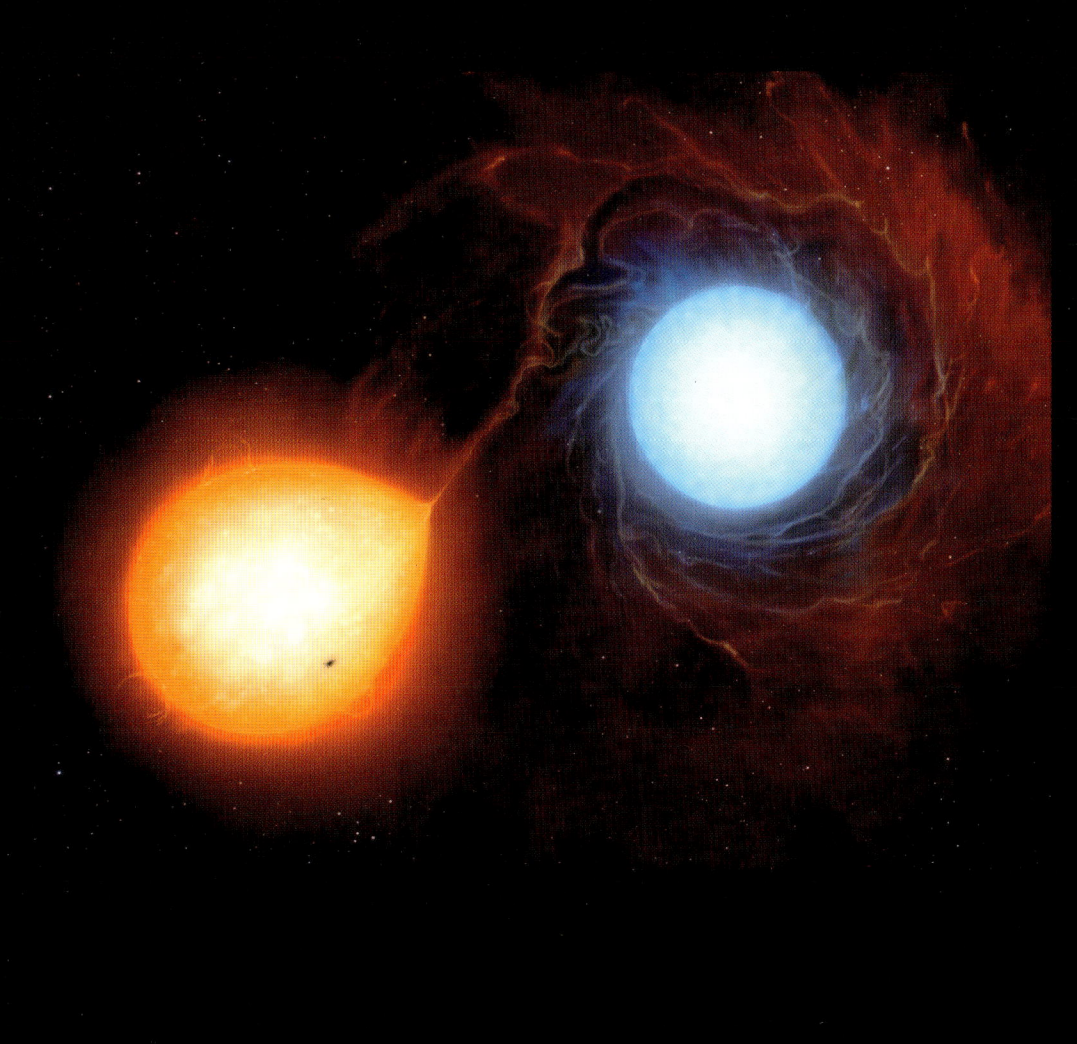

BEDECKUNGSVERÄNDERLICHE

Mitunter sind die Umlaufbahnen eines engen Doppelsternsystems so ausgerichtet, dass wir genau auf ihre Kante blicken und verfolgen können, wie die Sterne wechselseitig voreinander herziehen. Das führt zu regelmäßigen Einbrüchen der gemeinsamen Helligkeit. Das erste bekannte Beispiel dieser Art war Algol (Beta Persei). Der arabische Name („Dämon") lässt vermuten, dass die Menschen schon früh diese Besonderheit Algols bemerkten. Den ersten Bericht über die Veränderlichkeit gab 1667 der italienische Astronom Geminiano Montanari (1633–1687) ab. Akribisch beobachtet wurde der Stern von John Goodricke (1764–1786). In Groningen als Sohn eines britischen Diplomaten und einer niederländischen Kaufmannstochter geboren, erkrankte er als Fünfjähriger an Scharlach und wurde taub. Doch er lernte, damit umzugehen und begann, sich für Wissenschaft zu interessieren. Aus seinen Algol-Beobachtungen schloss er auf eine Lichtwechselperiode von 68 Stunden und 50 Minuten und schlug 1783 zur Erklärung vor, dass der helle Stern innerhalb dieser Zeit von einem dunklen Begleiter umrundet werde.

Links: Blick von oben auf das Algol-System (Illustration). Wenn der orangefarbene Stern vor dem kleineren, blauen Stern herzieht, nimmt die gemeinsame Helligkeit deutlich ab. Goodricke erkannte, dass der helle blaue, vermeintliche Einzelstern von einem dunkleren Begleiter umrundet wird.

BLASS HEISST WEIT ENTFERNT UND LANGE VORBEI

Das Licht der Sonne braucht bis zu uns gut acht Minuten. Vom Stern 61 Cygni ist es dagegen rund elf Jahre unterwegs. Die entferntesten Sterne der Galaxis sind mehr als zehntausendmal weiter entfernt. Jenseits der Grenzen unserer Galaxis existieren andere Galaxien – die nächste größere ist so gerade noch mit bloßem Auge zu erkennen, in einer Entfernung von rund 2,5 Millionen Lichtjahren. Die entferntesten bekannten Galaxien erscheinen so lichtschwach, dass das Hubble-Weltraumteleskop mehr als eine Woche in die gleiche Richtung starren musste, um sie auf dem *Hubble Deep Field* (1995) oder dem *Hubble Ultra Deep Field* (2003/04) aufzunehmen. Diese Galaxien sind tausend Millionen Millionen Millionen Mal schwächer als die Sonne, und das Licht von ihnen war rund 13 Milliarden Jahre zu uns unterwegs.

Links: Nahezu alle Objekte auf dem Hubble Deep Field *sind Galaxien. Manche erscheinen groß, hell und nah, die meisten jedoch klein, blass und weit entfernt. Die schwächsten Objekte schimmern rötlich (vgl. Seite 110).*

Linke Seite: Das Sternbild Perseus. Der Stern Algol (Beta Persei) befindet sich unterhalb der Bildmitte und ist als zweithellster Stern der Figur mit bloßem Auge einfach zu erkennen.

Das Leben der Sterne

Wir spüren die Wärme der Sonne und sehen ihr Licht. Beides kann nicht unbegrenzt zur Verfügung stehen, und so stellt sich die Frage nach dem Alter der Sonne. Erste Antwortversuche stützten sich auf das – vermeintlich leichter zu bestimmende – Alter der Erde, da beide als eng miteinander verbundene Himmelskörper gemeinsam entstanden sein dürften. Anfangs ging man davon aus, dass die Erde zu Beginn heiß war, weil man glaubte, sie sei aus dem Innern der Sonne herausgerissen worden. 1779 experimentierte der französische Naturforscher Georges-Louis Leclerc (Graf Buffon, 1707–1788) mit einer kleinen Modellerde aus heißem Eisen, und in der zweiten Hälfte des 19. Jahrhunderts stellte der englische Physiker William Thomson (Lord Kelvin, 1824–1907) Berechnungen dazu an. Heute wissen wir, dass ihre Ergebnisse für die Abkühldauer – zwischen 75.000 und 40 Millionen Jahren – weit unter dem Alter der Erde lagen.

Der deutsche Astrophysiker Hermann von Helmholtz (1821–1894) und der kanadisch-amerikanische Astronom Simon Newcomb (1835–1909) suchten einen astrophysikalischen Lösungsweg. Sie nahmen an, dass die Energie der Sonne aus ihrer Kontraktion stamme, und berechneten, wie lange die Sonne wohl gebraucht habe, um ihre heutige Größe zu erreichen. Das Ergebnis (weniger als hundert Millionen Jahre) passte zu den anderen damaligen Überlegungen.

Moderne Altersangaben der Erde stützen sich auf Arbeiten des Kernphysikers Ernest Rutherford (1871–1937) und des Chemikers Frederick Soddy (1877–1956) über den Zerfall radioaktiver Elemente. Radioaktives Radium und sein Zerfallsprodukt Helium kommen in der Erdkruste vor, und so berechnete Rutherford, wie lange es wohl dauern würde, bis das eine in das andere zerfallen wäre – rund 40 Millionen Jahre. Mit neueren Zerfallsdaten aus der ersten Hälfte des 20. Jahrhunderts kam der Geologe Arthur Holmes (1890–1965) auf 1,6 Milliarden Jahre. Der sogenannte Genesis-Stein, den die APOLLO-15-Astronauten vom Mond zur Erde gebracht hatten, ist dagegen 4,5 Milliarden Jahre alt, und die aktuellste Altersangabe für die Erde beträgt 4,6 Milliarden Jahre. Die Sonne als „Mutterkörper" ist sogar noch ein wenig älter.

Nicht minder unvorstellbar ist die Energiemenge, welche die Sonne in dieser Zeit abgestrahlt hat. Wo kommt sie her? Die Antwort stammt aus dem Bereich der Kernphysik: Jeweils vier Wasserstoffatomkerne werden im Innern der Sonne in einen Heliumatomkern umgewandelt. Dieser Prozess konnte im Labor bereits nachvollzogen werden, und die Forscher suchen nach Wegen, diese Fusionsenergie auch auf der Erde zu nutzen.

Die Wasserstoffvorräte der Sonne produzieren für etliche Milliarden Jahre Licht und Wärme, aber auch sie sind natürlich begrenzt und irgendwann aufgezehrt. Was danach kommt, fanden die Astrophysiker mit Computermodellen heraus, die bei der Entwicklung von Atombomben verwendet wurden. Die Zentralregion eines Sterns wird mit fortschreitendem Alter immer weiter verdichtet, bis schließlich eine neue Art der Kernverschmelzung beginnt und aus jeweils drei Heliumatomkernen – also der „Asche" der vorausgegangenen Wasserstoffverschmelzung – ein Kohlenstoffkern entsteht. Dieser Prozess bleibt nicht ohne Folgen für den Aufbau des Sterns. Er muss expandieren und wird zu einem Riesenstern oder gar einem Überriesen. Weitere Veränderungen schließen sich an, wenn auch das Helium aufgebraucht ist und der Stern aus dem entstandenen Kohlenstoff Sauerstoff und dann Schwefel erbrütet. In diesem späten Entwicklungsstadium verändert sich der Aufbau des Sterns immer schneller,

Links oben: Der Genesis-Stein vom Mond erhielt in Houston die Probennummer 15415.

Links unten: Ernest Rutherford, Physiker und Nobelpreisträger.

Rechte Seite: Die Landefähre von APOLLO 15 setzte im Mare Imbrium auf, am Fuß der Mond-Apenninen. Bei ihrem zweiten Ausflug auf der Mondoberfläche durchsuchten die Astronauten Dave Scott und Jim Irwin am Rande des Kraters Spurr den Mondstaub, als ein Stein die Aufmerksamkeit Scotts auf sich zog. Er schlug vor, den Stein mit der weißen Ecke mitzunehmen. Irwin fotografierte ihn in seiner Umgebung, zusammen mit einem Gnomon zur Farbkalibrierung. Auf dem Foto sind auch Irwins Schatten und die Beine von Scott zu sehen. Dann nahm Scott den Stein mit einer langen Greifzange auf, schüttelte den Staub ab und sah, wie er glitzerte: „Hey, ich glaube, da haben wir etwas Kristallines erwischt. Schön sieht er aus." Dann verschwand das – später als Genesis-Stein bezeichnete – Objekt in einem Probenbeutel, um mit zur Erde genommen zu werden.

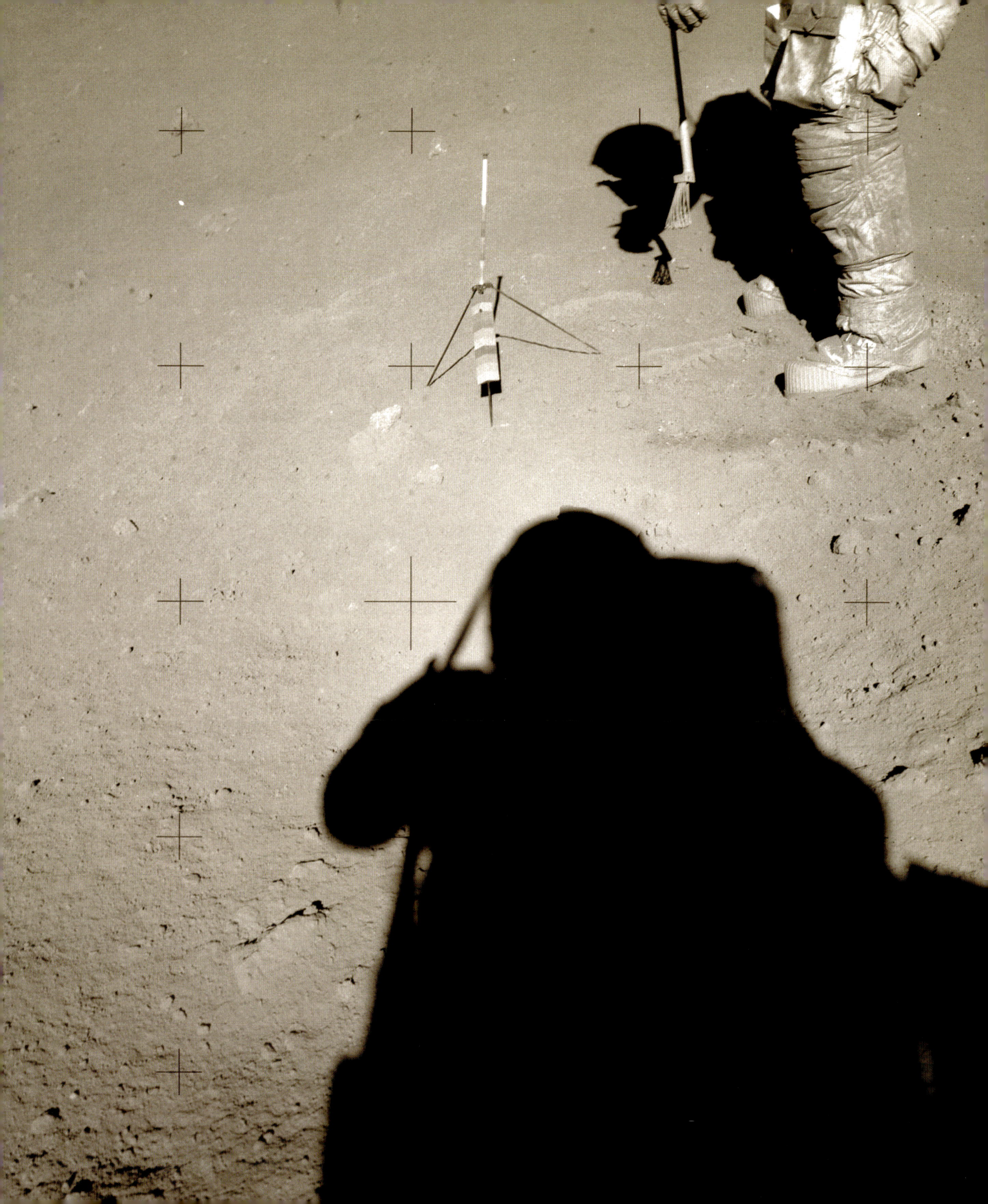

und die Stabilitätsphasen dazwischen werden immer kürzer. Die Sonne hat etwa die Hälfte der Verweildauer auf der Hauptreihe hinter sich und wird nach weiteren rund fünf Milliarden Jahren zu einem Roten Riesen anschwellen, der Merkur und Venus – und vielleicht sogar die Erde – verschlucken wird.

Rechts: Ein Fusionsreaktor vom Typ Tokamak am JOINT EUROPEAN TORUS. Hier schließt ein starkes Magnetfeld das heiße Wasserstoffplasma ein, das jede feste Wand zerstören würde. Aus der Verschmelzung von Wasserstoffkernen soll Energie gewonnen werden.

Ganz rechts: Cassiopeia A ist der Überrest einer Supernova, die um 1680 von den Astronomen weitgehend unbemerkt aufleuchtete. Die verschiedenen Elemente, die im Innern des Sterns erbrütet und bei der Explosion versprengt wurden, verleihen dem Nebel seine Farbenvielfalt: Blaues Licht stammt von Sauerstoffatomen, rotes von Schwefel.

DIE KERNENERGIE DER SONNE

Auf einer Wandertour während der Sommerferien 1927 knackten zwei Atomphysiker der Universität Göttingen, Fritz Houtermans (1903–1966) und Robert d'Escourt Atkinson (1898–1982), das Rätsel der Sonnenenergie. Eddington hatte zuvor die Dichte und Temperatur im Innern der Sonne berechnet. Unter den gefundenen Bedingungen sollten die Atome im Zentralbereich ständig und heftig miteinander kollidieren, so dass sie auseinanderbrechen und „ionisiert" würden. Auch die Kerne selbst müssten noch sehr heftig kollidieren – Voraussetzung dafür, dass sie miteinander verschmelzen und dabei Energie freisetzen könnten.

Atkinson erfuhr später, dass die Sonne hauptsächlich aus Wasserstoff besteht und somit die Fusion von Wasserstoffkernen die Energie der Sonne lieferte. 1939 steuerten die beiden deutschen Physiker Hans Bethe (1906–2005) und Carl Friedrich von Weizsäcker (1912–2007) weitere Details bei, wofür Bethe im Zusammenhang mit anderen Arbeiten 1967 den Physik-Nobelpreis erhielt.

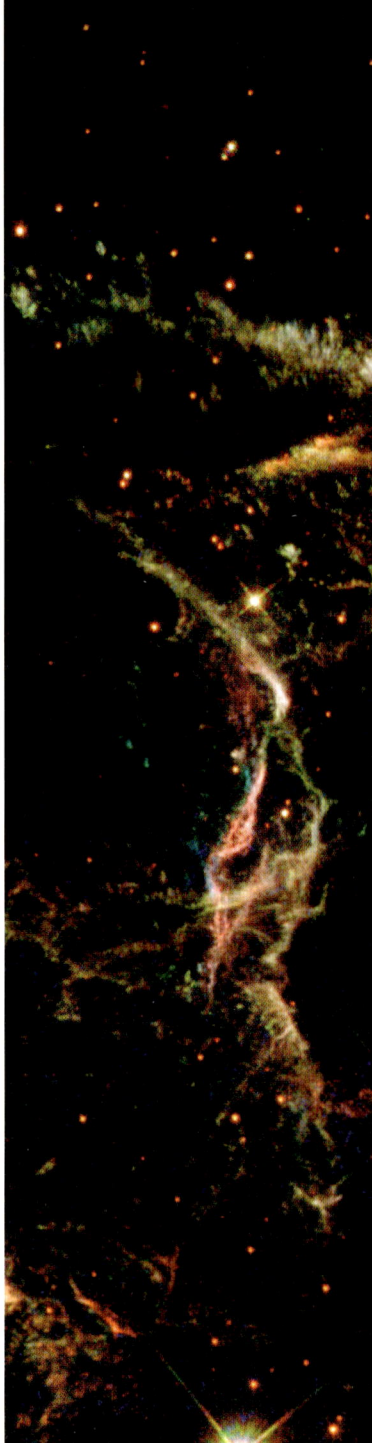

MASSE UND ENERGIE

Ein Heliumatomkern ist um 0,7 Prozent leichter als vier Wasserstoffkerne. Wenn also vier Wasserstoffatomkerne zu einem Heliumkern verschmelzen, wird diese „überschüssige" Masse nach Einsteins Formel $E = mc^2$ (1905) in Energie umgewandelt. Die Verschmelzung von vier Wasserstoffatomen liefert so zwar nur einen winzigen Energiewert, doch wird ständig eine sehr große Zahl von Wasserstoffatomkernen in Helium umgewandelt. Insgesamt verliert die Sonne auf diese Weise in jeder Sekunde 400 Millionen Tonnen an Masse, die als Sonnenenergie abgestrahlt wird.

Links: Die erste Wasserstoffbombe, die als Ivy Mike bekannt geworden ist, wurde am 1. November 1952 auf dem Atoll Eniwetok im Pazifischen Ozean gezündet. Sie setzte gewaltige Energiemengen frei.

Sterbende Sterne

Sterne beenden ihr Leben auf unterschiedliche Weise, aber immer aus dem gleichen Grund: Hunger. Wenn der Kernbrennstoff aufgezehrt ist, beginnt der Anfang vom Ende. Ohne Energieumwandlung im Innern kann ein Stern seiner eigenen Anziehungskraft nichts mehr entgegensetzen. Was dann passiert, hängt ganz wesentlich von der Masse des Sterns ab.

Sterne mit einer Masse bis etwas mehr als eine Sonnenmasse blähen sich zunächst zu einem Roten Riesen auf. Aufgrund ihrer Größe können selbst moderate Stürme, etwa im Umfeld von Sternflecken, dazu führen, dass immer wieder Materie an die Umgebung verloren geht. Auf die Dauer reicht dieser starke Sternwind, um die äußere Hülle weitgehend abzublasen und das sterbende Innere des Sterns freizulegen. Da diese heiße Zentralregion sehr kurzwellige Ultraviolettstrahlung aussendet, kann sie das umgebende, abströmende Gas zum Leuchten bringen. Wir sehen dann einen sogenannten Planetarischen Nebel.

Planetarische Nebel wurden von Wilhelm Herschel (siehe Seite 44) entdeckt, als er den Himmel durchmusterte. Das erste Objekt dieser Art erinnerte ihn 1782 stark an seine erste Beobachtung des Planeten Uranus, und so entstand der Name für diese Erscheinung. Mit Planeten haben die Nebel aber nichts zu tun. Viele haben fantasievollen Eigennamen wie Schmetterlingsnebel, Eulennebel, Eskimonebel, Katzenaugennebel …

1790 fand Herschel einen Planetarischen Nebel mit einem Zentralstern. Ein solcher Sternrest schrumpft zu einem Weißen Zwerg, jener Sternklasse, die Russell im HRD gefunden hatte (siehe Seite 53). Anfangs sind diese Weißen Zwerge heiß genug, um Ultraviolett- und sogar Röntgenstrahlung auszusenden, so dass sie mit entsprechenden Detektoren leicht zu beobachten sind. Im Laufe von Jahrmilliarden kühlen sie allerdings immer weiter ab, werden schwächer und verschwinden schließlich von der Bildfläche.

Der innere Aufbau eines Weißen Zwerges konnte schließlich durch zwei junge Physiker erklärt werden. Subrahmanyan Chandrasekhar (1910–1995) stützte sich dabei auf Vorarbeiten von Ralph Fowler (1889–1944). Die Ergebnisse überraschten

Ganz rechts: Zahlreiche Sterne verteilen sich eher zufällig auf diesem Bild, einer aber steht exakt in der Achse der bipolaren Struktur des Planetarischen Nebels NGC 2346. Er ist in Wirklichkeit ein Doppelstern, von dem ein Partner diesen schmetterlingsähnlichen Nebel abgeblasen hat. Dreidimensional betrachtet sähen wir hier schräg von der Seite auf eine Sand- oder Eieruhr.

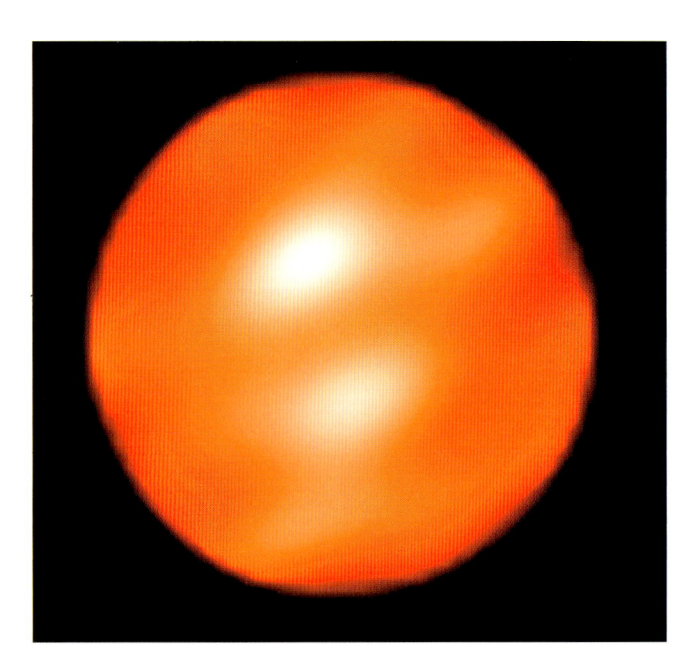

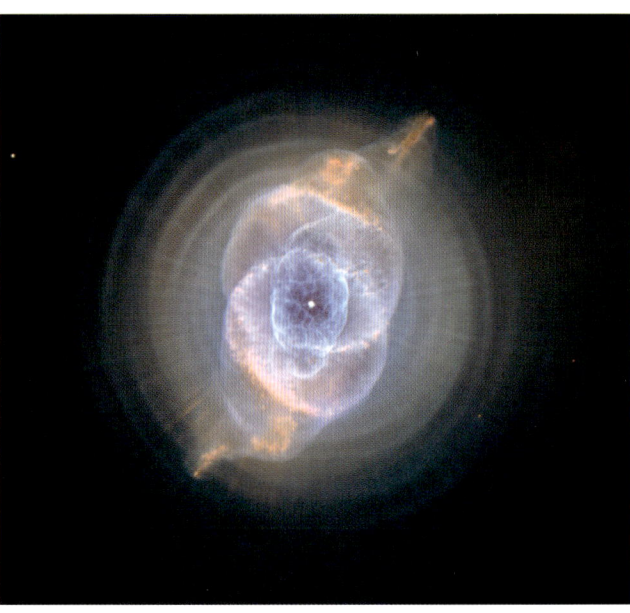

Ganz oben: Die meisten Sterne erscheinen auch in Profi-Teleskopen nur als Lichtpunkte, aber Beteigeuze ist groß und nah genug, so dass die Astronomen auf seiner Oberfläche helle und dunkle Flecken erkennen können. Hier steht ein Roter Überriese kurz vor seinem Ende.

Oben: In der Mitte des Katzenaugennebels leuchtet der Rest des Vorläufersterns. Er war ursprünglich ein sonnenähnlicher Stern, wurde dann zu einem Roten Riesen und verlor schließlich im Abstand von mehreren hundert Jahren etliche Gashüllen. Vor rund tausend Jahren wandelte sich der Rote Riese zu einem Weißen Zwergstern und erzeugte dabei die beiden teilweise überlappenden Gaskeulen.

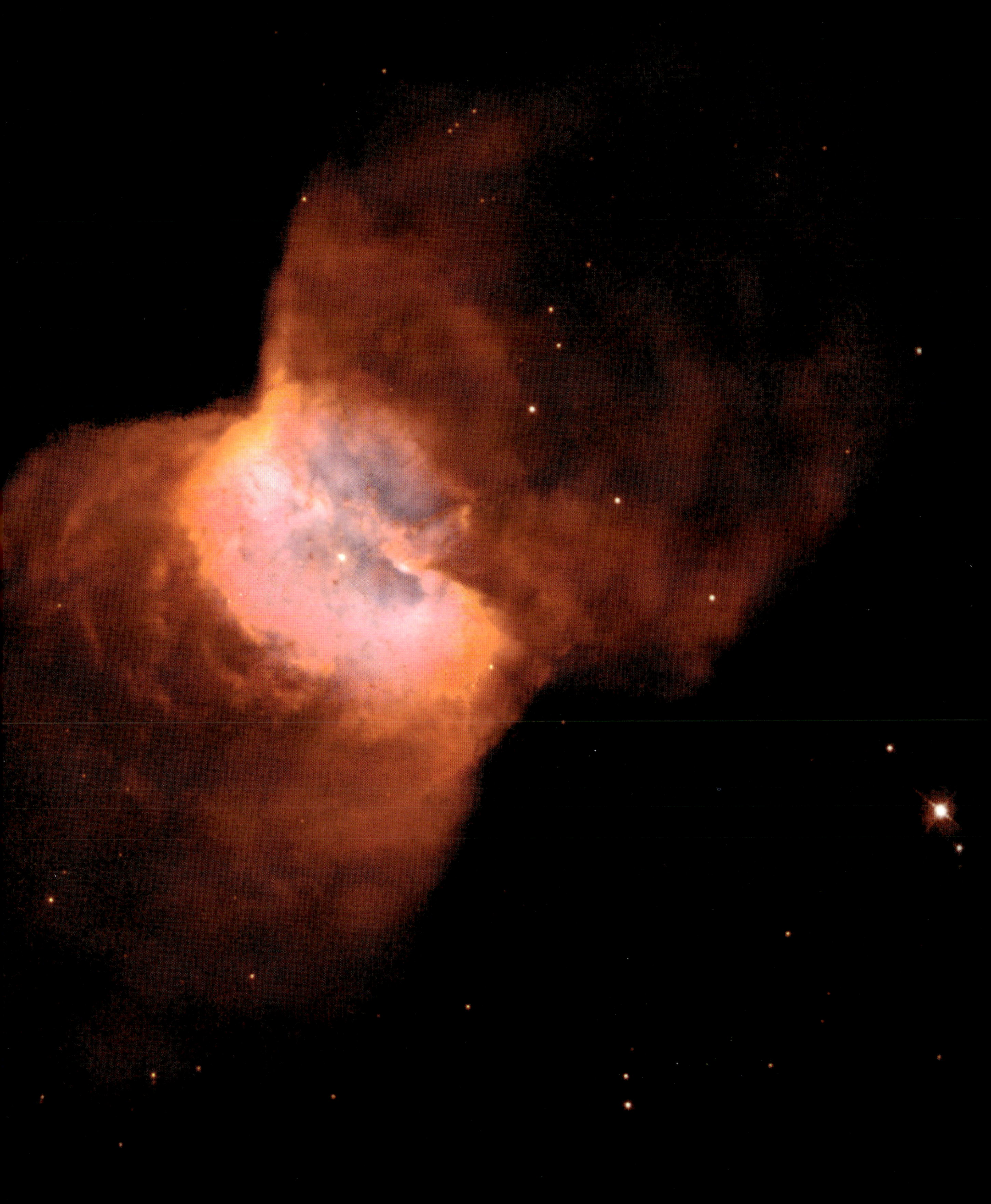

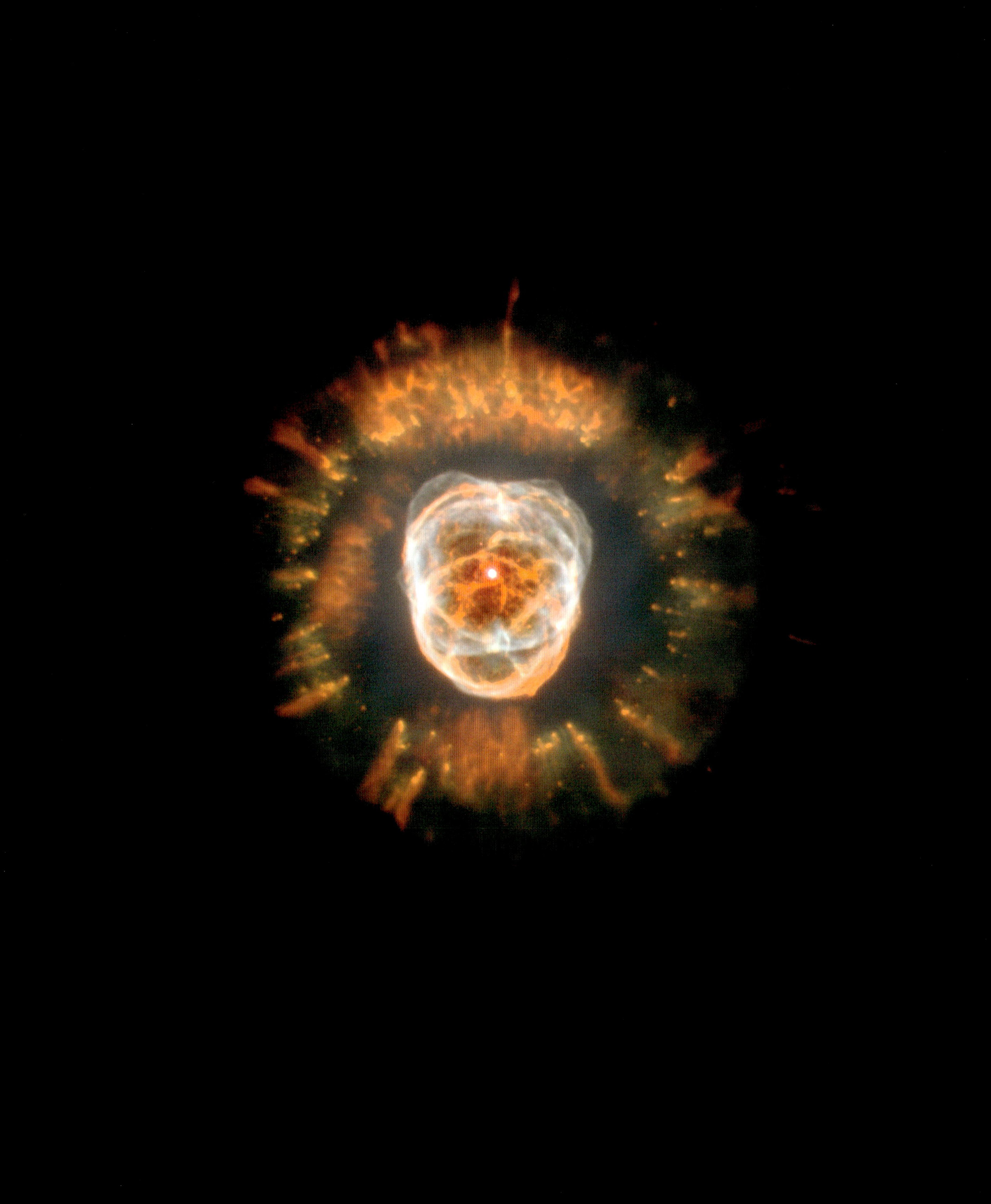

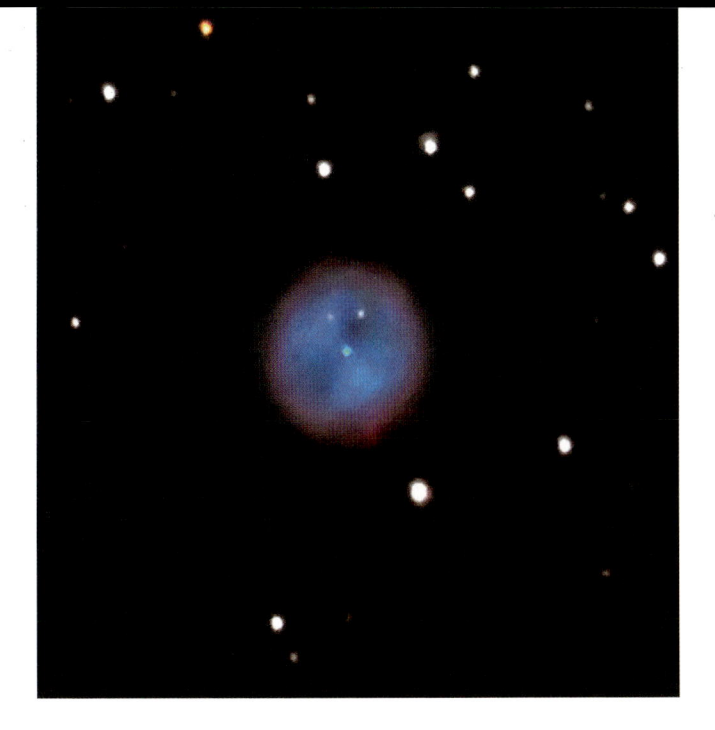

die Astronomen, denn sie zeigten, dass Weiße Zwerge durch eine bislang unbekannte Form des Gegendrucks stabilisiert werden. Er stammt von sogenannten entarteten Elektronen, die durch die damals neue Quantenphysik vorhergesagt wurden.

1930 wandte Chandrasekhar die Theorie der Elektronenentartung auf Weiße Zwerge an. Er fand einen überraschenden Zusammenhang: Je größer die Masse eines Weißen Zwerges, desto kleiner sein Radius. Jenseits einer bestimmten Masse (der Chandrasekhar-Grenze bei etwa 1,4 Sonnenmassen) können aber selbst entartete Elektronen den Kollaps nicht mehr aufhalten. Ein solches Objekt würde endlos weiter schrumpfen und zu einer sogenannten Singularität werden, die wir heute als Schwarzes Loch bezeichnen.

In England stießen seine Überlegungen vor allem wegen dieses unmöglichen Endzustands auf starke Ablehnung. Zu den schärfsten Kritikern gehörte der Altmeister der Astrophysik, Arthur Stanley Eddington. Dies stürzte den jungen, bescheidenen Forscher in eine Krise voller Selbstzweifel. Um seine berufliche Karriere „zu retten", wanderte er in die Vereinigten Staaten aus. Dort konnte er erleben, wie seine frühen Arbeiten nicht nur zunehmend verstanden und akzeptiert, sondern 1983 sogar mit dem Nobelpreis für Physik ausgezeichnet wurden. Doch das grundlegende Problem der Singularität Schwarzer Löcher bleibt bis heute ungelöst. Irgendetwas muss im Innern eines Schwarzen Loches passieren, wenn ein zu massereicher Weißer Zwerg kollabiert – aber niemand weiß, was dort abläuft.

Linke Seite: Der Eskimonebel verdankt seinen Namen dem Anblick in Teleskopen: Er erinnert an ein Gesicht, das in die Kapuze eines Eskimo-Parkas gehüllt ist. Erst das Hubble-*Weltraumteleskop enthüllte die wahre Struktur des Nebels. Der zentrale Planetarische Nebel ist vergleichsweise jung, und die energiereiche Strahlung des Weißen Zwergs lässt in der äußeren Hülle die kometenähnlichen Strukturen entstehen.*

Oben: Der Eulennebel erscheint in kleinen Teleskopen durchaus planetenähnlich. Erst größere Teleskope enthüllen die beiden dunklen Flecken, die zu seinem Namen geführt haben. Diese beiden „Eulenaugen" zeigen, dass auch in diese runde Struktur eine bipolare Struktur eingebettet ist.

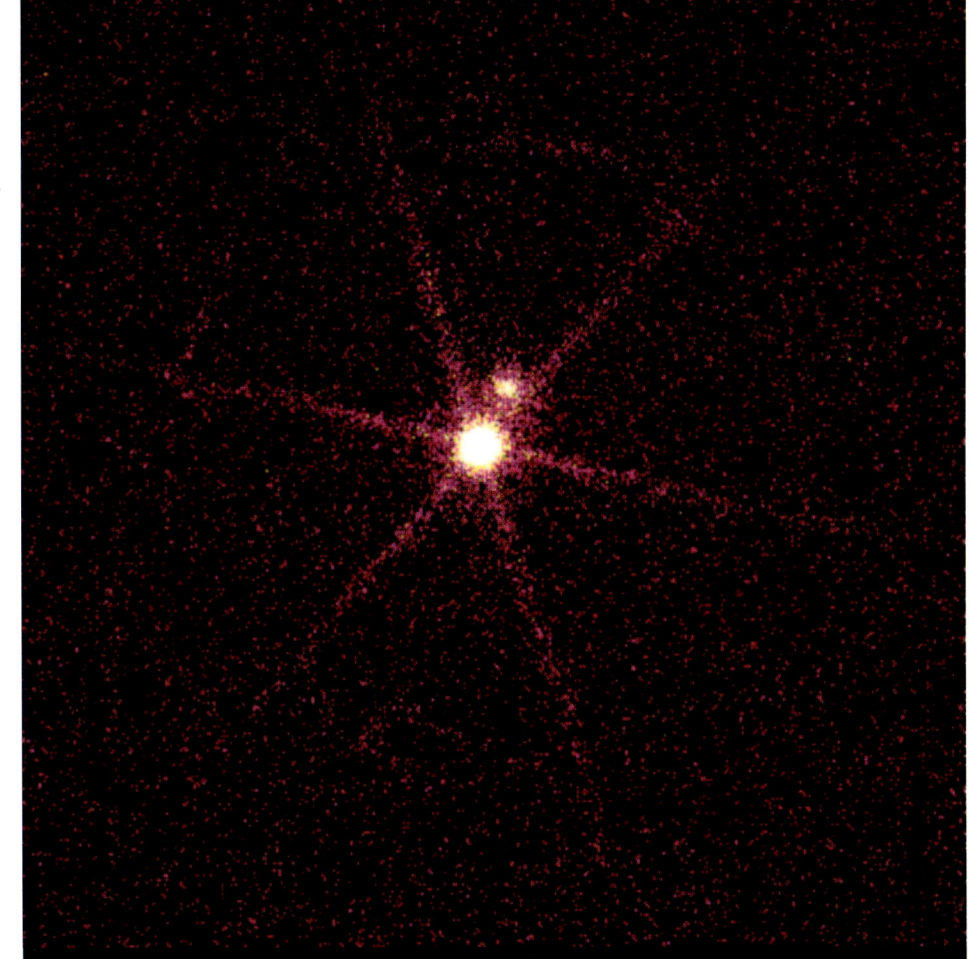

KLEIN UND SCHWER

Gemäß der Allgemeinen Relativitätstheorie verliert Licht, das in einem Schwerefeld aufsteigt, an Energie. Dieses 1911 von Albert Einstein vorhergesagte Phänomen wird als Gravitationsrotverschiebung bezeichnet. Der Effekt wurde 1959 bis 1965 mit einem außerordentlich präzise durchgeführten Experiment von Robert Pound (1919–2010) und seinem Studenten Glen Rebka an der Harvard-Universität nachgewiesen.

Die Oberflächenschwerkraft ist auf einem Weißen Zwerg viel größer als auf der Erde, so dass man den Effekt dort wesentlich klarer würde nachweisen können als bei uns. Der erste Versuch, die Gravitationsrotverschiebung eines Weißen Zwerges zu bestimmen, wurde 1925 von Walter S. Adams (1876–1956) am Mount Wilson Observatory unternommen, und zwar am Begleitstern von Sirius. Sirius B umrundet den wesentlich helleren Hauptstern Sirius A. Zwischen 1930 und 1950 standen die beiden Sterne aber einander so nahe, dass das Licht des Weißen Zwergs total überstrahlt wurde. Adams erstes Ergebnis konnte schließlich 1971 von Jesse L. Greenstein (1909–2002) mit dem Fünf-Meter-Spiegel des Mount Palomar Observatory bestätigt werden. Während des nächsten Umlaufs konnte Martin Barstow mit dem Hubble-Weltraumteleskop scharfe Bilder und Spektren von Sirius B aufnehmen. Der Effekt der Gravitationsrotverschiebung wurde bestätigt und die Masse von Sirius B zu 0,978 Sonnenmassen, sein Radius zu 0,0086 Sonnenradien oder etwa einem Erdradius bestimmt.

Oben: Sirius A und B, aufgenommen mit dem Chandra-*Röntgenteleskop. Der Weiße Zwerg Sirius B strahlt aufgrund seiner hohen Temperatur wesentlich mehr Röntgenlicht ab als Sirius A, so dass er auf diesem Bild als hellere Komponente des Systems erscheint – im Unterschied zu einer optischen Aufnahme. Die Strahlen gehen auf Halterungen im Teleskop zur Aufhängung der optischen Bauteile zurück.*

Neue Fenster zum Himmel

In den 1930er-Jahren untersuchte Karl Jansky (1905–1950) für die Bell Telephone Laboratories mögliche Störquellen, die den Kurzwellen-Funkverkehr beeinträchtigten. Dazu hatte er eine längliche Antenne gebaut, die er horizontal drehen konnte, sein „Karussell". Mit ihm entdeckte er ein schwaches Rauschen, dessen Intensität im Laufe eines Tages zu- und wieder abnahm. Konnte es in Verbindung mit der Sonne stehen? Es zeigte sich bald, dass die Periode bei 23 Stunden, 56 Minuten lag, jener Zeit, die die Erde für eine Umdrehung unter dem Sternhimmel benötigt. Das Rauschen war immer dann am stärksten, wenn das Zentrum der Milchstraße im Sternbild Schütze im Süden stand.

Sieht man von einigen weiteren Untersuchungen durch den amerikanischen Amateurastronomen Grote Reber (1911–2002) ab, so lag der neu entstandene Zweig der Radioastronomie zunächst brach. Als während des Zweiten Weltkrieges in England die Radartechnik weiterentwickelt wurde, rückten weitere himmlische Radioquellen ins Blickfeld. So erkannte James Hey (1909–2000) aktive Sonnenflecken und Meteore als Störquellen bei der Radarbeobachtung. Nach dem Ende des Zweiten Weltkrieges nutzten einige Radartechniker die neu entwickelten Antennen für die Himmelsbeobachtung und verhalfen so der Radioastronomie zu einem zweiten Start.

Da sie völlig neue Phänomene entdeckten, wurden die Astronomen ermutigt, auch andere Spektralbereiche abseits des Lichts zu „erobern". Allerdings ist die Erdatmosphäre für diese Strahlung weitgehend undurchsichtig, so dass man auf hochfliegende Ballone oder Raketen zurückgreifen musste. Um 1960 startete der spätere Nobelpreisträger Riccardo Giacconi die ersten Forschungsraketen mit Röntgendetektoren zur Erkundung der Sonne. 1962 wollte er mit einem Röntgenteleskop Strahlung vom Mond auffangen und fand stattdessen die erste Röntgenquelle außerhalb des Sonnensystems im Sternbild Skorpion (Scorpius X-1) sowie eine weitere im Sternbild Schwan (Cygnus X-1). 1970 folgte der erste Röntgensatellit (Uhuru), und inzwischen haben Einstein (1978), Rosat (1990), Chandra (1999) und Xmm-Newton (1999) viele hunderttausend Röntgenquellen beobachtet.

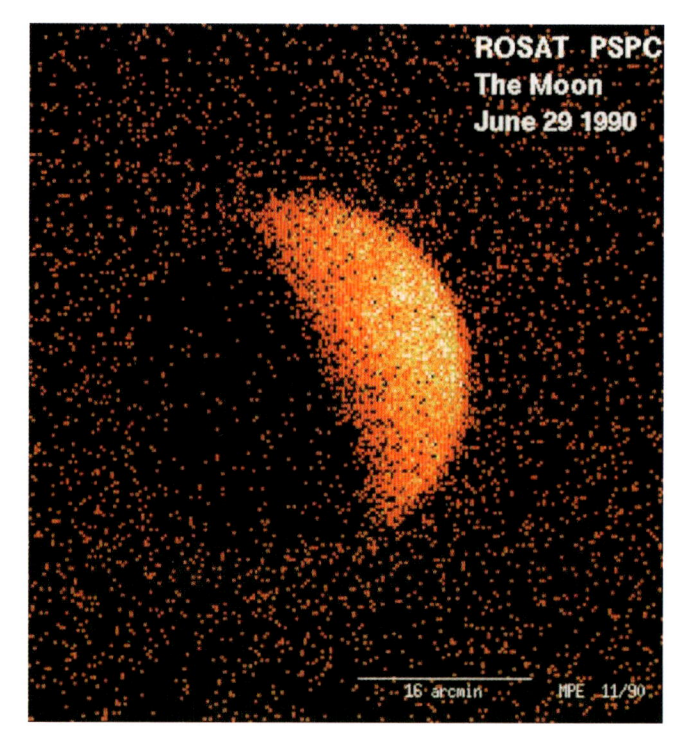

Oben: Karl Jansky in den 1930er-Jahren vor seiner drehbaren Antennenanlage, dem „Karussell".

Links: Auf den ersten Röntgenaufnahmen des Mondes mit Forschungsraketen war nichts zu sehen. Ein anderes Bild zeichneten die deutlich empfindlicheren Detektoren an Bord des deutschen Röntgensatelliten Rosat. Die Röntgenstrahlung des Mondes entsteht, wenn entsprechende Strahlung der Sonne auf seine Oberfläche trifft und die Atome dort zum Fluoreszenzleuchten anregt.

Explodierende Sterne

Die meisten Sterne beenden ihr Dasein als Weiße Zwerge. Ausgenommen sind nur die massereicheren Exemplare mit mehr als acht Sonnenmassen. Wenn ein solcher Stern kollabiert, kann kein Weißer Zwerg zurückbleiben – er würde weiter schrumpfen. Die Energie, die dabei freigesetzt wird, sprengt die äußere Hülle des Sterns komplett davon – ein Ereignis, das als Supernova bezeichnet wird. Der Begriff wurde 1934 von Fritz Zwicky (1898–1974) und Walter Baade (1893–1960) geprägt, um extreme Energie- und Helligkeitsausbrüche in anderen Galaxien zu bezeichnen. Sie hatten Sterne beobachtet, die plötzlich und ohne Vorwarnung auftauchten und dabei für ein paar Tage die gesamte Galaxie mit vielen Milliarden Sternen überstrahlten, ehe sie allmählich wieder verblassten.

In einer Galaxie wie unserer Milchstraße rechnet man alle paar Jahrzehnte mit einer Supernova. Die bekannteste ist die von 1054, bei der nicht nur der rasch expandierende Krabbennebel entstand, sondern auch ein ungewöhnlicher Sternrest, der 1968 von David Staelin und Edward Reifenstein am National Radio Astronomy Observatory in Green Bank, West Virginia, entdeckt wurde: ein Pulsar.

Pulsar ist die Abkürzung für „gepulster Radiostern", solche Radiopulse werden tatsächlich registriert. Das erste Objekt dieser Art war 1967 von Jocelyn Bell im Rahmen ihrer Doktorarbeit mit einem Radioteleskop in Cambridge entdeckt worden. Die erstaunlich regelmäßig eintreffenden Pulse erschienen zunächst wie künstliche Signale, und so diskutierten die beteiligten Forscher anfangs scherzhaft, ob es sich dabei vielleicht um Funkleitstrahlen zur interstellaren Navigation für außerirdische Zivilisationen handeln könne. Später interpretierte man die Quellen als rasch rotierende, winzig kleine Sterne, deren gerichtet ausgesendete Radiostrahlung bei jeder Umdrehung einmal über die Erde hinwegstreift. Diese Sterne sind noch viel kleiner als Weiße Zwerge – nur rund 20 bis 30 Kilometer groß – und bestehen aus Neutronen.

Aber auch solche Neutronensterne sind noch nicht die kleinstmöglichen Überreste einer Supernova. Sie entstehen, solange der Stern nicht mehr als vielleicht 30 Sonnenmassen enthält. Jenseits dieser Grenze bleibt nur ein Schwarzes Loch zurück.

Solche winzigen Neutronensterne sind ebenso wie die unsichtbaren Schwarzen Löcher in den Tiefen des Kosmos kaum zu entdecken. Die größten Chancen hat man im Bereich der Röntgenstrahlung. Wenn ein normaler Stern einen solchen Neutronenstern oder ein Schwarzes Loch umrundet, kann er Materie an seinen Partner verlieren. Diese Materie wird beim Absturz auf den Neutronenstern oder das Schwarze Loch komprimiert und aufgeheizt – auf mehr als eine Million Grad, so dass Röntgenstrahlung freigesetzt wird. Scorpius X-1 gilt als Neutronenstern in einem solchen Röntgendoppelsternsystem, Cygnus X-1 als Schwarzes Loch (siehe Seite 64).

Besonders energiereiche Varianten einer Supernova wurden in den 1960er-Jahren von den Vela-Satelliten entdeckt. Diese dienten eigentlich zur Überwachung des Abkommens zum Stopp von Atomwaffentests und hielten dazu nach verräterischen Gammastrahlenausbrüchen Ausschau. Zur Überraschung der Astronomen registrierten die Satelliten nahezu täglich ein solches Ereignis – das konnten nun wirklich keine Atomwaffentests sein. Zudem kamen die Gammastrahlenblitze (GRBs) gleichmäßig verteilt aus allen Richtungen des Raums; sie dauerten zwischen einigen tausendstel Sekunden und mehreren Minuten.

Oben: Antony Hewish und Jocelyn Bell inspizieren das seltsame Drahtgeflecht, das – auf Pfählen zu einer 16.000 Quadratmeter großen Antenne montiert – zur Entdeckung der Pulsare führte.

Unten links: Der Leviathan von Parsonstown in Irland wurde 1845 als 1,8-Meter-Teleskop errichtet. Die Rückseite mit dem Spiegel lagerte auf dem Boden, die Ausrichtung des Teleskops erfolgte über Seilzüge, sowohl vertikal als auch – eingeschränkt – horizontal, um das Beobachtungsobjekt nahe dem Meridian eine Zeitlang verfolgen zu können. Der Zugang zum Okular am oberen Ende des Teleskops erfolgte über ein halsbrecherisches System aus Leitern und Galerien.

Unten: Die Pulse des neu entdeckten Objekts CP1919 (obere Zeile) waren genauso regelmäßig wie die Zeitmarken darunter.

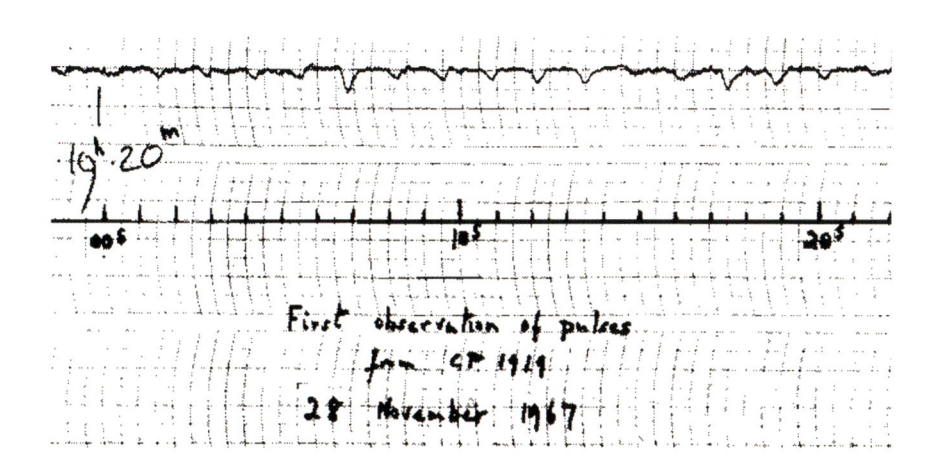

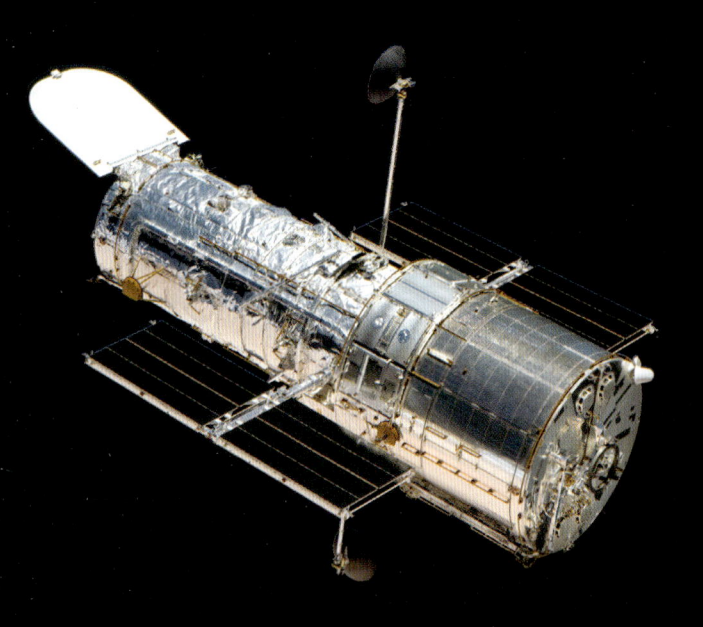

DAS HUBBLE-WELTRAUMTELESKOP

Das Licht der Sterne wird auf dem Weg durch die Atmosphäre durch mancherlei Effekte beeinflusst, so dass irdische Teleskope selbst von hohen Bergen aus nur unscharfe Bilder liefern. 1990 wurde daher das Hubble-Weltraumteleskop gestartet, das jenseits der störenden Lufthülle bessere Bilder und Messdaten liefern sollte. Die versehentlich eingebauten optischen Fehler konnten 1993 bei der ersten von fünf Wartungsmissionen weitgehend behoben werden, so dass im weiteren Verlauf die angestrebten Ziele erreicht wurden. Man kann nur hoffen, dass das Hubble-Teleskop trotz zahlreicher Reparaturen bis zur Ablösung durch das vor allem im Infrarotbereich empfindliche James-Webb-Teleskop (derzeit kaum vor 2018) funktionstüchtig bleibt.

Links: Das Hubble-Weltraumteleskop im Einsatz, aufgenommen vom Spaceshuttle aus während einer Wartungsmission.

Unten: Michael Good arbeitete während der letzten Wartungsmission 2009 bei einem der fünf Außeneinsätze acht Stunden an der Reparatur und dem Austausch defekter Teile. Hier steht er an der Spitze des ferngesteuerten Greifarms des Spaceshuttles Atlantis vor dem Hintergrund der hellen Erde. Am Hubble-Weltraumteleskop sind einige Luken geöffnet, um den Zugriff auf innen liegende Teile zu ermöglichen.

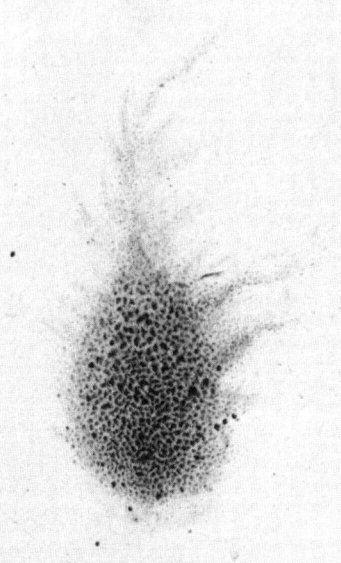

Fig. 88.   R.A. 21ʰ 25'.
          Dec. 1° 34' South.

Fig. 81.   R.A. 5ʰ 24'.
          Dec. 21° 53' North.

Fig. 88. R.A. 0ʰ 45
Dec. 31° South

Fig. 87. R.A. 52 M
Dec. 57° 55' North

Bis 1997 wussten die Astronomen nicht, ob GRBs vom Rande unseres Sonnensystems stammen, aus der Galaxis kommen oder aus noch größerer Entfernung. Zumindest zwei dieser Blitze müssen aber nahe dem „Rand" des überschaubaren Universums ausgelöst worden sein. Obwohl sie nur etliche Sekunden dauerten, müssen sie am jeweiligen Ort der Entstehung millionenfach heller als die entfernte, umgebende Galaxie geleuchtet haben und wären damit die energiereichsten Ereignisse seit dem Urknall gewesen.

Noch immer ist die Natur mancher GRBs rätselhaft. Zumindest die Strahlungsausbrüche von längerer Dauer gelten aber mittlerweile als besonders energiereiche Supernovae, als sogenannte Hypernovae. Man nimmt an, dass es sich um „nackte" Supernovae handelt, um kollabierende Sternkerne ohne umgebende Hülle, die die entstehenden Gammastrahlen abmildern könnte. Vermutlich künden sie jeweils von der Entstehung eines Schwarzen Lochs.

Oben: *GRB 080319B war bis 2008 der hellste Gammastrahlenpuls. Sein optisches Nachleuchten konnte vorübergehend mit bloßem Auge gesehen werden, obwohl die Strahlung aus einer Entfernung von rund acht Milliarden Lichtjahren kam.*

Kleines Bild: *Die Supernova 1994D, der Stern links unten, blitzte 1994 in den Außenbezirken der Galaxie NGC 4526 auf. Vor dem hellen Galaxienzentrum hebt sich dunkler Staub ab.*

SCHWARZE LÖCHER

Über die Existenz Schwarzer Löcher haben 1783 bereits John Michell (1724–1793) und 1796 Pierre-Simon Laplace (1749–1827) spekuliert. Es handelt sich um sehr kleine, massereiche Objekte, deren Oberflächenschwerkraft groß genug ist, um selbst Licht zurückzuhalten. Haben Schwarze Löcher eine reale Oberfläche? Vielleicht nicht, aber sie werden von einem sogenannten Ereignishorizont umgeben, den aus dem Inneren nichts überqueren kann: Alles, was jenseits dieses Ereignishorizonts geschieht, bleibt uns dauerhaft verborgen. Michell und Laplace diskutierten zwar die Grundzüge solcher Schwarzen Löcher, doch erst Karl Schwarzschild (1873–1916) formulierte 1915 die exakte mathematische Beschreibung dieser Objekte auf der Basis der Allgemeinen Relativitätstheorie Albert Einsteins.

Links: *Der Krabbennebel, wie ihn William Parsons mit seinem Riesenteleskop sah, hat nur wenig gemein mit dem Objekt rechts, das vom* HUBBLE*-Weltraumteleskop fotografiert wurde.*

Rechts: *Der Krabbennebel, ein Netz aus gelben und roten Fäden, die bei der Explosion fortgesprengt wurden, umgibt den blau leuchtenden Innenraum, in dessen Zentrum der Energie spendende Pulsar als Überrest des explodierten Sterns rotiert.*

DIE GAMMABLITZE GRB 970228 UND GRB 970508

Gammastrahlensatelliten wie das GAMMA RAY OBSERVATORY (GRO) konnten die Positionen von Gammablitzen nicht hinreichend genau ermitteln, als dass man andere Teleskope auf die richtige Position hätte ausrichten können. Darüber hinaus waren die Ereignisse stets von so kurzer Dauer, dass die Teleskope in der Regel viel zu spät in die entsprechende Richtung blickten. 1997 gelang jedoch eine erste koordinierte Beobachtung. Binnen einer Stunde, nachdem GRO am 28. Februar den Gammablitz GRB 970228 registriert hatte, konnte der italienische Röntgensatellit BEPPOSAX auf die passende Stelle ausgerichtet werden. Er fand dort eine zuvor unbekannte Röntgenquelle. Nachdem er ihre Position genauer vermessen hatte, wurden holländische Astronomen am Observatorium auf La Palma gebeten, ihr Teleskop auf diesen Ort zu richten, wo sie eine rasch verblassende Strahlungsquelle beobachteten. Das HUBBLE-Weltraumteleskop lieferte mit seinem klaren Blick den Hinweis, dass es sich dabei um eine acht Milliarden Lichtjahre entfernte Galaxie handelte. Ein paar Monate später konnte das KECK-Teleskop auf Hawaii in einer ähnlich konzertierten Aktion die Entfernung von GRB 970508 zu mehr als sechs Milliarden Lichtjahren bestimmen.

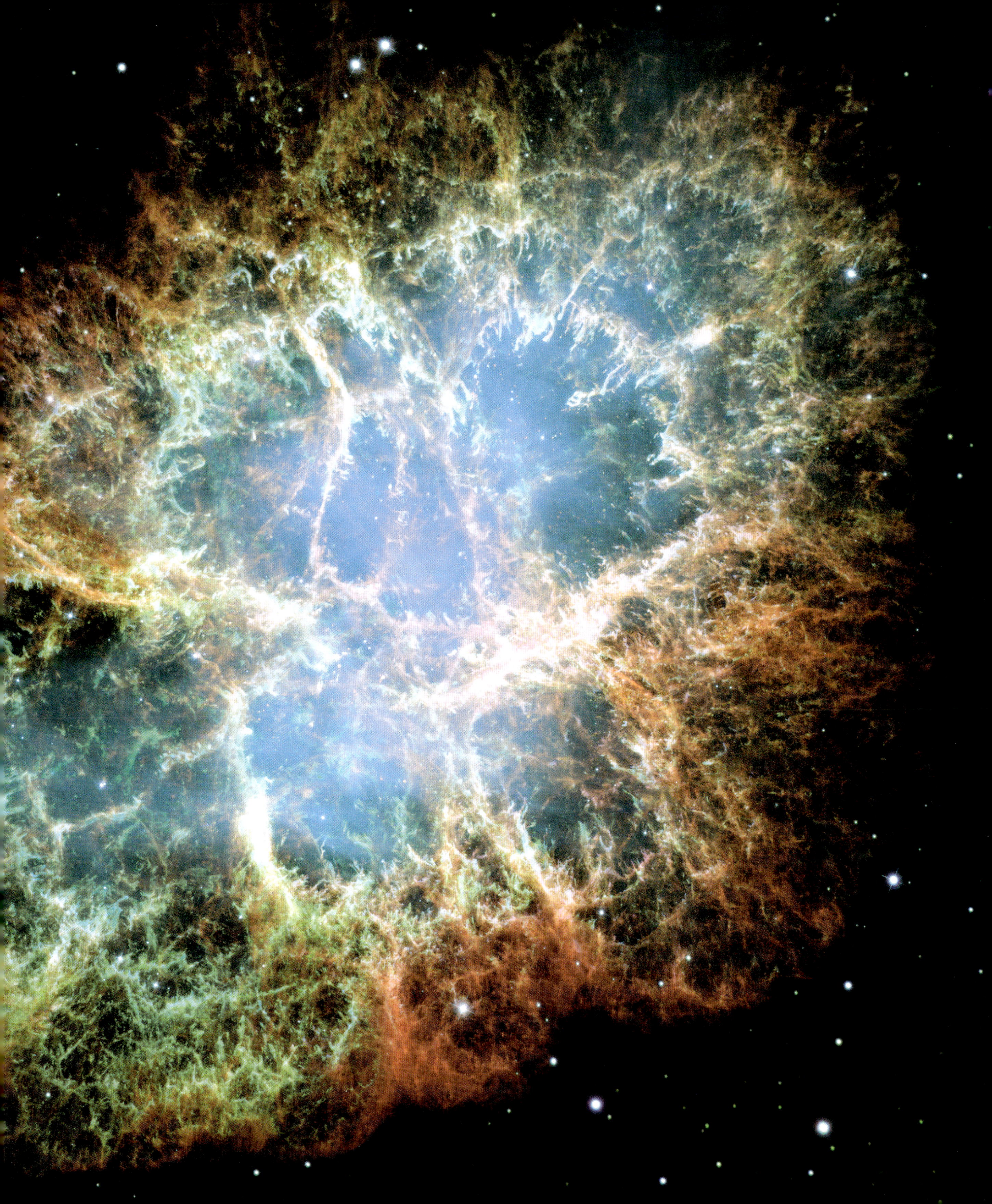

Die Entstehung der Elemente

Die Kernverschmelzungen, die als Energiequelle der Sterne gelten, wandeln chemische Elemente in andere um. Zu Beginn bestehen Sterne größtenteils aus Wasserstoff. Auf der Hauptreihe wird dieser Wasserstoff in Helium umgewandelt, Rote Riesen „verbrennen" Helium zu Kohlenstoff. Sehr massereiche Sterne können als Überriesen aus dem Kohlenstoff auch noch Sauerstoff, Magnesium und Neon erbrüten, mitunter sogar Silizium und Aluminium und schließlich Nickel und Eisen. Im Kern ist der Wasserstoff dann aufgezehrt, und ihn umgeben einzelne Schichten der unterschiedlichen Elemente, ähnlich wie bei einer Zwiebel. Nur die äußere Hülle enthält noch Wasserstoff, denn dort reichten die Verhältnisse für eine Kernverschmelzung nicht aus.

Aber nicht alle chemischen Elemente tauchen in dieser Produktionskette auf. Einige weniger häufige Atomsorten entstehen an den stürmischen Oberflächen besonders energiereicher Sterne, doch die extremsten Bedingungen liefern Supernova-Explosionen. Nur sie stellen die Energie bereit, die für die Bildung der weiteren Elemente notwendig ist. Entsprechend können Helium-, Kohlenstoff-, Sauerstoff-, Eisen- und all die übrigen Atome während einer Supernova zu noch schwereren Elementen umgeformt werden – auch zu Gold. Wer sich also an schönem Goldschmuck erfreut, kann gleichzeitig dankbar an die Supernova-Explosion denken, bei der das Gold für diesen Schmuck vor etlichen Milliarden Jahren entstanden ist.

1987 konnten die Astronomen die Entstehung solcher Elemente bei einer Supernova in der Großen Magellanschen Wolke (einer kleinen Nachbargalaxie unserer Milchstraße) verfolgen. Ein Teil des Nickels aus dem Sterninnern wurde dabei in radioaktive Kobaltatome umgewandelt, die über mehrere Monate in Eisenatome zerfielen. Diese speziellen Kobaltatome senden bei ihrem Zerfall Gammastrahlung aus, die von Satelliten (darunter auch SOLARMAX) aufgefangen werden konnte. Als Sonnenbeobachter war SOLARMAX gar nicht auf die Große Magellansche Wolke ausgerichtet, doch die Gammastrahlen durchdrangen den Satelliten von der Rückseite, und so sprachen die Detektoren an.

Oben: Die Lichtperlen auf diesem Bild sind Gaswolken, die von Fragmenten der Supernova 1987A getroffen wurden und aufleuchteten. Auf diese Weise vermischen sich die Elemente, die im Innern des Sterns und während der Supernova selbst entstanden sind, mit dem umgebenden Gas. Wenn diese Wolken zu neuen Sternen und Planeten kollabieren, werden sie einen größeren Anteil an schwereren Elementen enthalten als es ohne die Supernova der Fall gewesen wäre.

Links: William Fowler, Physiker und Nobelpreisträger.

Diese Entstehungsgeschichte der chemischen Elemente wurde in den 1950er-Jahren von Geoffrey Burbidge (1925–2010), Margaret Burbidge, William Fowler (1911–95) und Fred Hoyle (1915–2001) entworfen und in einem ausführlichen Artikel vorgestellt, der unter dem Kürzel B²FH (den Anfangsbuchstaben der Autorennamen) bekannt geworden ist. Einzelne Aspekte wurden unabhängig durch den Harvard-Astronomen Alistair Cameron (1925–2005) beigesteuert. Diese interdisziplinäre Arbeit gewann eine Reihe von Preisen, William Fowler erhielt 1983 sogar den Nobelpreis für Physik.

Wenn ein massereicher Stern am Ende einen Teil seiner Materie verliert, sei es als Planetarischer Nebel oder bei einer Supernova, dann werden diese Atome in den umgebenden Weltraum geschleudert, wo sie sich mit dem dort vorhandenen Wasserstoff vermischen. Sterne, die später aus solchen Wolken entstehen, werden also auch einen immer größeren Anteil an schwereren Elementen enthalten. Und wenn im Umfeld solcher neuen Sterne Planeten entstehen, enthalten auch sie diese schwereren Elemente. Die Erde verdankt ihre Gesteinskruste mit Mineralien aus Silizium, Sauerstoff, Aluminium und Kohlenstoff und ihren Kern aus Eisen und Nickel also nur der Tatsache, dass diese Elemente zuvor in ausreichenden Mengen im Innern längst verblichener Sterne erbrütet und am Ende freigesetzt wurden – lange, bevor die Sonne entstand. Unsere Umwelt und wir selbst enthalten Material, das Sterne früherer Generationen produziert haben.

Oben: *Röntgenbild des Supernova-Überrestes G292.0+1.8. Der sternähnliche Punkt am Rand des dunkelblauen Nebels links unterhalb der Bildmitte zeigt den Neutronenstern, der bei der Explosion vor rund 1600 Jahren entstanden ist. Die ausgedehnte Wolke, die den Explosionsort umgibt, ist der Überrest der abgesprengten Sternhülle. Sie enthält große Mengen an Sauerstoff, der im Sterninnern aus der Verschmelzung von Kohlenstoffatomen entstanden ist.*

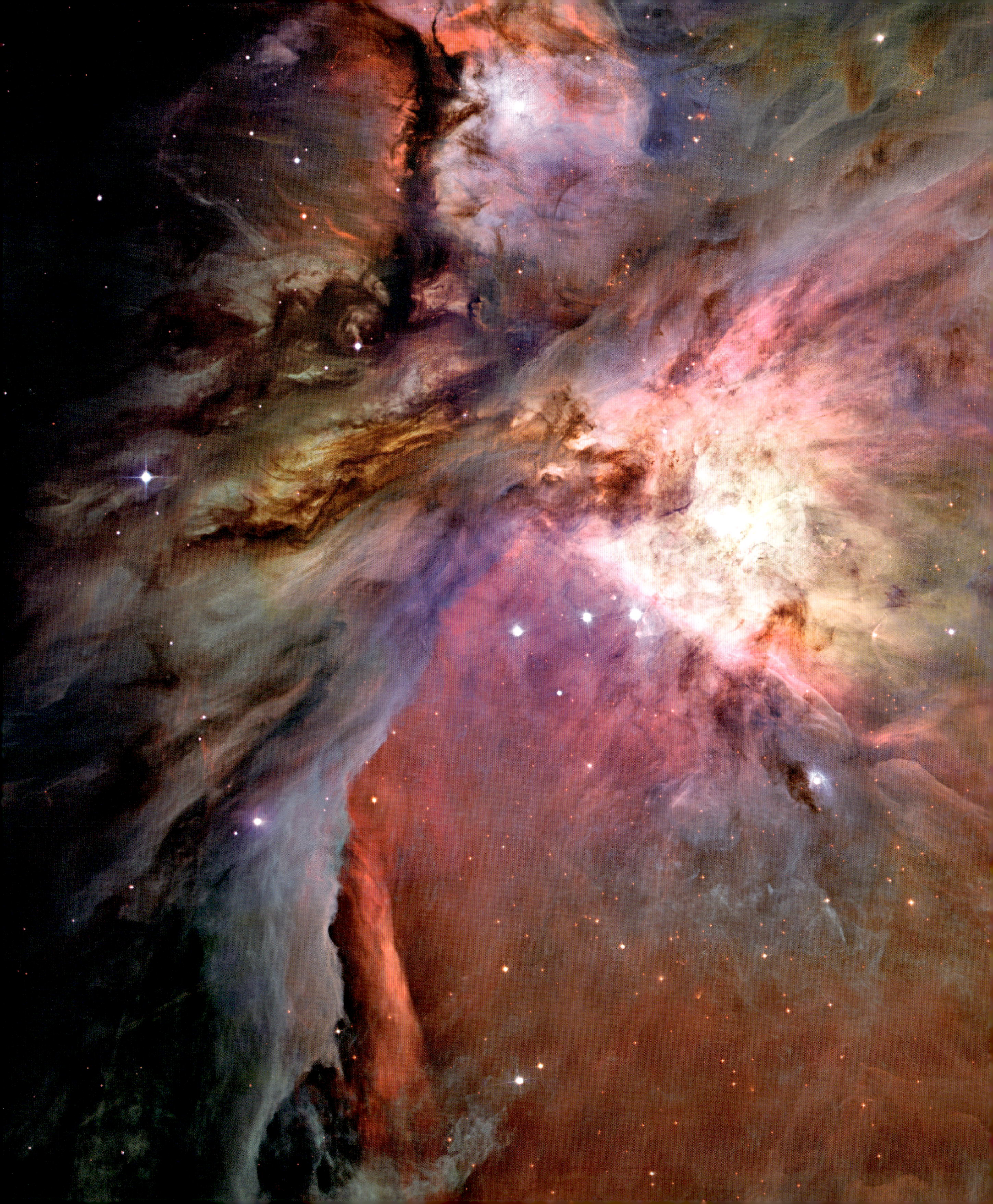

GASNEBEL

Sterne entstehen in Gruppen (Haufen) aus interstellaren Gas- und Staubwolken. Ein solcher Haufen enthält Sterne unterschiedlicher Massen, darunter auch einige, die besonders massereich, heiß und hell sind. Solche Sterne leuchten stark im UV-Bereich und regen damit den umgebenden Nebel zum Leuchten an. Einige der hellen Sterne im Orion gehören zu diesen heißen Sternen, und einer – der mittlere Stern im Schwertgehänge – wird von einem solchen Nebel umhüllt. Der französische Gelehrte und Amateurastronom Nicholas-Claude Fabri de Peiresc (1580–1637) entdeckte ihn 1610 als ersten Nebel seiner Art mit einem Teleskop, das ihm sein Gönner Guillaume du Vair (1556–1621) zukommen ließ. Ein Jahr später wurde der Orion-Nebel unabhängig von dem Jesuitenpater Johann Baptist Cysat (1588–1657) gefunden.

Mit einer Entfernung von rund 1500 Lichtjahren ist der Orion-Nebel einer der nächsten und bestuntersuchten Nebel am Himmel. In optischen Teleskopen wie dem Hubble-Weltraumteleskop sieht man die beleuchtete und selbstleuchtende Oberfläche eines Hohlraums in einer viel größeren, dunklen Wolke aus interstellarem Gas, ähnlich einem angebissenen Apfel. Im Zentrum dieses Hohlraums stehen vier Sterne trapezförmig zusammen, ihre heftigen Sternwinde haben den umgebenden Hohlraum erzeugt. Die Trapezsterne sind jedoch lediglich die nächstgelegenen eines Haufens aus mehreren hundert neu entstandenen Sternen, die noch in der dunklen Wolke verborgen sind. Weltraumgestützte Infrarotteleskope können diese anderen Sterne bereits erkennen, so zum Beispiel das Spitzer-Weltraumteleskop, das 2003 gestartet wurde.

Links: Ansicht des Orion-Nebels, die aus 520 Einzelaufnahmen des Hubble-Weltraumteleskops zusammengefügt wurde. Die vier Trapezsterne liegen im Zentrum des hellsten Nebelbereichs. Von oben erstreckt sich eine Wolke dunklen Staubs vor einen Teil des leuchtenden Nebels, sie wirkt wie die Fingerknochen bei einer Röntgenaufnahme der Hand.

Geburt von Sternen und Planeten

1796 konnte der französische Astronom Pierre-Simon Laplace (1749–1827) zeigen, dass die flache Gestalt des Sonnensystems, die sich aus den geringen Neigungen der Planetenbahnen zueinander ergibt, schon während seiner Entstehungsphase vorgegeben war und sich seither nicht verändert hat. Damit stützte er eine Idee, die 1734 von dem schwedischen Naturforscher Emanuel Swedenborg (1688–1772) und 1755 von dem preußischen Philosophen Immanuel Kant (1724–1804) propagiert worden war, dass nämlich die Planeten aus einer flachen, die Sonne umgebenden Gaswolke entstanden seien. Diese Theorie war unter dem Namen Nebularhypothese bekannt geworden.

Laplace dachte, dass die sogenannten Planetarischen Nebel, die Wilhelm Herschel entdeckt hatte, Beispiele für solche protoplanetaren Systeme seien. Doch es sollte noch länger dauern, ehe die ersten protoplanetaren Gaswolken tatsächlich entdeckt wurden. Der Anfang wurde 1966 im Orion-Nebel gemacht. Dort stießen Eric Becklin und Gerry Neugebauer auf ein Objekt, das im sichtbaren Bereich nicht zu erkennen war, dafür aber eine starke Infrarotstrahlung aussandte. Eine dichte Staubwolke umhüllt hier einen neuen Stern und wird von diesem aufgeheizt, so dass sie Wärmestrahlung aussendet. 1983 fand der Infrarotsatellit IRAS weitere solcher Systeme, darunter auch die Staubscheiben um die Sterne Zeta Leporis, Wega und Beta Pictoris. Dort schien auch ein Planet innerhalb der Scheibe zu existieren.

Die ersten optischen Bilder von protoplanetaren Scheiben gelangen Robert O'Dell 1992 mit dem Hubble-Weltraumteleskop. Sie zeichneten sich als dunkle Staubscheiben vor dem hellen Orion-Nebel ab und umgaben jeweils einen Zentralstern, gerade so, wie es die Nebularhypothese erwarten ließ. Solche Objekte wurden als Proplyds bezeichnet, eine Abkürzung für „**pro**to**pl**anetar**y** **d**isc**s**".

Mit heutigem Kenntnisstand können wir die Entstehung der Sonne und des Planetensystems aus einer kontrahierenden Gas- und Staubwolke in groben Zügen nachzeichnen. Erste Berechnungen dazu wurden 1960 von dem japanischen Astrophysiker Chushiro Hayashi (1920–2010) angestellt. Der Protostern, der sich zur Sonne entwickeln sollte, durchlebte während des Kollapses bereits Phasen heftiger Ausbrüche, bei denen ein starker Sternwind in alle Richtungen und Materiejets an den beiden Polen ausgestoßen wurden. Gleichzeitig nahm seine Rotationsgeschwindigkeit zu, ähnlich einer Eistänzerin, die während einer Pirouette die Arme eng an den Körper presst und dadurch ihre Umdrehung beschleunigt. Dadurch bildete sich eine flache Gas- und Staubscheibe in seiner Umgebung aus.

Sie bestand hauptsächlich aus Wasserstoff und Helium, enthielt aber auch jene Elemente, die in massereichen Sternen erbrütet und am Ende in den interstellaren Raum geschleudert worden waren. Einige dieser Elemente konnten Staubkörner formen – Rußpartikel (aus Kohlenstoff) und Sandkörner (aus Silizium und Sauerstoff). Elemente aus der Gaswolke verbanden sich zu Molekülen und kondensierten als Eis auf den Staubkörnern. Als der Protostern schließlich seine Kernreaktionen im Innern zünden konnte, strahlte er zunehmend Energie ab, und das Eis auf den nähergelegenen Staubkörnern begann wieder zu schmelzen.

Links: Pierre-Simon Laplace, Mathematiker und Astronom.

Unten: Der Stern Beta Pictoris wurde bei dieser Aufnahme mit einer Blende abgedeckt, damit sein Licht die blassen Nebelstrukturen in der Umgebung nicht überstrahlt. Dabei handelt es sich um eine Staubscheibe, auf die wir seitlich blicken und die einen kleinen Planeten enthält. So hat auch unser Sonnensystem einmal ausgesehen.

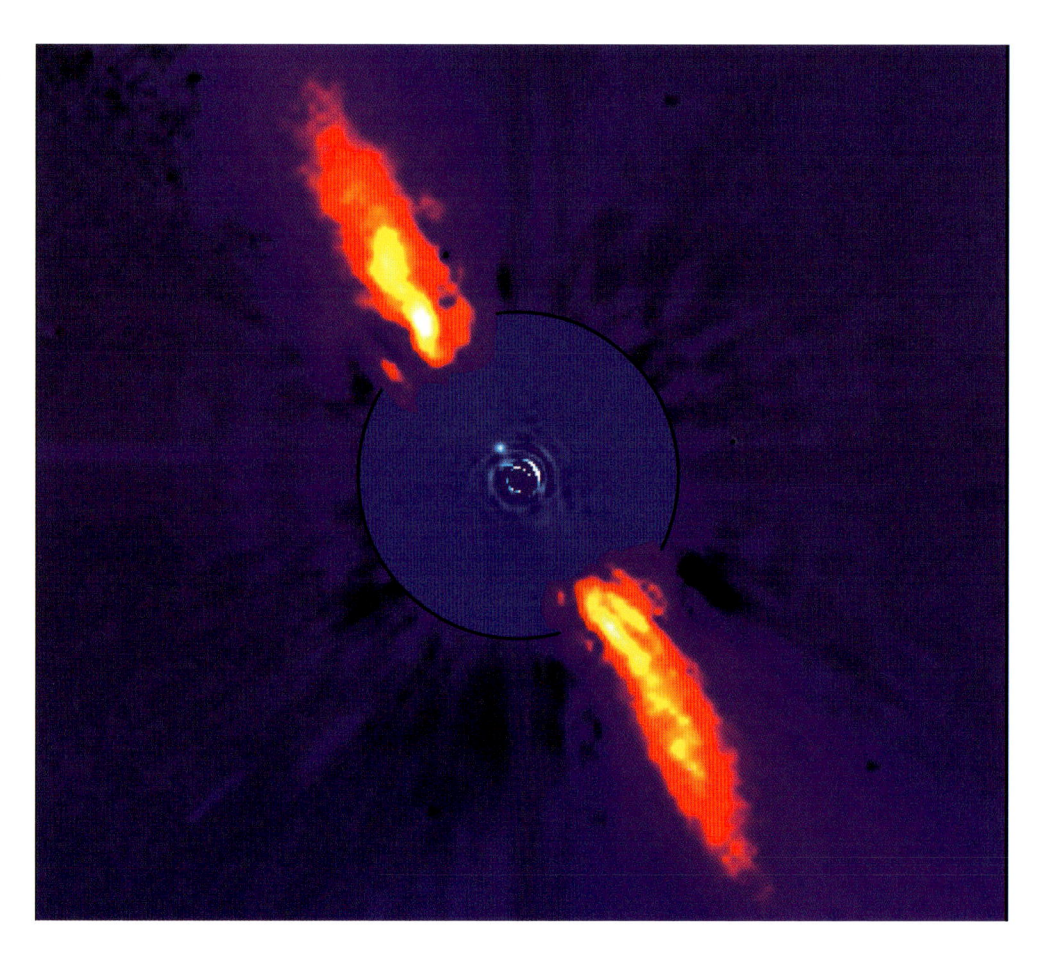

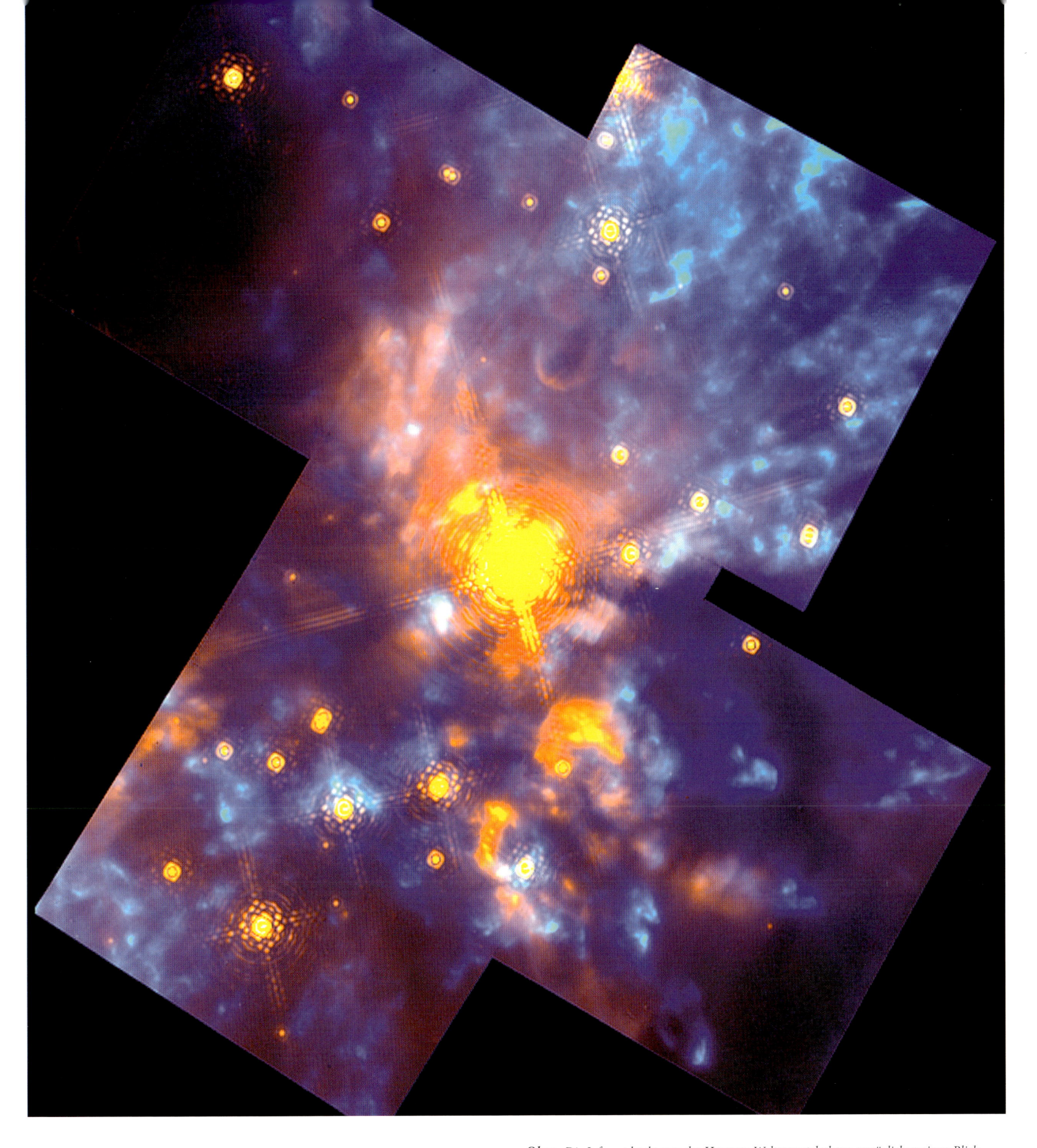

Oben: Die Infrarotdetektoren des Hubble-Weltraumteleskops ermöglichen einen Blick durch die Staubwolken ins Innere des Orion-Nebels auf die Region OMC-1, eine chaotische, aktive Region, in der neue Sterne entstehen. Darunter ist auch das Becklin-Neugebauer-Objekt, ein sehr junger, massereicher Stern. Blaue „Wasserstofffinger" sind Gasströme, die von den entstehenden Sternen ausgestoßen werden.

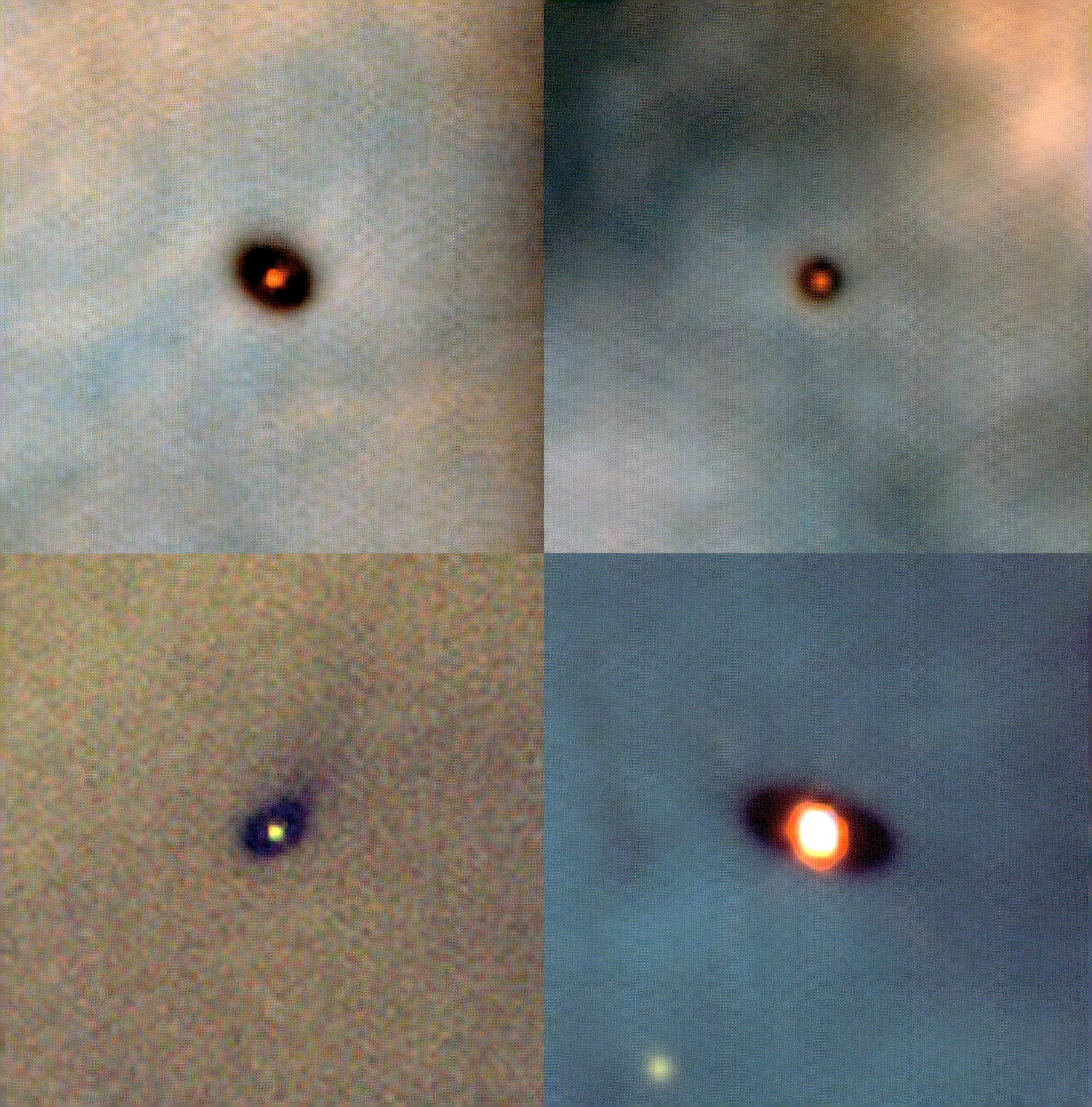

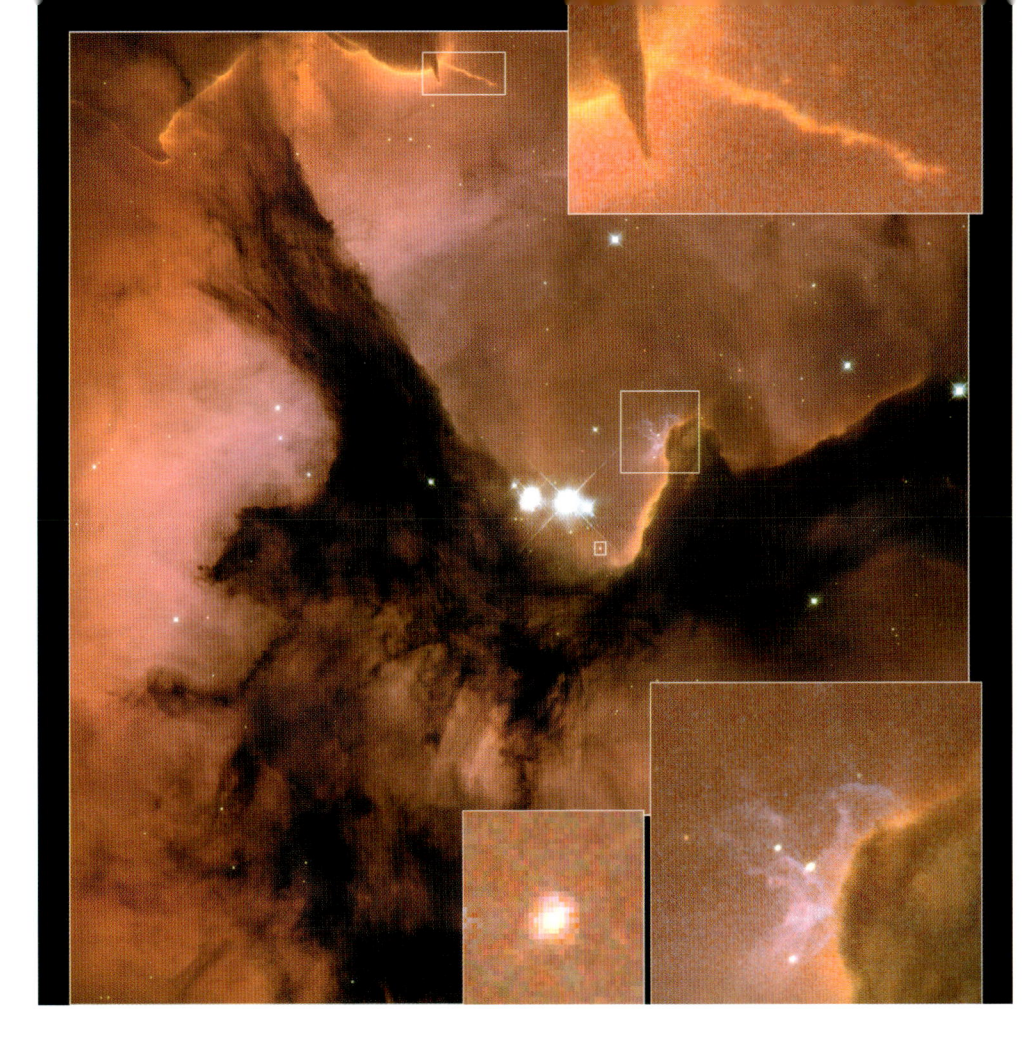

Links: Drei große Staubwolken treffen im Zentrum des Trifidnebels aufeinander. Nicht weit daneben steht eine Gruppe junger, massereicher heller Sterne, die das dichte umgebende Gas auseinandertreiben und am Rand einer der Dunkelwolken einen hellen Saum entstehen lassen (kleines Bild unten rechts). Etwas tiefer erkennt man einen sehr jungen Stern, der noch von einer Gas- und Staubscheibe (einem Proplyd) umgeben ist (kleines Bild unten Mitte). Am oberen Rand erstreckt sich ein Gasjet über eine Distanz von einem Dreiviertellichtjahr, der von einem sehr jungen, massearmen Stern ausgestoßen wurde.

Linke Seite: Das rote Leuchten in den Zentren dieser dunklen Scheiben stammt von jungen, neu entstandenen Sternen, die gerade einmal eine Million Jahre alt sind. In den dunklen Scheiben, die sich gegen den hellen Hintergrund des Orion-Nebels abheben, entstehen möglicherweise neue Planetensysteme. Sie werden daher als protoplanetare Scheiben oder „Proplyds" bezeichnet.

Rechts: Ein chondritischer Meteorit, dessen Außenhaut beim Durchgang durch die Erdatmosphäre von der Reibungshitze geschwärzt wurde. Die Schnittfläche zeigt im Innern eine Mixtur aus Chondrulen, kugelförmigen erstarrten Gesteinsschmelzetropfen, die in eine feinkörnige Grundmasse aus Staubkörnern des solaren Urnebels eingebettet sind. Aus solchen Bausteinen sind die Planeten einschließlich der Erde entstanden.

Der ebenfalls zunehmende Sternwind vertrieb Gas und Dampf aus dem inneren, wärmeren Bereich des solaren Nebels.

Die Staubpartikel konnten sich im Laufe der Zeit zu größeren Klumpen zusammenlagern und so immer weiter wachsen, bis sie schließlich als kilometergroße Brocken, sogenannte Planetesimale, umhertrieben. Nun sorgten gegenseitige Anziehungskräfte dafür, dass zumindest die größeren Brocken immer weiter wuchsen. Am Ende dieser Akkretionsphase dürften etwa hundert Protoplaneten die Sonne umrundet haben. Zu diesem Zeitpunkt gab es nicht mehr viel aufzusammeln, und was davon bis heute übriggeblieben ist, fällt gelegentlich als Meteorit, als sogenannter Chondrit, auf die Erde.

Weiter draußen, wo die Sonnenwärme kaum Einfluss auf das Gas hatte, konnten unterdessen die großen Gasriesen entstehen. Am schnellsten wuchs damals Jupiter heran, der als sonnennächstes Objekt dieser Klasse auch die aus dem inneren Bereich vertriebenen Gasmassen aufsammeln konnte.

Was folgte, war ein Milliarden Jahre langes kosmisches Billardspiel. Zumindest lassen die Berechnungen von Rodney Gomes, Hal Levison, Alessandro Morbidelli und Kleomenis Tsiganis dies vermuten, die 2005 am Côte-d'Azur-Observatorium von Nizza zusammenarbeiteten. Ihre Ergebnisse werden deshalb als Nizza-Modell der Geschichte des Sonnensystems bezeichnet.

Die Anziehungskraft von Jupiter mischte die Bahnen der inneren Protoplaneten mächtig auf. Sie verhinderte die „Fertigstellung" eines größeren Planeten zwischen Mars und Jupiter – einige der dort entstandenen Planetesimale bestehen bis heute als große Asteroiden fort. Andere wurden ins innere Sonnensystem gelenkt, wo sie zusammen mit den dort vorhandenen Planetesimalen zu den heutigen Planeten heranwuchsen – Merkur, Venus, die Erde mit dem Mond und Mars. Andere zerstörten sich gegenseitig und hinterließen einen Großteil der heutigen Asteroiden. Eine dieser Kollisionen hinterließ nur zwei Stücke, den „Doppelplaneten" Erde und Mond. Trümmerstücke von Kollisionen schlugen auf den Oberflächen der fertigen Planeten auf und hinterließen dort große und kleine Krater – auch auf der Erde, wo sie allerdings größtenteils durch Erosion ausgelöscht wurden.

In dieser chaotischen Phase wurden auch viele kleinere Planetesimale ganz oder zumindest sehr weit aus dem Sonnensystem herausgeschleudert. Letztere verblieben im Kuiper-Gürtel (siehe Seite 48) und in der Oortschen Wolke (Seite 49). Auch der Zwergplanet Pluto und viele Kometen dürften so ihre heutigen Bahnen erreicht haben.

Die Erforschung der Planeten

Das Zeitalter der Raumfahrt begann 1957 mit dem Start des russischen Satelliten SPUTNIK. Einige Monate später trugen die amerikanischen Satelliten EXPLORER 1 und 3 recht einfache Messgeräte in die Umlaufbahn, mit denen James Van Allen (1914–2006) die inzwischen nach ihm benannten Strahlungsgürtel der Erde entdeckte. Sie enthalten elektrisch geladene Teilchen des Sonnenwinds, die vom Erdmagnetfeld abgeschirmt und gespeichert werden.

Der Mond war als unser nächster Nachbar im All das erste Ziel jenseits der Erdumlaufbahn. 1959 übermittelte LUNIK III erstmalig Bilder von der Rückseite des Mondes, und schon zehn Jahre später landeten die ersten Menschen auf der Oberfläche des Erdtrabanten.

Jenseits des Mondes kommt uns Venus regelmäßig am nächsten. 1962 flog MARINER 2 an unserem inneren Nachbarplaneten vorbei, und in den 1970er-Jahren enthüllten sowjetische VENERA-Sonden, die auf der Oberfläche gelandet waren, eine felsige, von Lavagestein bedeckte Landschaft, die Temperaturen von rund 470 Grad Celsius ausgesetzt ist. Der erste Mars-Vorbeiflug erfolgte 1965 durch MARINER 4. Elf Jahre später landeten zwei VIKING-Sonden auf dem roten Planeten und suchten vergeblich nach Lebensformen oder deren Überresten. 1997 setzte der MARS PATHFINDER diese Suche mit einem ersten Marsfahrzeug fort.

Mit zunehmendem Abstand von der Sonne wird es immer schwieriger, Raumsonden vor Ort zu betreiben. Die Intensität

Unten: Im Juli 1969 fotografierte Neil Armstrong seinen Kollegen Buzz Aldrin neben dem Seismometer, das die ersten Männer auf dem Mond zur Messung von Mondbeben aufgestellt hatten. Im Hintergrund steht die Mondlandefähre EAGLE. Das Unterteil der Fähre und das Seismometer sowie weitere Messgeräte stehen noch heute auf der Mondoberfläche.

FERNERKUNDUNG

Die Weltraumagenturen koordinieren inzwischen ihre Planetenforschungsprogramme in Gremien wie der Internationalen Marsforschungsarbeitsgruppe. Am Anfang steht in der Regel ein Vorbeiflug für einen ersten Überblick. Anschließend werden weitergehende Erkundungen aus der Umlaufbahn gewonnen, ehe Landegeräte auf die Oberfläche entsandt werden, die entweder durch Fallschirme (falls das Ziel über eine Atmosphäre verfügt – wie zum Beispiel Venus, Mars, Jupiter und Titan) oder durch Triebwerke (wie beim Mond) abgebremst werden müssen. Lander sind entweder stationär oder setzen Rover ab, die sich frei bewegen können, bis die Antriebsenergie – zumeist über Sonnenzellenflächen geliefert – nicht mehr reicht. Weitere Möglichkeiten bietet eine Rückführung von Proben zur Erde, was bislang nur beim Mond, einem Kometen und einem Asteroiden realisiert wurde, und die Erkundung durch Menschen.

Oben: Der Rover Sojourner *auf dem* Mars-Pathfinder-*Lander im Juli 1997. Kurz danach verließ er die Transportplattform über die entlüfteten Airbags, die den Aufprall abgebremst hatten. Die Berge sind etwa zwei Kilometer entfernt.*

des Sonnenlichts reicht nicht mehr als Energiequelle, und so haben die Sonden ins äußere Sonnensystem zumeist radioaktive thermoelektrische Generatoren an Bord. Voyager 1 und 2 starteten 1977 zu ihrer weiten Reise vorbei an Jupiter und Saturn (Voyager 2 auch noch an Uranus und Neptun) sowie deren Monden. Dabei nutzten die Raumfahrtingenieure die Technik der schwerkraftgestützten Kursänderungen und ließen die Voyager-Sonden im Schwerefeld der angeflogenen Planeten jeweils zu ihrem nächsten Ziel umlenken. 2015 wird die Raumsonde New Horizons den Zwergplaneten Pluto erreichen.

Rechts: Die Venusoberfläche erscheint am Landeplatz von Venera 14 *(1982) als Gesteinsschichtung. Mit einem Fühler sollte die Festigkeit geprüft werden, doch die Schutzkappe der Kameralinse lag im Weg (Bildmitte oben). Weitere Tests ergaben, dass der Boden aus tholeiitischem Basalt besteht, der auch den Hauptanteil irdischen Vulkangesteins stellt.*

Merkur und Venus

Zwei Planeten umrunden die Sonne innerhalb der Erdbahn: Merkur und Venus. Wegen ihrer Sonnennähe können sie nur während der Dämmerungsphasen beobachtet werden (Venus auch noch etwas darüber hinaus). In der Antike – vor dem 4. Jahrhundert v. Chr. – sah man an ihrer Stelle jeweils zwei verschiedene Planeten, je nachdem, ob sie am Morgen- oder am Abendhimmel auftauchten: Merkur kam als Apollo und Hermes daher, Venus als Eosphoros und Hesperos.

Merkur ist deutlich größer als der Mond, hat aber wie dieser eine ähnlich stark von Kratern zernarbte Oberfläche und keine nennenswerte Atmosphäre. Aufgrund der Sonnennähe kann die Temperatur am Äquator auf 430 Grad Celsius steigen. Wegen der fehlenden Atmosphäre sinkt sie an den Polen im ewigen Schatten hoher Kraterränder auf –183 Grad.

Merkur ist wegen seiner Nähe zur Sonne von der Erde aus nur schwierig zu beobachten. Er ist aber auch mit Raumsonden nicht einfach zu erreichen, denn der Weg dorthin verschlingt viel Energie, vor allem dann, wenn eine Umlaufbahn um den Planeten erreicht werden soll. Hinzu kommt, dass die starke Sonnenhitze eine große Herausforderung für eine längerfristig funktionierende Raumsonde darstellt.

Rechts: Die Venus erscheint entweder als Morgen- oder Abend„stern", während Merkur oft im Horizontdunst versinkt. Hier setzen sich beide am aufgehellten Dämmerungshimmel von Paris durch.

Unten: VENERA 13 landete ein paar Tage vor VENERA 14 rund tausend Kilometer entfernt und lieferte Farbaufnahmen vom Landeplatz (die linke und rechte Hälfte des Panoramas sind hier übereinander abgebildet). Das Gestein erwies sich als Leucit, der wegen seiner Anfälligkeit gegen Verwitterung ziemlich jung sein muss.

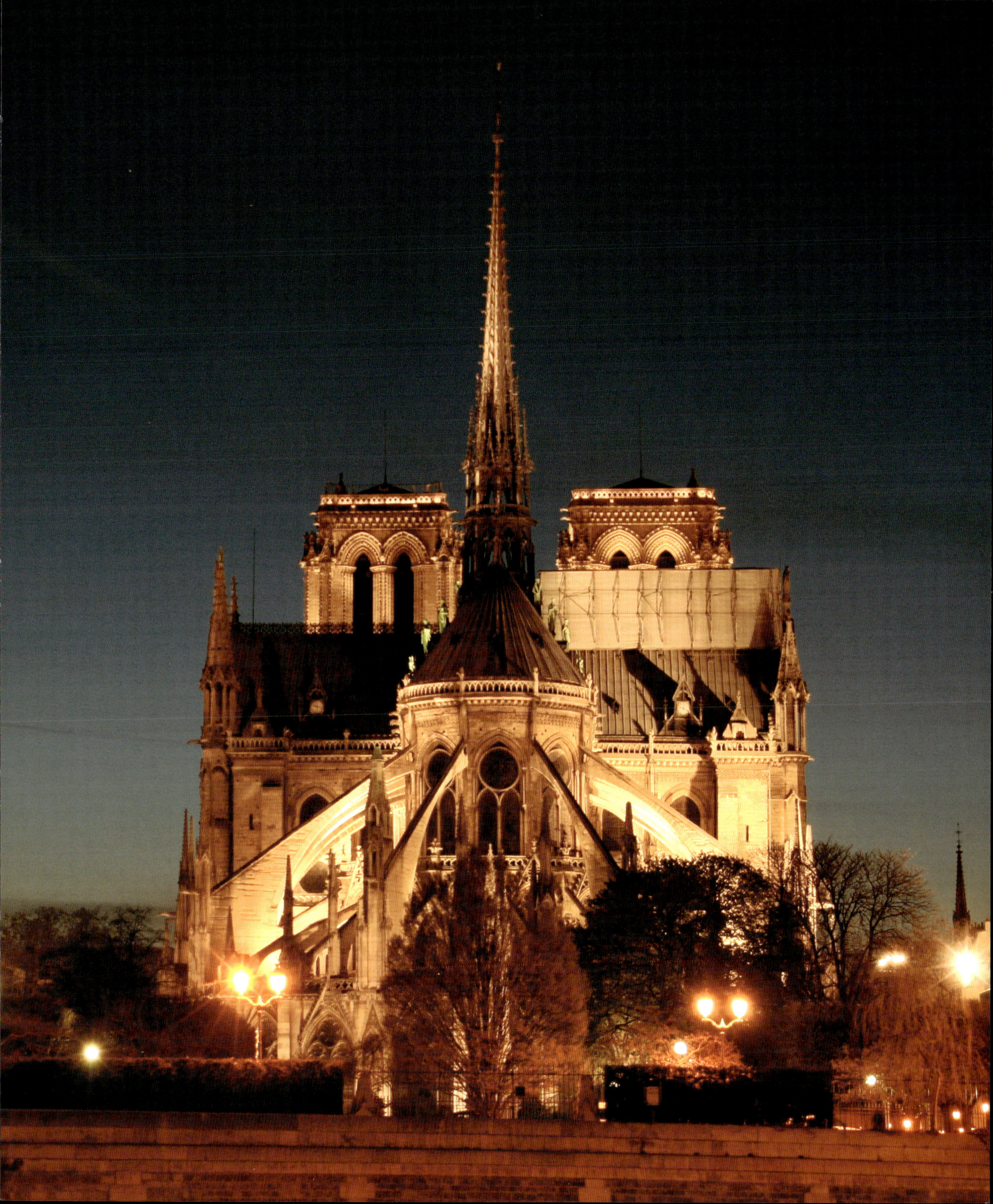

Rechts: Die MESSENGER-Sonde übermittelte 2008 dieses Farbbild von Merkur. Die Oberfläche ist von Einschlagkratern zernarbt, und einige jüngere, helle Krater zeigen Auswurfstrahlen wie bei einzelnen Mondkratern. Die große, kreisrunde und etwas dunklere Region oben rechts ist das Caloris-Becken.

Unten links: Maat Mons ist ein acht Kilometer hoher Vulkan auf der Venus. Diese Ansicht wurde aus Radardaten der MAGELLAN-Sonde erstellt. Die Lavaströme haben sich viele hundert Kilometer weit ergossen.

Unten rechts: So sah MARINER 10 das Caloris-Becken in den 1970er-Jahren. Man erkennt konzentrische Bergrücken um diesen gewaltigen Krater, dessen Zentrum in der Dunkelheit links außerhalb des Bilds liegt.

Rechte Seite: Als sich die Venus zu Beginn ihres Transits 1874 vor die Sonne schob, präsentierte sich ihre Atmosphäre als heller Saum vor dem dunklen Hintergrund.

Für das erste Problem fand der italienische Forscher Giuseppe („Bepi") Colombo (1920–1984) eine Teillösung. Er berechnete die Flugbahn für MARINER 10, bei der die Sonde mit Hilfe der Schwerkraft der Venus so umgelenkt wurde, dass sie hinterher mehrfach an Merkur vorbeiflog. Eine zukünftige Merkursonde der ESA trägt heute seinen Namen. Auch die NASA-Merkursonde MESSENGER ist mit dieser Methode zu Merkur entsandt worden, um den Planeten seit 2011 aus der Umlaufbahn zu erkunden.

MARINER 10 und MESSENGER haben nahezu die gesamte Oberfläche des Planeten kartiert. Sein größter Einschlagkrater (das Caloris-Becken) hat einen Durchmesser von 1550 Kilometern und ist damit einer der größten Krater im Sonnensystem. Auf der gegenüberliegenden Seite des Planeten zeigt die Oberfläche eine ungewöhnliche, stark zerklüftete Struktur (den „Hexentanzplatz"), die auf das dortige Zusammentreffen der beim Aufprall entstandenen Stoßwellen zurückgeht.

Venus ist ähnlich groß wie die Erde und wird manchmal als ihr Zwilling bezeichnet. Dies bezieht sich aber nur auf die Größe, denn weitere Gemeinsamkeiten gibt es nicht: Unter einer sehr dichten Atmosphäre aus Kohlendioxid, in der Wolken aus Schwefelsäuretröpfchen den Blick nach außen und innen versperren, liegt eine rund 465 Grad heiße, von erkalteten Lavaströmen geprägte Oberfläche.

Nahezu unser gesamtes Wissen über die Venus konnte erst durch Planetensonden in Erfahrung gebracht werden. Den Anfang machte MARINER 2 im Jahr 1962, die erste erfolgreiche Planetenmission überhaupt. Mehrere Versuche sowjetischer Raumsonden, auf der Venus zu landen, waren schließlich in den 1970er-Jahren auch von Erfolg gekrönt, doch sie hielten den höllischen Umweltbedingungen stets nur ein paar Minuten bis Stunden stand.

1990 erreichte die amerikanische Sonde MAGELLAN die Venus und erfasste mit ihrer Radarantenne nahezu die gesamte Oberfläche aus der Umlaufbahn. Dabei wurden erstarrte Lavaströme, eingestürzte Lavakanäle und viele große Vulkane entdeckt. Größere Einschlagkrater sind dagegen eher selten, denn die Venusoberfläche ist vergleichsweise jung – sie wurde vor vielleicht 500 Millionen Jahren durch starke vulkanische Aktivitäten weitgehend neu gestaltet.

Die europäische Sonde VENUS EXPRESS umrundet den Planeten seit 2006 und erforscht vor allem die Atmosphäre, deren Existenz 1761 von dem russischen Gelehrten Michail Lomonossow (1711–1765) während eines Venustransits vor der Sonne bemerkt worden war. Sie besteht größtenteils aus Kohlendioxid, das einen starken Treibhauseffekt bewirkt, so dass die Wärme der Oberfläche kaum abfließen kann. Entsprechend liegt die Temperatur der Venusoberfläche inzwischen bei rund 465 Grad Celsius. Venus könnte ursprünglich durchaus Ozeane besessen haben, die aber aufgrund des Treibhauseffekts unter der dort stärkeren Sonneneinstrahlung zunehmend verdampft wären. Und da Wasserdampf den Treibhauseffekt verstärkt, wurde die Klimakatastrophe so möglicherweise noch beschleunigt.

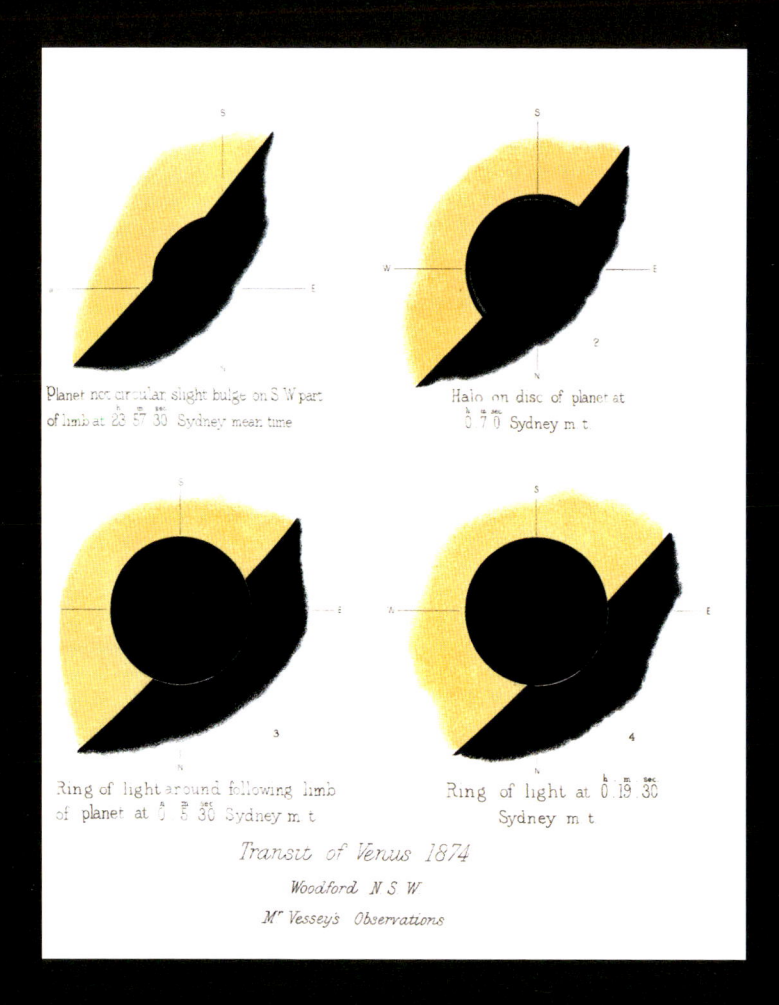

INSPIRIERENDE UMLAUFBAHNEN

Gelegentlich – viermal innerhalb von 243 Jahren und stets paarweise in einem Abstand von acht Jahren – wandert die Venus von der Erde aus gesehen genau vor der Sonne her („Venustransit"). Bei dieser Gelegenheit kann die Entfernung zwischen Erde und Venus – und daraus der Abstand zur Sonne – bestimmt werden, eine wichtige Größe für die Berechnung von Planetenpositionen (und damit auch für Navigationszwecke). Bereits 1761 und 1769 wurden Beobachtungsexpeditionen in zahlreiche Regionen der Erde entsandt, darunter Sibirien, Norwegen, Neufundland, Madagaskar, das Kap der Guten Hoffnung, die Hudson Bay, Baja California (damals unter spanischer Kontrolle) und Tahiti. Am Kap der Guten Hoffnung beobachteten Jeremiah Dixon (1733–1779) und Charles Mason (1728–1786), die Vermesser der Mason-Dixon-Linie im kolonialen Nordamerika. Die Expedition nach Tahiti wurde von Captain Cook geleitet, der dafür zu seiner ersten Erdumsegelung aufgebrochen war, in deren Verlauf er auch Australien entdeckte.

Die Merkurbahn spielte bei der Formulierung der Allgemeinen Relativitätstheorie durch Albert Einstein eine wichtige Rolle. Seine Theorie war genauer als die Gravitationstheorie Newtons, da sie zusätzliche Effekte in die Beschreibung von Objekten in starken Schwerefeldern einbezog. Im Schwerefeld der Sonne kommt es zu einer allmählichen Drehung der Merkurbahn (Präzession des Merkurperihels), die schon im späten 19. Jahrhundert beobachtet und von Urbain Le Verrier (1811–1877) zunächst als Hinweis auf die Existenz eines weiteren Planeten zwischen Sonne und Merkur gedeutet worden war. Dieser – provisorisch Vulkan genannte – Planet wurde aber nie gefunden. Als Einstein mehr als hundert Jahre später erkannte, dass seine Theorie die unerklärliche Drehung der Merkurbahn exakt beschreiben konnte, war er hocherfreut und motiviert, seine neue Theorie der Öffentlichkeit zu unterbreiten.

Erde, Mond und Mars

Die Erde

Im Jahr 1543 stellte Kopernikus die Erde auf eine Stufe mit den übrigen Planeten der Sonne. Den Apollo-8-Astronauten erschien sie erstmals als Himmelskörper, als sie Weihnachten 1968 den Mond umrundet hatten und die Erde über dem Mondhorizont auftauchte. Mit ihren weißen, blauen, braunen und grünen Flächen hob sie sich auffällig gegen das monotone Grau der staubigen Mondlandschaft ab.

Zwei Eigenschaften lassen die Erde im Sonnensystem einmalig erscheinen: die großen Mengen an flüssigem Wasser an der Oberfläche sowie starke tektonische Aktivitäten einschließlich aktiven Vulkanen und Erdbeben. 1912 erkannte der deutsche Geophysiker Alfred Wegener (1880–1930), dass die Kontinente der Erde teilweise wie Puzzleteile zusammenpassen. Daraus leitete er die zunächst umstrittene Theorie ab, dass die Kontinente ursprünglich eine zusammenhängende Landmasse gebildet hätten, die dann aber zerbrochen war. In den 1950er-Jahren wurde im Atlantik ein mittelozeanischer, von unterseeischen Vulkanen besetzter Gebirgsrücken entdeckt, an dem Material aus dem Erdinnern hervortritt und Europa und Afrika auf der einen, Nord- und Südamerika auf der anderen Seite auseinandertreibt. Die Kontinente „schwimmen" also gleichsam auf dem Erdmantel, einer geschmeidigen Gesteinsschicht zwischen der festen Kruste und dem flüssigen Erdkern. Möglich ist dies nur, weil die Erde unter allen Planeten den größten flüssigen Kern besitzt.

Der Mond und seine Entstehung

1610 erkannte Galileo Galilei mit seinem Fernrohr die grauen Ebenen auf dem Mond, die helleren Gebirgsregionen und dazu überall Mondkrater, die man lange für Vulkankrater hielt. Zu Beginn des 20. Jahrhunderts äußerte der amerikanische Bergbauingenieur Daniel Barringer (1860–1929) die Vermutung, der Arizona-Krater im Südwesten der USA sei auf einen Meteoriteneinschlag zurückzuführen. 1960 konnte der Geologe Eugene Shoemaker (1928–1997) diese Hypothese durch Funde spezieller Mineralien bestätigen, die nur unter den extremen Verhältnissen eines Meteoriteneinschlags entstehen können. Entsprechende Mineralien fand man auch im Mondgestein, das die Apollo-Astronauten zur Erde brachten. Offenbar waren auch die Mondkrater durch Einschläge von Meteoriten entstanden.

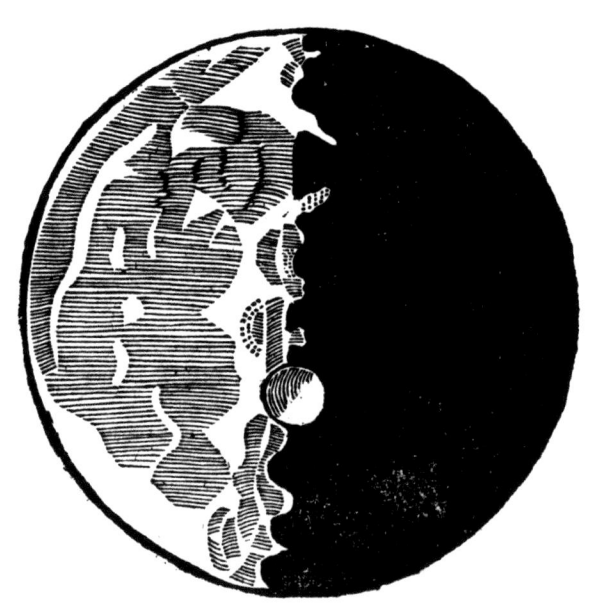

1946 schlug der amerikanische Geologe Reginald Daly (1871–1957) vor, dass der Mond aus dem Zusammenstoß der Erde mit einem anderen Himmelskörper hervorgegangen sein könne. Im Jahr 1984 wurde dies wieder aufgegriffen. Danach wäre ein etwa marsgroßer Himmelskörper, Theia genannt, streifend mit der Proto-Erde kollidiert. Dadurch sei zum einen die Rotation der Erde beschleunigt und zum anderen eine ausgedehnte Wolke an Krusten- und Mantelmaterial herausgeschleudert worden, die sich dann in der Umlaufbahn um die Erde zum Mond gesammelt habe. Die flüssigen Kernzonen von Theia und der Proto-Erde seien miteinander verschmolzen und hätten so der späteren Erde zu ihrem großen Kern verholfen. Erdbeben wären dann in letzter Konsequenz auf diesen streifenden Zusammenstoß von Erde und Theia zurückzuführen.

Oben: In seinem Buch Sidereus Nuncius *veröffentlichte Galilei zwei Teleskopansichten des Mondes, die den Krater Albategnius übergroß und genau auf der Grenze zwischen heller und dunkler Hälfte des Mondes zeigen. Die Holzschnitte stammen aus einer Frankfurter Raubkopie des Buches von 1610.*

Rechte Seite: Die graue Oberfläche des Mondes kontrastiert stark mit dem Blau, Weiß und Grün der Erde – die Grenzen irdischer Ressourcen werden so sehr deutlich.

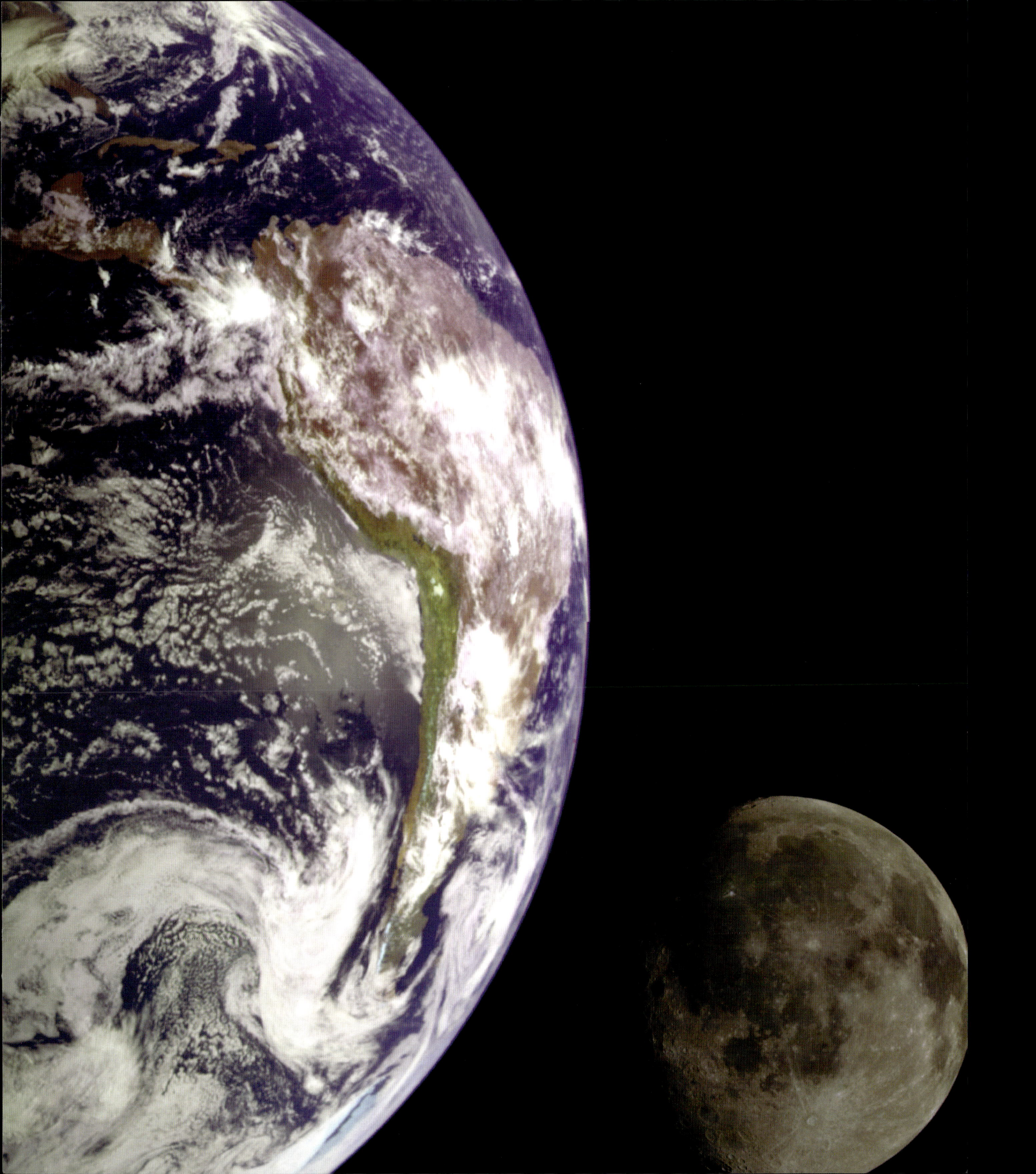

Oben: Ein historischer Marsglobus aus dem frühen 20. Jahrhundert zeigt die helle Südpolkappe mit einem dunklen Rand, der als Wachstumszone im Umfeld der aufschmelzenden Polkappe angesehen wurde, und ein Netzwerk aus Kanälen, das angeblich für die Verteilung der knappen Wasservorräte errichtet worden war.

Mars

Als Galilei 1610 den Mars mit seinem Fernrohr betrachtete, konnte er zwar ein kleines Scheibchen erkennen, aber keine Einzelheiten ausmachen. 1659 erspähte Christiaan Huygens ein graugrünes Dreieck, das heute unter dem Namen Syrtis Major bekannt ist. Wenige Jahre später sah Giovanni Domenico Cassini am Marssüdpol eine weiße Kappe. 1704 bemerkte der französisch-italienische Astronom Jacques Philippe Maraldi (1665–1729), dass die Polkappengröße im Rhythmus der Jahreszeiten auf Mars schwankt, wie man es für Eis- oder Schneekappen erwarten würde. 1781 schließlich beschrieb Wilhelm Herschel die wachsende Erkenntnis, dass Mars offenbar eine nennenswerte, aber nicht zu dichte Atmosphäre besitze, so dass „seine Bewohner unter ähnlichen Verhältnissen leben könnten wie wir".

Angelo Secchi (1818–1878) legte 1869 eine detaillierte Ansicht des Mars vor, die auf Beobachtungen der Vatikansternwarte basierte und zwei dunkle, gerade Strukturen enthielt. Er hatte sie „canali" genannt, was im Italienischen so viel wie Gräben bedeutet, durch die wörtliche Übersetzung ins Englische aber den Anstrich von künstlich angelegten Kanälen bekam.

1877 kamen Mars und Erde einander besonders nahe, und so nutzte der italienische Astronom Giovanni Schiaparelli (1835–1910) die Gelegenheit, eine erste vollständige Marskarte zu erstellen, die viele „canali" zeigte. Der französische Astronom Camille Flammarion (1842–1925) schrieb später, dass diese „Kanäle" dazu dienen könnten, Wasser über die gesamte Marsoberfläche zu verteilen. Der amerikanische Geschäftsmann Percival Lowell (1855–1916) gründete daraufhin 1894 das Lowell Observatory, um sich der Marsforschung zu widmen, und veröffentlichte sehr erfolgreiche Bücher über Leben auf dem Mars; sie enthielten äußerst komplex anmutende Kanalnetze. So entstand allmählich die Idee, dass Mars ein „sterbender Planet" sei, der von einer weit entwickelten Zivilisation bewohnt werde.

Unten: Phobos umrundet Mars so, dass stets die gleiche Seite in Vorwärtsrichtung liegt. Man sieht dort zahlreiche Rillen. Möglicherweise entstanden sie beim streifenden Aufprall von Meteoriten, die von dem Marsmond überholt wurden.

Oben: Astronomische Beobachtungen – Mars. Das Gemälde Donato Cretis von 1711 zeigt zwei Jünglinge und einen Gelehrten beim Blick zum Himmel sowie den Mars mit einer erkennbaren Phase, aber ohne weitere Details.

DIE MARSMONDE PHOBOS UND DEIMOS

1877 entdeckte Asaph Hall (1829–1907) mit einem Teleskop des US Naval Observatory zwei Monde des Mars, die er Phobos und Deimos nannte (Furcht und Schrecken – nach den beiden in Homers Epos *Ilias* beschriebenen Begleitern des griechischen Kriegsgottes Ares). Die hochauflösenden Fotos von Raumsonden in der Marsumlaufbahn, wie hier von der europäischen MARS-EXPRESS-Sonde 2008, zeigen sie als unregelmäßig geformte, asteroidenähnliche Objekte, die von Kratern übersät sind. Möglicherweise handelt es sich wirklich um eingefangene Asteroiden, die dem Mars zu nahe gekommen sind. Noch gibt es aber keine befriedigende Berechnung dazu, wie dies abgelaufen sein könnte.

Rechts: Olympus Mons ist der größte Vulkan auf Mars und im gesamten Sonnensystem. Seine Basis hat einen Durchmesser von 600 Kilometern, und der Gipfel überragt das angrenzende Tiefland um mehr als 26 Kilometer.

Unten: Mars Global Surveyor fotografierte die Nordpolkappe des Mars im Marsfrühling 2002, als starke Winde einen Staubsturm entfachten (nahe der Mitte am unteren Bildrand). Die Polkappe enthält gefrorenes Kohlendioxid.

Raumsonden zum Mars

1965 flog Mariner 4 als erste Marssonde am roten Planeten vorbei, 1971 schwenkte Mariner 9 in eine Umlaufbahn ein und fotografierte riesige Talsysteme und große Vulkane, darunter Olympus Mons als größten Vulkan im Sonnensystem. Viking 1 und 2 landeten 1976 erfolgreich auf der Marsoberfläche und übermittelten Bilder einer von Geröll übersäten Wüstenlandschaft. 1997 erreichte mit Mars Pathfinder ein erster kleiner Marsrover sein Ziel, gleichsam als Vorbereitung für die Marsrover Spirit, Opportunity und Curiosity, aber auch Sonden wie Mars Odyssey, Mars Reconnaissance Orbiter und der europäische Mars Express haben aus der Umlaufbahn unser Wissen über den roten Planeten erweitert.

Sie alle zeichnen das Bild einer heute weitgehend wüstenähnlichen, staubigen und ausgetrockneten Oberfläche, die nur an den Polen noch von Eis in größeren Mengen bedeckt ist.

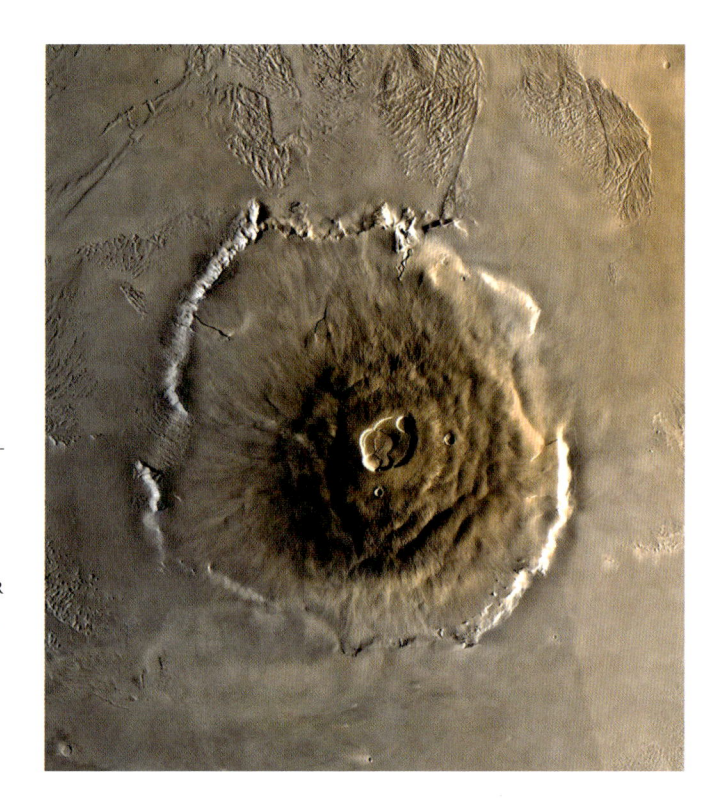

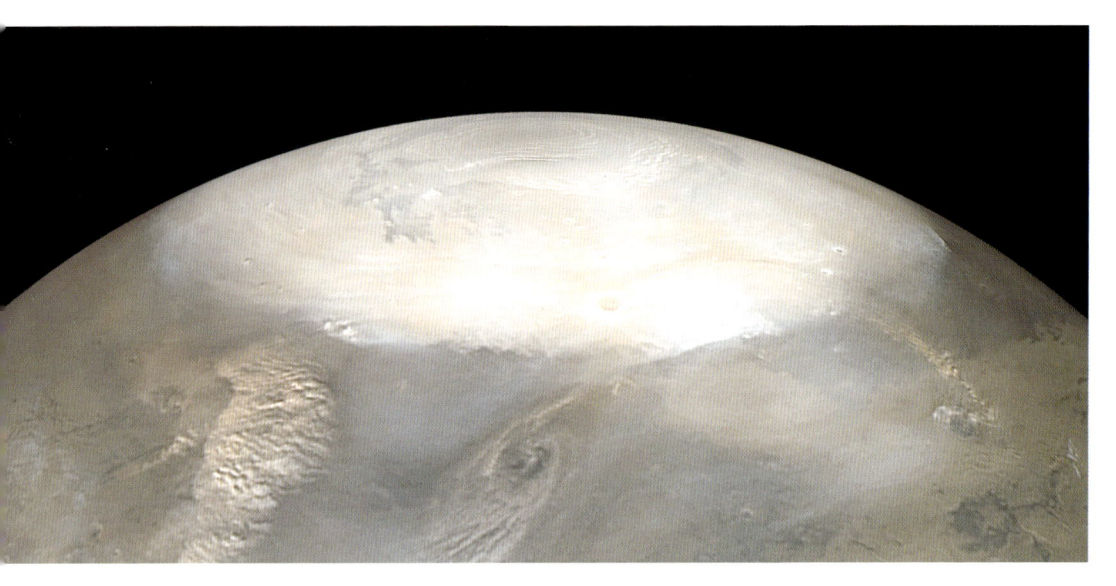

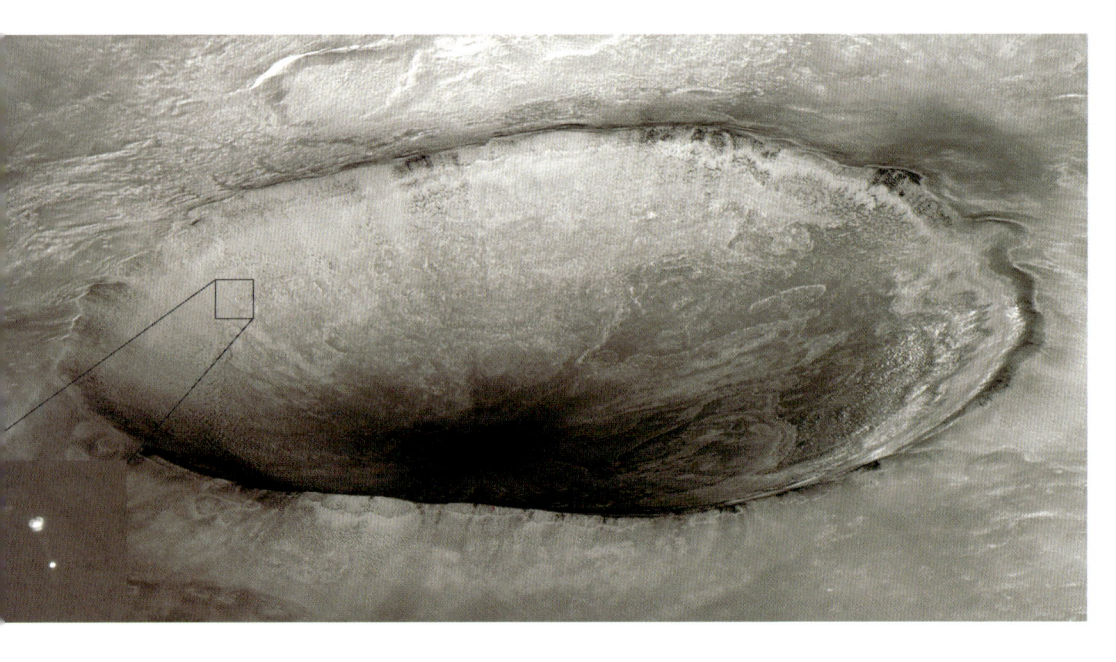

Zugleich gibt es aber Hinweise, dass Wasser an vielen Stellen aktiv gewesen sein muss, etwa bei der Entstehung bestimmter Mineralien oder in Gestalt von Gletschern, als Sturzfluten durch Talstrukturen, die Geröll enthalten und stromlinienförmige Uferböschungen besitzen.

Diese Feuchtzeit in der Geschichte des Mars wird als Noachische Periode bezeichnet, die vor rund 3,6 Milliarden Jahren zu Ende ging. In der Marsregion Noachis Terra („Noahs Land") findet man die meisten Spuren dieser wasserreichen Geschichte.

Aber wo ist das Marswasser heute? Es gibt größere Eisvorkommen unter der Marsoberfläche, die zum Beispiel 2008 vom Marslander Phoenix angekratzt wurden. Einige Einschlagkrater sind von Ringwällen umgeben, die von kurzzeitig aufgeschmolzenem, nach außen wegströmendem Eisschlamm ausgebildet worden sein könnten.

Die staubige Marsatmosphäre ist sehr dünn und besteht größtenteils aus Kohlendioxid sowie Stickstoff. Zur Überraschung der Forscher konnte die europäische Sonde Mars Express 2004 auch Spuren von Methan nachweisen. Auf der Erde stammt das atmosphärische Methan von aktiven Vulkanen und von biologischen Prozessen unterschiedlichster Art (so produzieren zum Beispiel verrottende Pflanzen Methan, aber auch wiederkäuende Tiere), doch beides wäre auf dem Mars unerwartet. Weil das Gas aber rasch zerfällt, müsste es immer wieder nachgeliefert werden. Irgendetwas auf Mars scheint also auch heute noch Methan zu produzieren – etwa Leben?

Links: Der fallschirmgebremste Abstieg des Landers Phoenix durch die dünne Marsatmosphäre konnte mit der hoch auflösenden HiRISE-Kamera des Mars Reconnaissance Orbiters fotografiert werden. Im Hintergrund der Krater Heimdall mit einem Durchmesser von zehn Kilometern.

Oben: Das Hubble-Weltraumteleskop fotografierte Mars während seiner größten Annäherung am 27. August 2003, als die Südpolkappe des Planeten wegen des dort herrschenden Sommers auf ein Minimum geschrumpft war. Im oberen Teil erkennt man nahe der Mittellinie die Umrisse von Olympus Mons, während der Grabenbruch Valles Marineris als dunkle Struktur am rechten Rand verschwindet. Die dunkle Färbung einzelner Gebiete geht auf dort vorherrschende größere Staubkörner zurück.

DER TROCKENE PLANET

Wie konnte Mars nach seinem feuchten Start so trocken werden? Schon die Messungen der ersten Marssonden zeigten, dass Mars kein Magnetfeld von nennenswerter Größe besitzt. Vermutlich ist der Marskern bereits vollständig erstarrt, wohingegen das Magnetfeld der Erde durch Strömungen in ihrem außergewöhnlich großen, flüssigen Kern entsteht. Das Magnetfeld eines Planeten schützt eine vorhandene Atmosphäre vor den zerstörerischen Einflüssen des Sonnenwindes. Das irdische Magnetfeld lenkt ihn um die Erde herum (so dass der große Erdkern nicht nur für Tod bringende Erdbeben, sondern auch für die Leben erhaltende Atmosphäre verantwortlich zeichnet). Das abklingende Magnetfeld des Mars konnte schlussendlich den Sonnenwind nicht daran hindern, die Marsatmosphäre immer weiter auszudünnen, wodurch auch das Wasser verdampfte – eine Klimaveränderung schier unvorstellbaren Ausmaßes.

Die Gasriesen

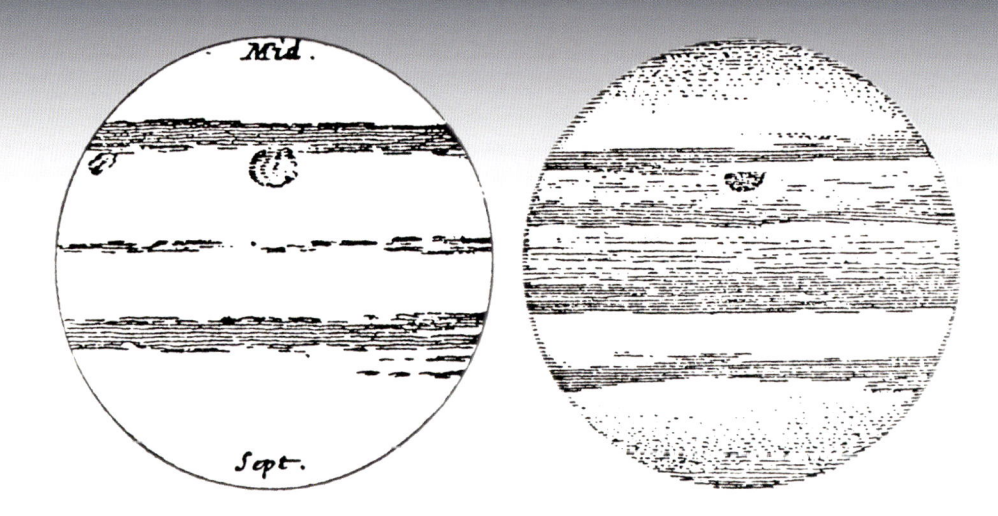

Jupiter

Jupiter vereint als größter Planet im Sonnensystem mehr als doppelt so viel Masse in sich wie alle anderen Planeten zusammen. Seine mittlere Dichte ist gering, weil er hauptsächlich aus leichten Gasen besteht. Was zunächst als Oberfläche erscheint, sind in Wahrheit die obersten Wolkenschichten einer Atmosphäre, die bis tief ins Planeteninnere reicht – es gibt keine feste Oberfläche, sondern nur eine stetig zunehmende Gasdichte. Die Wolken formieren sich zu farbigen Bändern parallel zum Äquator. Auffällig ist der Große Rote Fleck, der erstmals 1664 von dem englischen Mathematiker Robert Hooke (1635–1703) gesehen wurde. Dabei handelt es sich um einen gewaltigen Sturm, der offenbar seit mindestens 350 Jahren in der Jupiteratmosphäre tobt.

Im Fernrohr erscheint Jupiter erkennbar abgeplattet – eine Folge seiner raschen Rotation innerhalb von knapp zehn Stunden. Tief im teilweise flüssigen Innern entsteht ein starkes Magnetfeld. Es lässt Strahlungsgürtel wie bei der Erde entstehen, deren Radiostrahlung bereits 1955 von Bernard Burke und Kenneth Franklin (1923–2007) von der Carnegie Institution in Washington D. C. entdeckt wurde.

Die Jupiter-Magnetosphäre wurde im Dezember 1973 erstmals von der Raumsonde Pioneer 10 vermessen und später – wie die meisten übrigen Eigenschaften des Planeten – von Galileo zwischen 1995 und 2003 aus dem Orbit im Detail untersucht. Jupiters Magnetfeld reicht weit in den Weltraum hinaus, auf der sonnenabgewandten Seite fast bis zur Saturnbahn. Die Vulkane auf Io, dem innersten der vier großen Jupitermonde, liefern den Nachschub für die Entstehung von Polarlichtern. Das Material, das sie ausspucken, wird zu einem Teil entlang der Magnetfeldlinien zu den Polregionen des Planeten geleitet und kollidiert dort mit den obersten Atmosphärenschichten.

Die große Masse verleiht Jupiter einen starken Einfluss auf die Bahnen vorbeifliegender Kometen. In den 1990er-Jahren kam der bereits zuvor eingefangene Komet Shoemaker-Levy 9 dem

Oben: Diese Jupiterzeichnungen von Giovanni Domenico Cassini aus den Jahren 1672 und 1677 zeigen den Großen Roten Fleck jeweils oben nahe der Mittellinie. Es handelt sich dabei um einen Wirbelsturm, der größer als die Erde ist.

Rechte Seite: Wolkengirlanden zeigen die Wirbelströmungen im Windschatten des Großen Roten Flecks, hier aufgenommen von der Raumsonde Cassini auf dem Weg zu Saturn Ende 2000. Die Wolken enthalten Ammoniak, Schwefelwasserstoff und Wasser sowie weitere Substanzen, die von unten aufgewirbelt werden und für die einzelnen Farbtöne verantwortlich sind.

Links: Das Falschfarbenbild des Großen Roten Flecks von der Raumsonde Galileo enthüllt den Methangehalt in unterschiedlichen Höhen. Die höchsten Wolken erscheinen weiß, Rosatöne zeigen höhere Dunstschichten als Blautöne an, und Schwarz markiert den Übergang in die tiefere Jupiteratmosphäre.

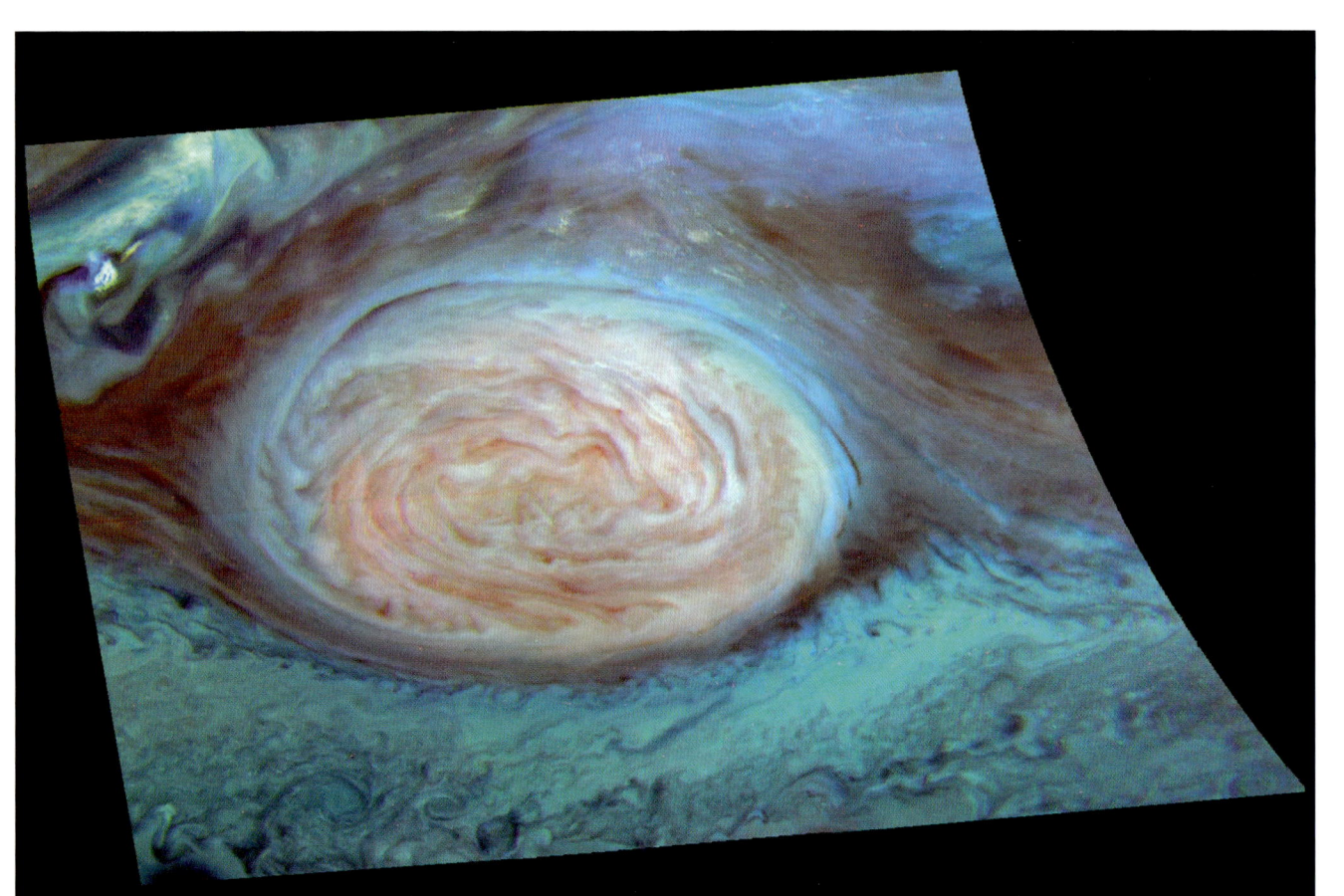

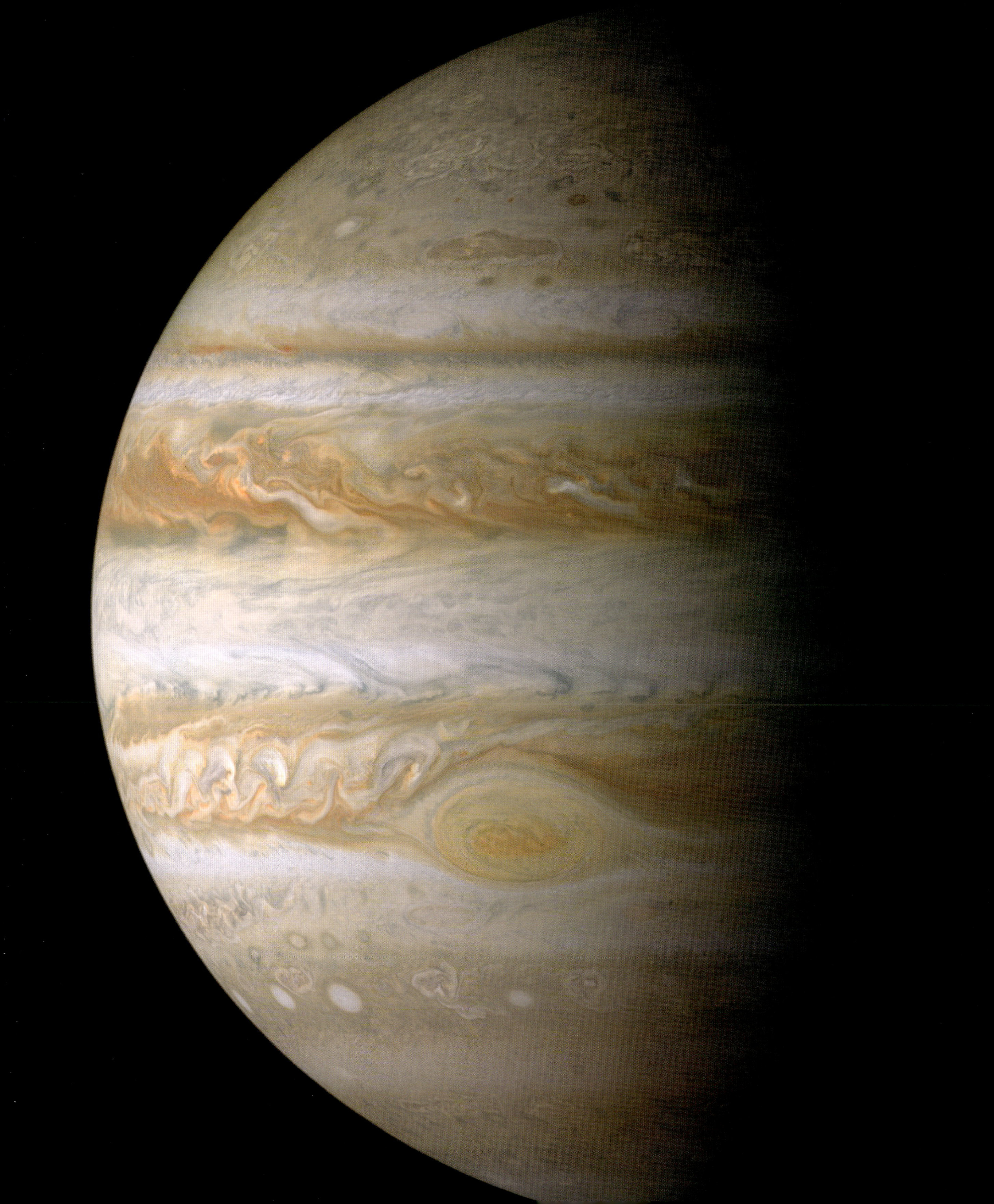

Planeten zu nahe, brach auseinander, und seine Trümmer stürzten im Juli 1994 in die Jupiteratmosphäre. Dabei wurde Materie aus größerer Tiefe aufgewirbelt und herausgeschleudert, die bei ihrem Rücksturz vorübergehende, rötlich braune Flecken hinterließ. Aus diesem Wissen heraus konnten die Astronomen inzwischen weitere, ähnliche Flecken auch ohne zuvor beobachtete Kometen mit vergleichbaren Ereignissen identifizieren, so zum Beispiel einen dunklen Fleck, den der australische Amateurastronom Anthony Wesley 2009 auf Jupiter entdeckt hatte.

Jupiter ist wie seine äußeren Nachbarn ein Gasriese – er besteht zu rund 75 Prozent aus Wasserstoff und zu knapp 24 Prozent aus Helium, während die schwereren Elemente nur etwa ein Prozent stellen. Weiter innen im Sonnensystem war die Strahlung der entstehenden Sonne groß genug, um die leichten Gase nach außen zu treiben.

Die vier größten Jupitermonde wurden bereits 1610 von Galilei beobachtet. Die beiden VOYAGER-Sonden, die 1979 an Jupiter vorbeizogen, sahen Kallisto und Ganymed als felsige Körper, die mit einer harten Eiskruste überzogen sind. Weiter innen kreist Europa, der ebenfalls Eis und Gestein enthält, aber ein Teil des Eises ist geschmolzen und umgibt den Mond als Wasserschicht unterhalb der Eisdecke. Dort existiert vermutlich mehr Wasser als in den Ozeanen der Erde.

Europas Eisdecke ist an vielen Stellen aufgebrochen, und durch die Spalten ist Wasser von innen aufgetaucht, das farbige Salze an die Oberfläche gespült hat. Einschlagkrater gibt es kaum, denn sie werden durch das plastische Eis wieder aufgefüllt.

Io, der innerste der vier großen Jupitermonde, unterscheidet sich auffällig von seinen drei Geschwistern. 1979 fand Linda Morabito auf den Bildern vom Vorbeiflug der VOYAGER-1-Sonde Hinweise auf aktive Vulkane, tatsächlich ist Io der vulkanisch aktivste Körper des Sonnensystems.

Dass sich Io und Europa so sehr von ihren äußeren Geschwistern unterscheiden, hängt mit ihrem geringeren Abstand von

Unten: *Die Gezeitenkräfte von Jupiter haben den Kometen Shoemaker-Levy 9 in zahlreiche Trümmer zerrissen, die im Sommer 1994 in die Atmosphäre des Planeten stürzten.*

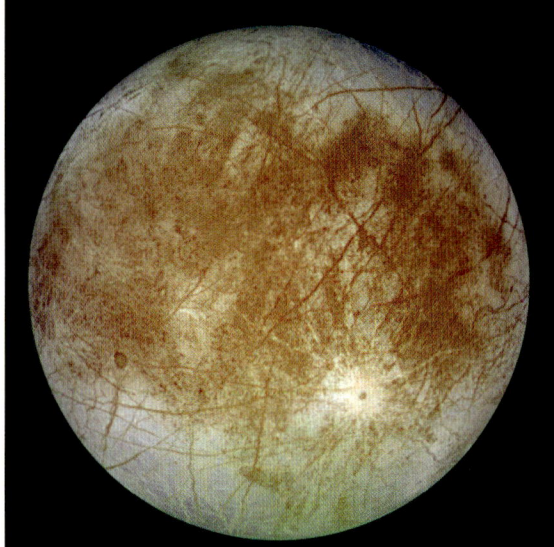

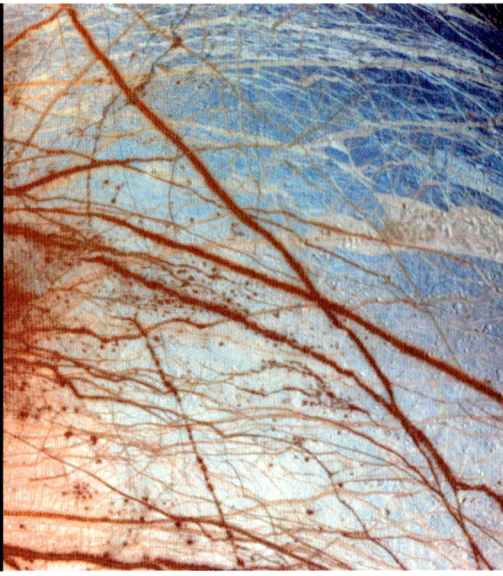

Oben links: *Die Eisdecke an der Oberfläche des Jupitermondes Europa ist an vielen Stellen aufgebrochen. Das Liniennetz folgt Rissen, durch die aufsteigendes Wasser farbige Salze ablagern konnte. Der hell umrandete Einschlagkrater ist vergleichsweise jung.*

Oben rechts: *Auf Europa prallen Eisschollen gegeneinander und fördern so Wasser an die Oberfläche, das dort erstarrt und farbige Ablagerungen hinterlässt.*

Links: *Der Südpol von Io mit eingestürzten Vulkankratern, Lavaströmen und abgelagertem, weißem Schwefeldioxidschnee.*

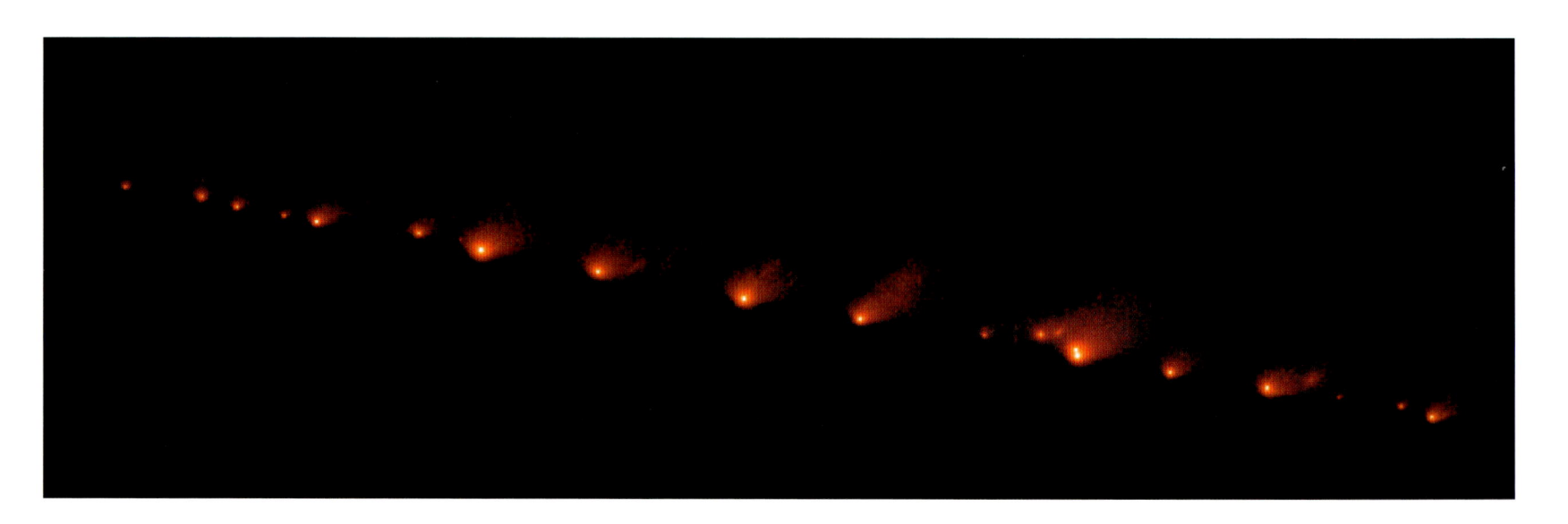

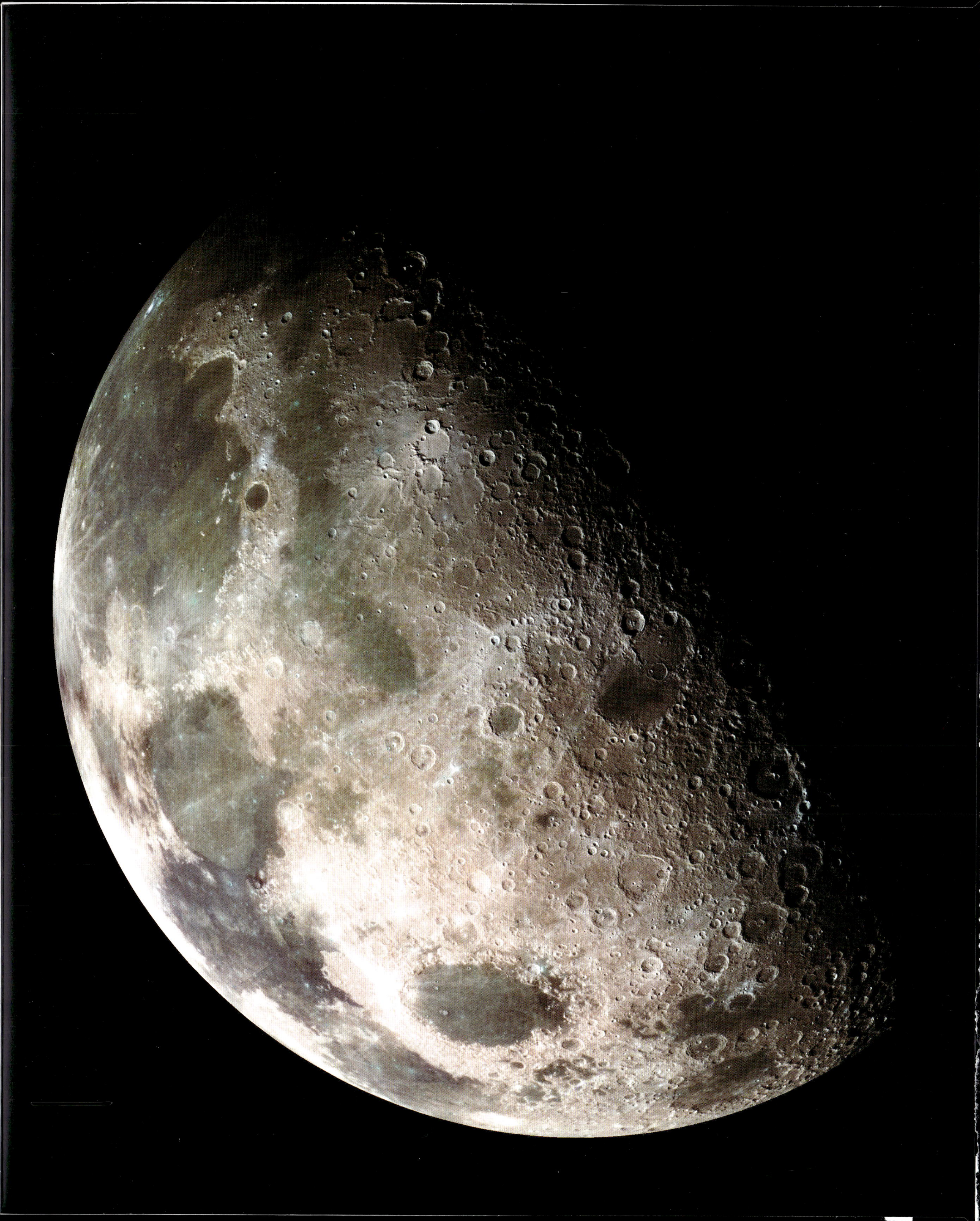

HISTORISCHE DOKUMENTE

14 15 16 17

Dokument 14:
Der Adlernebel, 2004

Das HUBBLE-Weltraumteleskop fotografierte diesen gewaltigen Turm aus kaltem Gas und Staub, der rund 9,5 Lichtjahre aus einer Sternentstehungsregion im Adlernebel aufragt (ein Lichtjahr sind rund zehn Billionen Kilometer). Der Turm ist gleichsam im UV-Strahlungsgebläse heißer, bereits fertiger Sterne nahe der Nebelmitte übrig geblieben, weil eine Verdichtung an seiner Spitze die Strahlung abgeschattet hat. Vermutlich entstehen aus dieser Verdichtung weitere Sterne.

Dokument 15:
Surreale Marslandschaft, 2008

Die Nordpolarkappe des Mars wird von einer riesigen Dünenlandschaft eingerahmt, die im Nordwinter von Kohlendioxidschnee überzogen wird. Dieser Schnee ist normalerweise weiß, kann aber durch den roten Marsstaub verfärbt werden, der im Südsommer aufgewirbelt und über weite Strecken transportiert werden kann. Wenn der Schnee im Nordfrühling sublimiert und die eingefrorenen Staubteilchen freisetzt, können diese an den Dünenhängen abrutschen. Die Spuren erscheinen als dunkle Streifen, die die umgebende Frostschicht wie die Furchen eines Pfluges durchziehen. Links der Bildmitte hat eine solche Lawine, die unmittelbar vor der Aufnahme durch den MARS RECONNAISSANCE ORBITER abgegangen sein muss, eine kleine, orangefarbene Staubwolke aufgewirbelt. Die deutliche Rottönung der Frostschicht an den Enden anderer Spuren auf dem Bild lässt vermuten, dass sich auch dort Staub nach ähnlichen Abgängen abgesetzt hat.

Dokument 16:
Saturn, 2008

Die Raumsonde CASSINI lieferte für diese Gesamtansicht des Ringplaneten 30 Einzelaufnahmen aus einer Entfernung von 1,1 Millionen Kilometern. Die Sonne scheint von rechts unten, und Saturn wirft seinen Schatten links auf die Unterseite der Ringe. In gleicher Weise werfen die Ringe ihre schmalen Schatten auf die Oberseite der Saturnwolken. Deutlich sind die breiten Lücken zwischen den Hauptringen sowie die reichhaltige Untergliederung der einzelnen Saturnringe zu erkennen. Die Saturnwolken bilden breite, farblich differenzierte Bänder offenbar unterschiedlicher chemischer Zusammensetzung, was als Folge der Saturnjahreszeiten angesehen werden kann. Einige Saturnmonde vervollständigen das Bild, unter anderem Titan unten links und Enceladus am linken Saturnrand oberhalb der Ringe.

Dokument 17:
Die Strudelgalaxie, 2007

M 51, die Strudelgalaxie, zählt zu den „Grand-Design"-Galaxien. Sie ist rund 30 Millionen Lichtjahre entfernt. Dieses Farbkomposit kombiniert Aufnahmen des Röntgenteleskops CHANDRA (violett), des UV-Teleskops GALEX (blau), des HUBBLE-Weltraumteleskops (grün) und des Infrarotteleskops SPITZER (rot). Die violetten Röntgenquellen markieren Schwarze Löcher und Neutronensterne in Doppelsternsystemen, die blauen UV-Quellen verkörpern junge Sternhaufen mit sehr heißen Sternen. Die roten Nebel sind Wolken aus kälterem Gas und Staub, die mancherorts mit hellen optischen Nebeln (grün) kombiniert sind. M 51 und ihr enger Nachbar NGC 5195 (oben) durchleben gerade eine Phase starker gegenseitiger Wechselwirkung, die zur Verformung eines Spiralarms von M 51 geführt hat.

Abbildung auf der Rückseite:

Die Raumsonde GALILEO fotografierte auf dem Weg zum Jupiter die Nordpolregion des Mondes. Deutlich ist die Vielfalt der Mondkrater zu erkennen. Sie reicht von großen alten, teils erodierten und mit Lavaströmen zugedeckten Becken bis hin zu kleineren, jüngeren Kratern mit zum Teil noch reich strukturierten Wällen.

Jupiter zusammen: Sie sind dadurch deutlich stärkeren Gezeitenkräften ausgesetzt und erfahren auf ihren Bahnen einen ständigen Wechsel zwischen Verdichtung und Entspannung, ähnlich wie ein Herzmuskel. Dabei wird Wärme freigesetzt, die die Temperatur im Innern der Monde ansteigen lässt.

Saturn

Als Galilei 1610 den Saturn mit seinem Teleskop betrachtete, sah er rechts und links seltsame „Henkel", die er zunächst für große Monde hielt. Doch mit der Zeit veränderte sich der Anblick des Planeten, und die „Monde" verschwanden, um wenige Jahre später wieder aufzutauchen. Heute wissen wir, dass ein dünnes Ringsystem den Planeten umgibt und immer dann unsichtbar wird, wenn wir genau auf seine Kante blicken. 1659 erkannte der holländische Physiker Christiaan Huygens mit einem deutlich verbesserten Teleskop die wahre Natur der Ringe und entdeckte vorher auch den größten Saturnmond Titan.

1979 erreichte PIONEER 11 den Saturn, und in den beiden darauffolgenden Jahren zogen VOYAGER 1 und 2 vorbei. Sie beobachteten Wetter- und Wolkenformationen wie bei Jupiter, wenngleich diese wegen der größeren Sonnenentfernung und geringeren Bestrahlung nicht so ausgeprägt waren wie dort. Sie zeigten auch, dass Titan eine undurchsichtige Atmosphäre besitzt. 2004 schwenkte die CASSINI-Sonde der NASA in eine Umlaufbahn ein und ließ 2005 die ESA-HUYGENS-Sonde an einem Fallschirm durch die dichte Titanatmosphäre absteigen, um die Verhältnisse an der Oberfläche des Mondes zu erkunden.

Auch bei Saturn sind mehr als 60 Monde bekannt; hinzu kommen die ungezählten Brocken innerhalb der Ringe. Der Mond

Links: Das Auflösungsvermögen der frühen Teleskope reichte nicht, um die wahre Natur des besonderen Erscheinungsbilds von Saturn deutlich werden zu lassen. Diese Zeichnung des italienischen Arztes Fortunio Liceti (1577–1657) wurde 1622 veröffentlicht.

DIE RINGE DES SATURN

Noch Jahrhunderte nach ihrer Entdeckung blieb die wahre Natur der Saturnringe unklar. Zwar hatte der englische Astronom Thomas Wright (1711–1786) schon 1750 vermutet, dass die Ringe nicht fest sein konnten, sondern in einem genügend leistungsfähigen Fernrohr als eine Unmenge kleiner Objekte erscheinen müssten, doch erst 1859 konnte der schottische Physiker James Clerk Maxwell (1831–1879) den entsprechenden mathematischen Nachweis führen, der dann 1895 von dem amerikanischen Astronomen James Keeler (1857–1900) am Allegheny Observatory auch durch geeignete Beobachtungen bestätigt werden konnte. Seine Spektren der Saturnringe zeigten, dass sich die inneren Bereiche wesentlich schneller um den Planeten drehen als die äußeren. Zuvor hatte sein französischer Kollege Édouard Roche (1820–1883) zeigen können, dass es sich bei den Ringpartikeln möglicherweise um die Trümmer eines Saturnmondes (oder mehrerer) handeln könnte, zerrissen und zerrieben durch die Gezeitenkräfte des Planeten.

Anhand der Bilder der CASSINI-Raumsonde wurde inzwischen deutlich, dass einige der Saturnmonde für die diversen Lücken und weitere Strukturen innerhalb der Ringe verantwortlich sind, andere für Verdrillungen und sonstige Unregelmäßigkeiten. Es ist schon bemerkenswert, dass mehr als 200 Jahre nach der „Entdeckung" der Gravitationskraft immer noch neue, subtile Effekte dieser Kraft aufgedeckt werden.

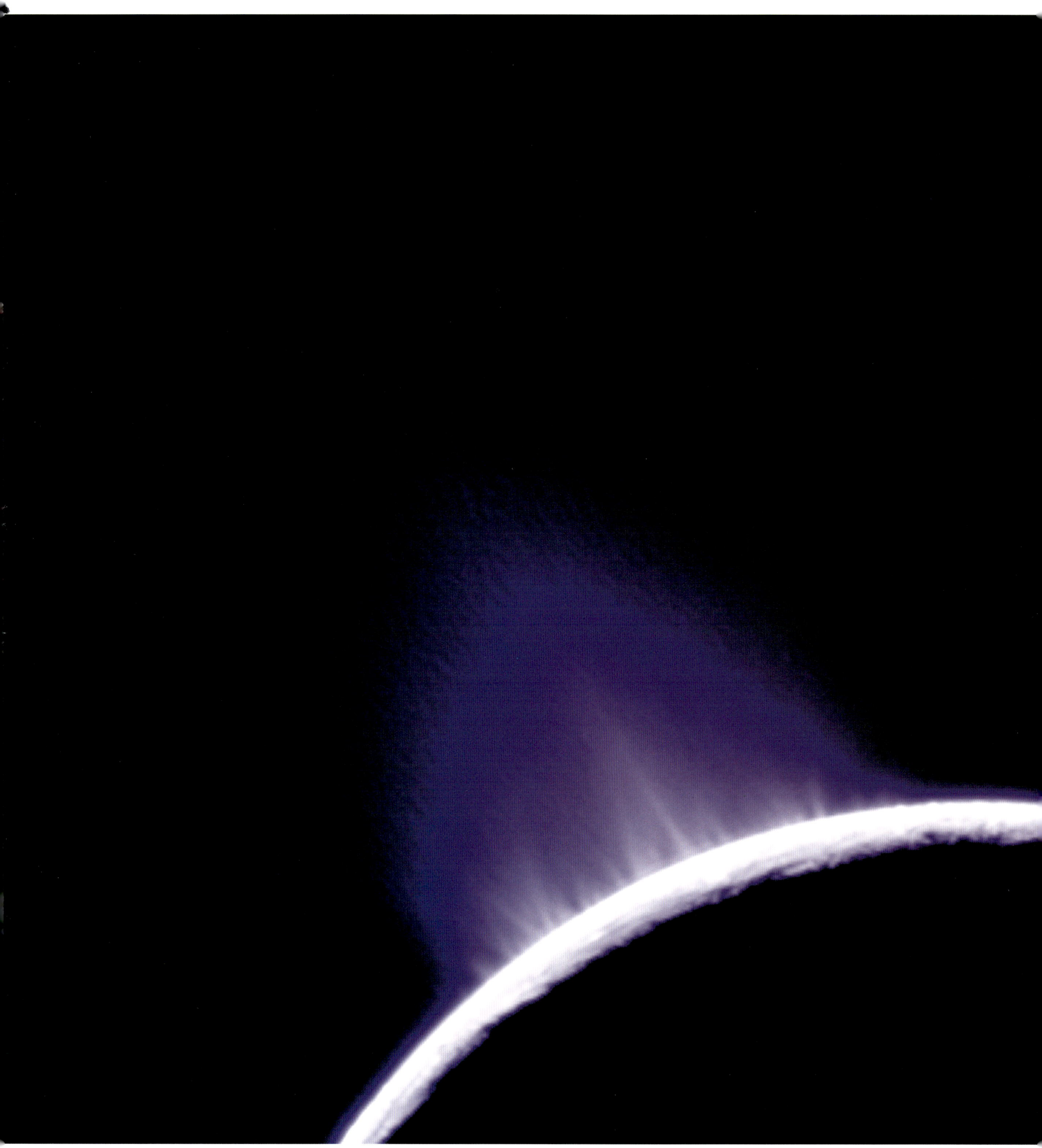

Mimas ist von einem riesigen Einschlagkrater gezeichnet; man darf annehmen, dass der Mond beim Aufprall beinahe zerstört wurde. Auf einem anderen Saturnmond, Enceladus, spucken Geysire Wasser und Eis weit ins All hinaus.

Titan, der größte Saturnmond, ist eine eis- und gesteinshaltige Welt, deren Polgebiete zahlreiche, mit flüssigem Methan gefüllte Seen aufweisen, wie die Cassini-Sonde herausfand. Die dichte Atmosphäre besteht hauptsächlich aus Stickstoff, in ihr treiben Wolken aus Methan und Ethan. Nahe der Oberfläche ist es windig, und es regnet Kohlenwasserstoffverbindungen, die sich am Boden in Flüssen sammeln und Seen füllen – mit all den typischen Strukturen wie Küstenlinien, Dünen und gewundenen Flussbetten. Die Atmosphäre von Titan ähnelt jener der frühen Erde, und die komplexen chemischen Prozesse, die dort und in den Seen ablaufen, gab es in ähnlicher Form wohl auch auf der Erde im Vorfeld der Entstehung des Lebens.

Uranus und Neptun

Die beiden äußeren Planeten sind bislang erst einmal von einer Raumsonde angeflogen worden, 1986 und 1989 von Voyager 2. Uranus rotiert um eine Achse, die fast mit der Bahnebene des Planeten zusammenfällt. Dadurch erfährt er sehr extreme Jahreszeiten. Möglicherweise ist die starke Achsneigung durch den Zusammenstoß mit einem großen Asteroiden hervorgerufen worden. Uranus verfügt über ein rudimentäres Ringsystem ähnlich dem von Saturn. Sein Mond Miranda erscheint sehr zerklüftet und könnte ebenfalls einen heftigen Zusammenstoß erlitten haben, bei dem er fast zersprengt worden wäre und die Bruchstücke sich neu anordnen mussten.

Neptun zeigt erstaunlich aktive Wetterphänomene, obwohl er von der weit entfernten Sonne nur wenig Wärme erhält. Auf seinem Mond Triton spucken Kryovulkane Wasser-, Stickstoff-, Ammoniak- und Methaneis in die extrem dünne Atmosphäre.

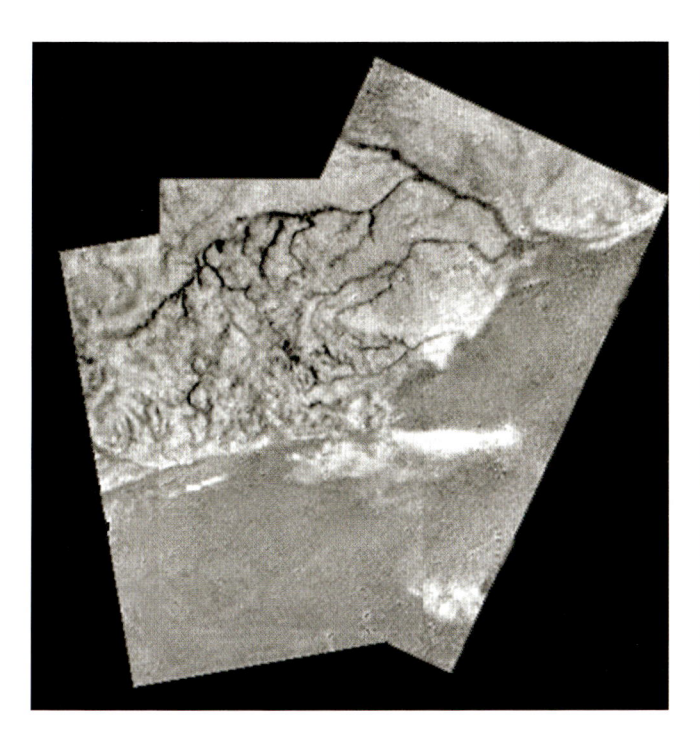

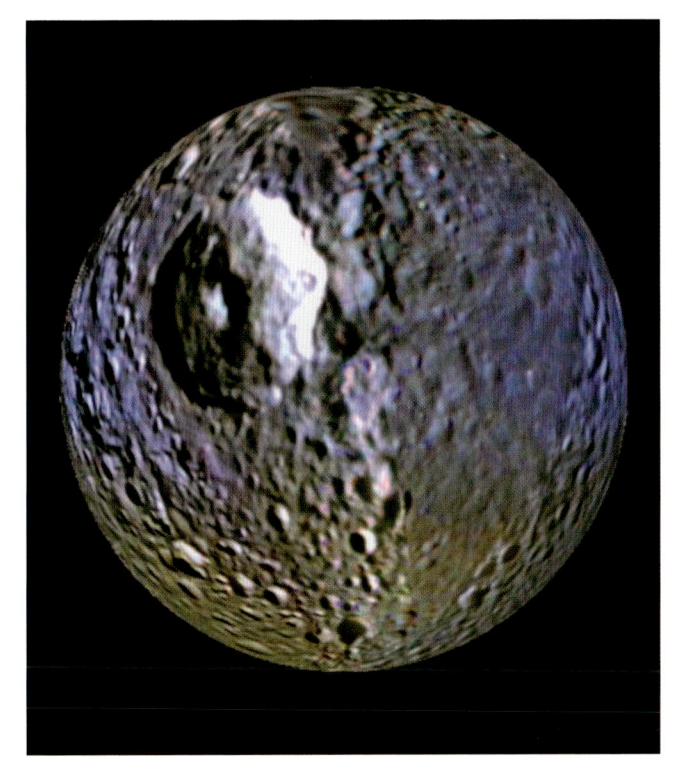

Linke Seite: Eisgeysire auf Enceladus im Gegenlicht.

Oben: Die Oberfläche des Saturnmondes Mimas wird durch den sehr großen Krater Herschel geprägt. Der Aufprall des Meteoriten dürfte den Mond fast gesprengt haben.

Ganz links: Titan ist Saturns größter Mond. Auf dieser Aufnahme des ESA-Landers Huygens sieht man Erosionsspuren von flüssigem Methan, das aus einer Hügelregion in einen See geflossen sein könnte.

Links: Der Uranusmond Miranda hat eine bewegte Vergangenheit hinter sich: Rillen- und Bändermuster wechseln mit weniger aufgewühlten Landschaften. Alternativ zur Kollisionstheorie könnte der Mond früher auf einer anderen Bahn auch starken Gezeitenkräften ausgesetzt gewesen sein.

Andere Planetensysteme

1543 erklärte Kopernikus die Sonne zum Zentrum und die Erde zu einem ihrer Planeten. Ein paar Jahrzehnte später äußerte der italienische Dominikanerpater und Philosoph Giordano Bruno (1548–1600) die Vermutung, dass auch andere Sterne von Planeten umgeben seien. Der damalige Erzbischof von Canterbury verspottete ihn, weil er „die Ansicht des Kopernikus teilte, dass die Erde sich dreht und die Himmel stillstehen – in Wirklichkeit habe sich sein eigener Kopf ständig gedreht und sein Gehirn stillgestanden". Bruno wurde schließlich von der Inquisition zum Tod auf dem Scheiterhaufen verurteilt und 1600 in Rom verbrannt. Doch seine Ideen überlebten und wurden von Isaac Newton aufgegriffen, der in seiner *Principia*-Ausgabe von 1713 schrieb: „Und wenn die Fixsterne Zentren von vergleichbaren Systemen sind, werden sie alle nach den gleichen Prinzipien aufgebaut sein […]."

Den ersten eindeutigen Hinweis auf Planeten um einen anderen Stern fanden der polnische Radioastronom Aleksander Wolszczan und sein Kollege Dale Frail 1992 bei Beobachtun-

Unten: Der Stern Fomalhaut – auf diesem Bild des Hubble-Weltraumteleskops durch eine Blende abgedeckt – ist von einer kreisförmigen Staubscheibe umgeben (die aus unserer Schräg-Perspektive elliptisch erscheint). Der kleine Punkt (eingerahmt) gilt als Planet; er ist mehr als hundertmal so weit von Fomalhaut entfernt wie die Erde von der Sonne. Aus seiner Bewegung zwischen 2004 und 2006 (kleines Bild) lässt sich seine Umlaufzeit zu 872 Jahren ableiten.

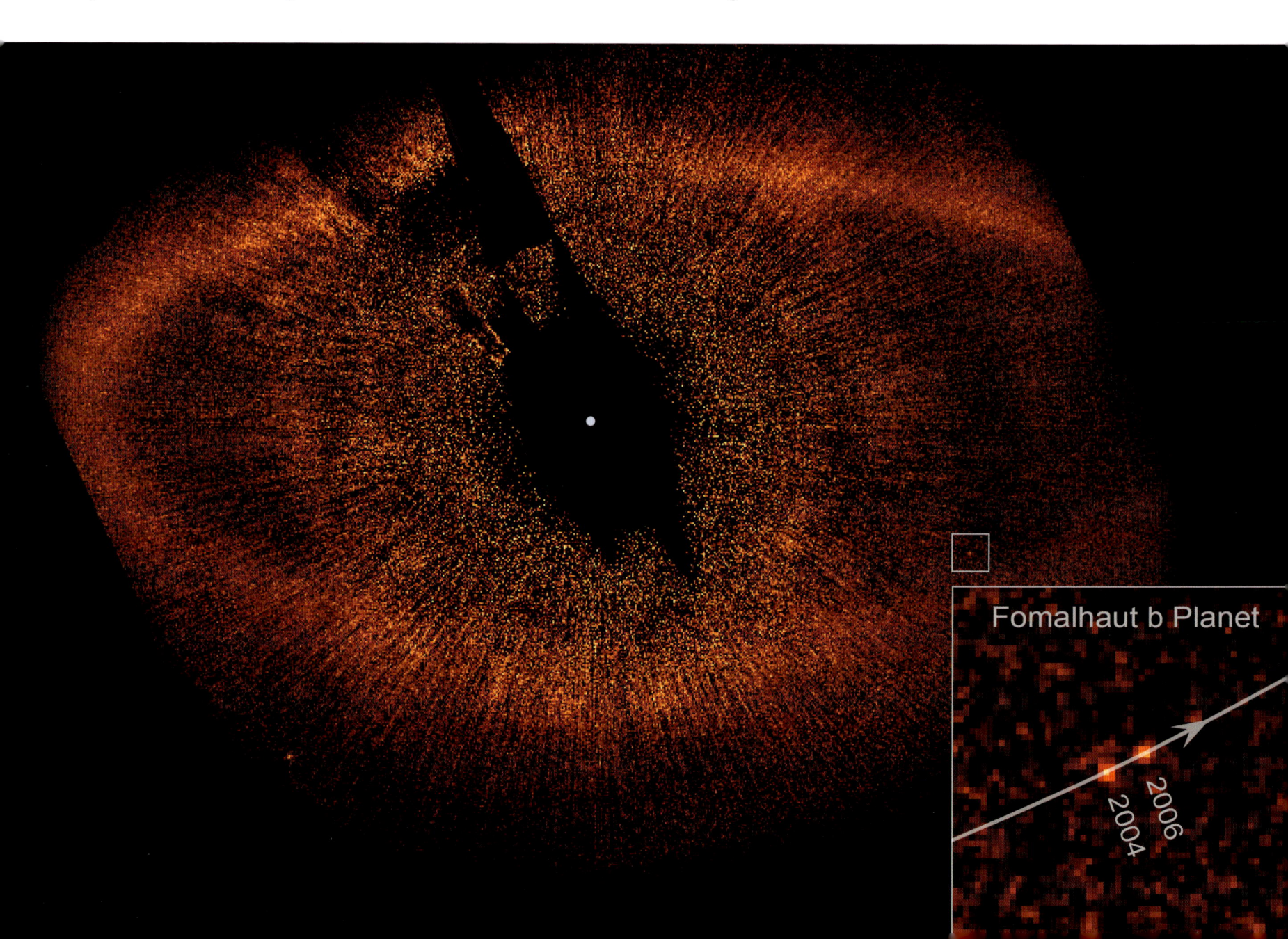

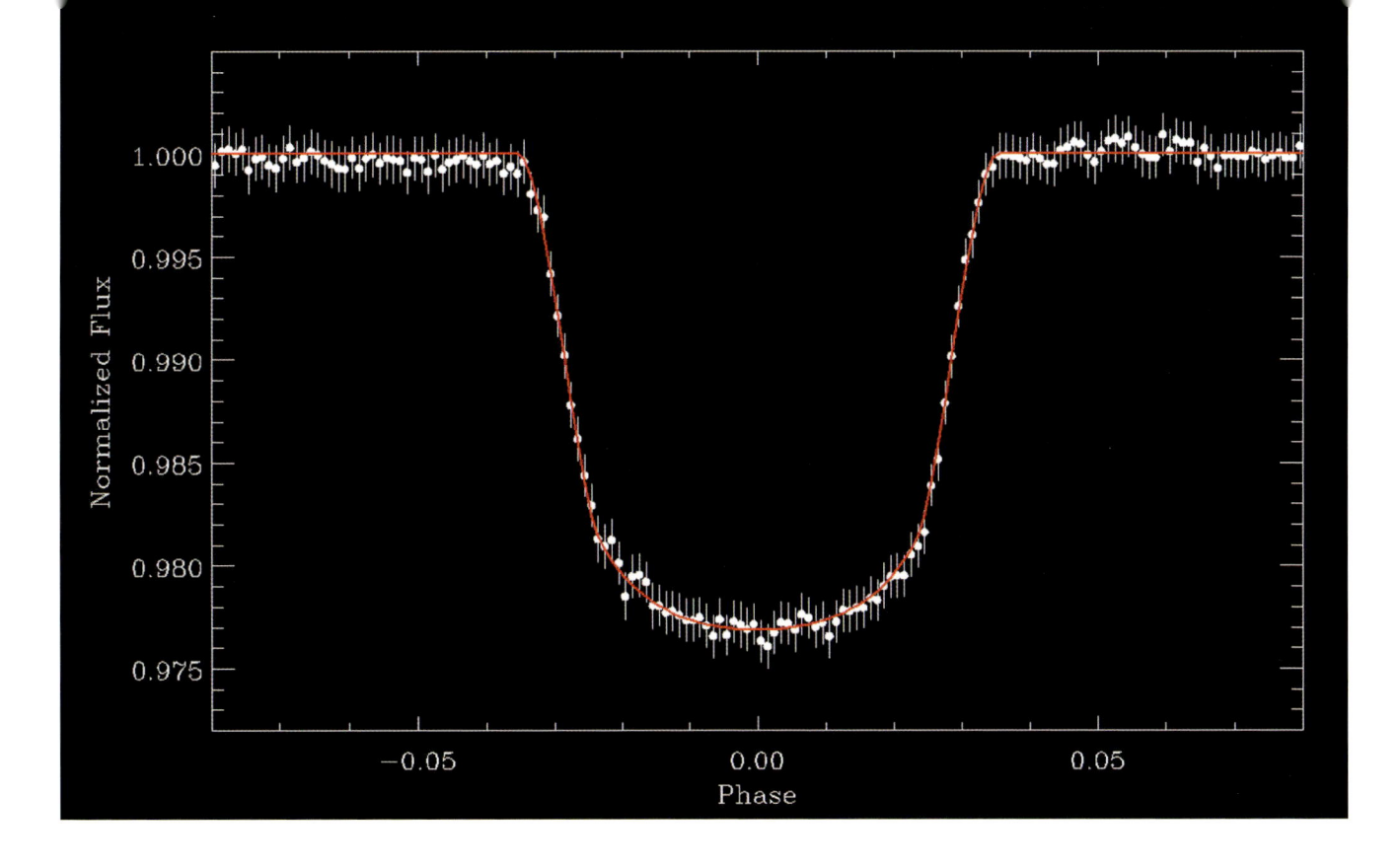

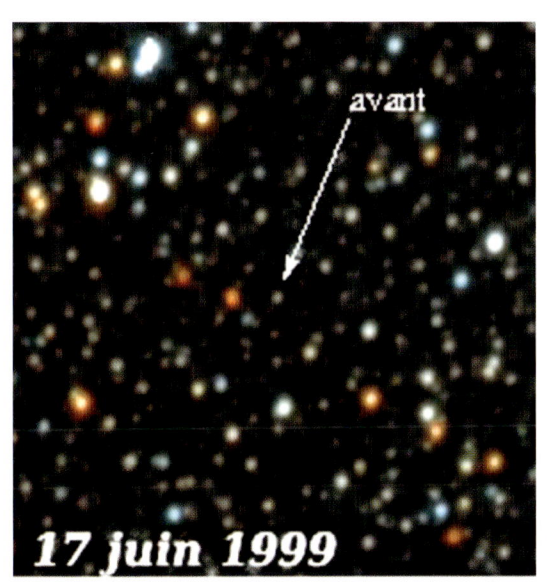

Oben: Der erste von CoRoT entdeckte Planet verriet sich durch eine winzige Sternfinsternis, bei der die Sternhelligkeit vorübergehend um zwei Prozent zurückging. Der Planet, 1,5-mal so groß wie Jupiter, umrundet seinen Stern innerhalb von 1,5 Tagen und muss entsprechend nah und heiß sein.

Rechts oben und unten: Zwei Aufnahmen vor und während eines Mikrogravitationslinsen-Ereignisses. Das Schwerefeld des vorbeiziehenden Sterns bündelt das Licht des Hintergrundsterns; eventuell mitziehende Planeten lassen sich anhand zusätzlicher, kleinerer Helligkeitsanstiege erkennen.

gen des Pulsars PSR 1257+12 mit dem Arecibo-Radioteleskop. In der Umgebung des Pulsars entdeckten sie gleich drei Planeten, die allerdings wohl eher aus den Trümmern der vorausgegangenen Supernova hervorgegangen sind und nicht schon – wie im Falle unseres Planetensystems – bei der Geburt des Sterns entstanden waren.

Drei Jahre später stießen die schweizerischen Astronomen Michel Mayor und Didier Queloz auf den ersten „richtigen" Planeten. Sie hatten ein sehr genaues Instrument entwickelt, mit dem sie die winzige Ausgleichsbewegung des Sterns als Spiegelbild des Planetenumlaufs messen konnten.

Andere „Exoplaneten" verraten sich dadurch, dass sie von der Erde aus gesehen vor ihrem Stern herziehen und dabei einen Teil seiner Oberfläche abdecken, was zu einer geringen Helligkeitsabnahme führt. Entsprechende Beobachtungen von der Erde aus sind sehr schwierig, weil die ständige Luftunruhe die Messungen beeinträchtigt, aber zwei Satelliten, der in Frankreich entwickelte CoRoT (2006 gestartet) und die KEPLER-Mission der NASA (2009 gestartet) haben aus der Erdumlaufbahn schon zahlreiche derartige Ereignisse beobachtet.

Wieder andere Exoplaneten wurden entdeckt, während man beobachtete, wie ein Stern vorübergehend heller wurde, weil ein anderer Stern von uns aus gesehen zufällig vor ihm herzog. Dieser Vordergrundstern wirkt dann wie eine sogenannte Mikrogravitationslinse, durch die das Licht des Hintergrundsterns etwas gebündelt wird, so dass dieser heller erscheint. Wenn der Vordergrundstern Planeten besitzt, lassen auch diese den Hintergrundstern kurzzeitig etwas heller werden.

Die meisten der inzwischen über 800 bekannten Exoplaneten sind jupiterähnliche Gasriesen, die ihren Zentralstern in überraschend geringer Distanz umrunden und dort entsprechend „gegrillt" werden beziehungsweise allmählich verdampfen. Dies ist aber dadurch zu erklären, dass die Messmethoden solche nahen, massereichen Begleiter wesentlich schneller und einfacher enthüllen als weiter entfernte, massearme Objekte.

Die Milchstraße und andere Nebel

Mit seinem Teleskop konnte Galilei erkennen, dass die Milchstraße aus einzelnen Sternen besteht, die zu schwach und zu zahlreich sind, um vom bloßen Auge getrennt wahrgenommen zu werden. Aber warum konzentrieren sich diese Sterne auf das schmale Band der Milchstraße? Als Erster gab der englische Astronom Thomas Wright (1711–1786) darauf eine Antwort. Er beschrieb die Milchstraße 1750 in seinem Buch *An Original Theory or New Hypothesis of the Universe* als „das Ergebnis unseres Standortes im Innern einer flachen Sternscheibe". Immanuel Kant (1724–1804) las von dieser Hypothese und nahm sie in seine *Allgemeine Naturgeschichte und Theorie des Himmels* auf und verhalf ihr so zu weiterer Verbreitung.

1785 erstellte Wilhelm Herschel eine detaillierte Karte der Milchstraße, indem er die Zahl der Sterne in verschiedenen Himmelsregionen bestimmte. Danach schien die Sonne unweit des Milchstraßenzentrums angesiedelt. Herschel ahnte nicht, dass interstellarer Staub den Blick mancherorts verstellt – und

Rechts: Thomas Wright stellte sich die Milchstraße 1750 als eine flache Sternscheibe vor.

Rechts: Wilhelm Herschel bestimmte 1785 die Zahl der Sterne in gleich großen Feldern entlang der Milchstraße und konnte so die Vorstellung von Thomas Wright grundsätzlich bestätigen. Er fand zusätzlich eine Aufspaltung (durch Dunkelwolken vorgetäuscht) und vermutete, dass die Sonne (größerer Punkt) nahe dem Zentrum steht.

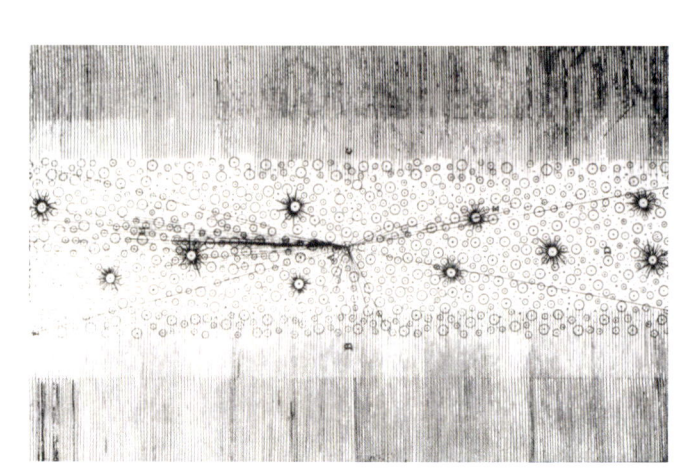

in einem Nebel befindet man sich stets nahe der Mitte des überschaubaren Raums.

Der holländische Astronom Jacobus Kapteyn (1851–1922) setzte Herschels Arbeiten mit vergleichbarer Methodik fort und schloss daraus auf eine flache, an eine Diskusscheibe erinnernde Form von rund 60.000 Lichtjahren Durchmesser und 10.000 Lichtjahren Dicke – allmählich wurden die wahren Ausmaße des Milchstraße oder Galaxis genannten Sternsystems deutlich.

Der amerikanische Astronom Harlow Shapley (1885–1972) brachte 1918 einen neuen Lösungsansatz ins Spiel. Er untersuchte kugelförmige Sternhaufen und stellte fest, dass sie zwar ober- und unterhalb der Milchstraßenebene zu finden waren, vornehmlich aber in Richtung zum Sternbild Schütze. Daraus schloss er, dass dort auch das Zentrum der Milchstraße liegen müsse. Da er auch die Entfernung der kugelförmigen Sternhaufen anhand bestimmter veränderlicher Sterne abschätzen konnte, nahm er als Durchmesser für die Galaxis einen Wert von rund 300.000 Lichtjahren an – dreimal so groß wie der tatsächliche Wert.

Links: Thomas Wright stellte sich die Milchstraße als eines von vielen unabhängigen Sternsystemen vor. Dass zwischen diesen Sterneninseln gewaltige Leerräume klaffen könnten, kam ihm allerdings nicht in den Sinn.

Unten: Die Milchstraße am Himmel über dem VERY LARGE TELESCOPE der ESO in Chile. Der aufgehende Mond markiert den Fußpunkt des Zodiakallichts, das den Himmel entlang der Ekliptik aufhellt (dort reflektiert feiner Staub das auftreffende Sonnenlicht). Rechts unten sind die beiden Begleiterinnen der Milchstraße zu erkennen, die Kleine und die Große Magellansche Wolke.

Thomas Wright hatte sich bei seiner Vorstellung von der Milchstraße sicher auch von den blassen Nebeln leiten lassen, die damals in großer Zahl entdeckt wurden. Er beschrieb diese „wolkigen Flecken, die wir kaum wahrnehmen können", als „weit entfernte Objekte, in denen weder Sterne noch andere Bestandteile erkennbar sind; sehr wahrscheinlich handelt es sich dabei um Objekte jenseits der Milchstraße, die wir mit unseren Teleskopen nicht erkunden können". Wright verstand diese Nebel also nicht als strukturlose Gaswolken, sondern als riesige Ansammlungen von Sternen ähnlich unserem Milchstraßensystem. 1755 prägte Immanuel Kant dafür den Begriff der „Welteninseln".

Eine dieser Welteninseln ist M 31, der Andromeda-Nebel. 1885 war dort eine ungewöhnlich helle Nova beobachtet worden, aber erst 1917 schätzte der amerikanische Astronom Heber Curtis (1872–1942) – gestützt auf Beobachtungen weiterer Novae in M 31 durch George Ritchey (1864–1945) – die Entfernung dieses Nebels ab und kam dabei zu dem Ergebnis, dass er rund hundertmal weiter entfernt sein müsse als die Sterne der Milchstraße. Drei Jahre später trat er im Smithsonian Museum in Washington zur „Großen Debatte" mit Harlow Shapley über die Natur der Milchstraße und der Nebel an. Curtis ging als Sieger aus der Diskussion, in der Shapley die „Eine-Galaxis-Welt" vertrat und die Eigenständigkeit der Spiralnebel in Frage stellte. Entschieden wurde die Debatte allerdings erst durch die Untersuchungen von Edwin Hubble (1889–1953) mit dem neuen 2,5-Meter-Spiegel auf dem Mount Wilson. Er konnte in den nächstgelegenen Spiralnebeln einige der hellsten Sterne

Oben: *Die Andromeda-Galaxie (M 31) ist eine Spiralgalaxie ähnlich der Milchstraße, auf die wir schräg von oben blicken. Auf dem Bild des UV-Satelliten S<small>WIFT</small> treten die jungen, heißen Sterne in den Spiralarmen deutlich hervor.*

erkennen, darunter auch einige Cepheiden-Veränderliche. Ausgehend von der Annahme, dass diese Veränderlichen vom gleichen Typ waren wie jene in den Kugelsternhaufen der Galaxis konnte er die Entfernungen zu diesen Nebeln bestimmen: Die „Welteninseln" lagen eindeutig weit außerhalb der Milchstraße.

Aufgrund der interstellaren Staubwolken können wir die Milchstraße im sichtbaren Licht nicht vollständig erfassen. In den 1950er-Jahren gelang es aber den Radioastronomen, die Milchstraße anhand der Strahlung des interstellaren Wasserstoffs vollständig zu kartieren. Heute wissen wir, dass sie eine Balkenspiralgalaxie ist und die Sonne rund 27.000 Lichtjahre vom Zentrum entfernt ihre Bahn zieht.

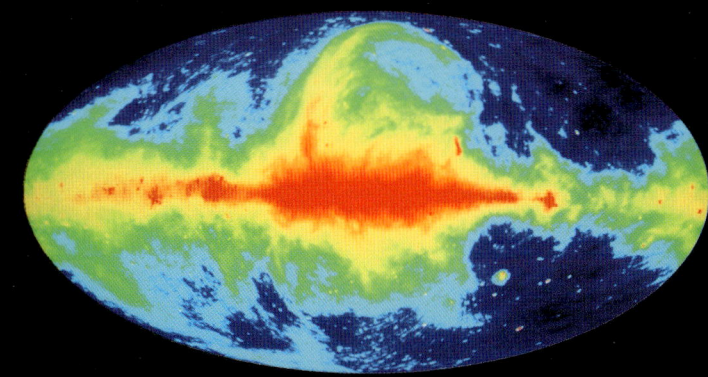

RADIOWELLEN AUS DER GALAXIS

Während des Zweiten Weltkrieges (1939–1945) waren die Niederlande von der deutschen Armee besetzt, was verbunden war mit ständigen Engpässen, Ausgeh- und Versammlungsverboten, Verdächtigungen und anderen Behinderungen (und viel Schlimmerem). Holländischen Astronomen war es unmöglich, nachts mit ihren Teleskopen zu arbeiten. Daher organisierte der Astrophysiker Jan Hendrik Oort (1900–1992) geheime Treffen des Dutch Astronomy Club, um theoretische Fragen zu diskutieren, die allein mit Hirn, Stift und Papier behandelt werden konnten. Bei einem solchen Treffen stellte er seinem Studenten Hendrik van de Hulst (1918–2000) die Aufgabe herauszufinden, ob der in der Galaxis weit verbreitete Wasserstoff Radiowellen messbarer Intensität ausstrahlen könne.

Van de Hulst fand heraus, dass Wasserstoffatome bei einer Wellenlänge von 21 Zentimeter strahlen müssten, jedes Atom aber nur etwa einmal alle zehn Millionen Jahre. Diese Seltenheit werde jedoch durch die große Zahl der Wasserstoffatome mehr als ausgeglichen. Schließlich wurde diese 21-cm-Strahlung 1951 gleich von mehreren Radioastronomen entdeckt, in den USA von Harold Ewen und Edward Purcell (1912–1997), in Holland von Alexander Muller (1923–2004) und Oort sowie in Australien von Wilbur Christiansen (1913–2007) und Jim Hindman.

Oben: Eine Radio-Intensitätskarte des ganzen Himmels (rot = starke, blau = schwache Strahlung). Die Ebene der Galaxis verläuft quer durch die Mitte der Karte, mit dem Zentrum in der Bildmitte. Der Ausläufer nach oben wird als Nordpolarer Sporn bezeichnet und geht auf eine weit zurückliegende Supernova zurück.

Das Reich der Galaxien

Mit bloßem Auge sind nur wenige Galaxien sichtbar. Die älteste bekannte Sichtung ist aus dem Jahr 964 überliefert. Damals beschrieb der persische Astronom Abd al-Rahman al-Sufi in seinem *Buch der Sterne* eine „kleine Wolke" im Sternbild Andromeda. Diese Andromeda-Galaxie ist der nächste größere Nachbar der Milchstraße; noch näher aber sind zwei Begleitgalaxien der Milchstraße, die Magellanschen Wolken.

Zusammen mit mehr als 40 weiteren Galaxien bilden sie die Lokale Gruppe, die sich in alle Richtungen etwa fünf Millionen Lichtjahre weit erstreckt. Sie liegt „in der Nachbarschaft" eines viel größeren Galaxienhaufens mit bis zu 2000 Mitgliedern, dessen Zentrum rund 60 Millionen Lichtjahre entfernt in Richtung des Sternbilds Jungfrau (lat. Virgo) liegt. Der französische Astronom Charles Messier (1730–1817), der in der zweiten Hälfte des 18. Jahrhunderts einen Katalog mit gut hundert Nebeln und Sternhaufen zusammenstellte, listet 15 der hellsten Galaxien aus dem Virgo-Haufen auf. Eine weitaus größere Sammlung von fast 8000 Nebeln und Galaxien veröffentlichte 1888 der dänische Astronom Johan Ludvig Emil Dreyer (1852–1926), der sich vor allem auf Beobachtungen von Wilhelm Herschel und dessen Sohn John (1792–1871) stützte.

Rechts: Die „Grand-Design"-Galaxie M 51 (Strudelgalaxie) mit ihrem Begleiter NGC 5195, der hinter der Spitze des einen Spiralarms vorbeizieht.

Kleines Bild rechts: Diese Zeichnung von William Parsons vom April 1845, nur wenige Wochen nach der Fertigstellung seines großen Teleskops, begründete den Beinamen von M 51 und enthüllte die Spiralstruktur der Galaxie. Das große Foto von M 51 entstand 150 Jahre später mit dem HUBBLE-Weltraumteleskop.

Links: William Parsons, der Dritte Earl of Rosse, Erbauer des seinerzeit (1845) größten Teleskops (s. Seite 66).

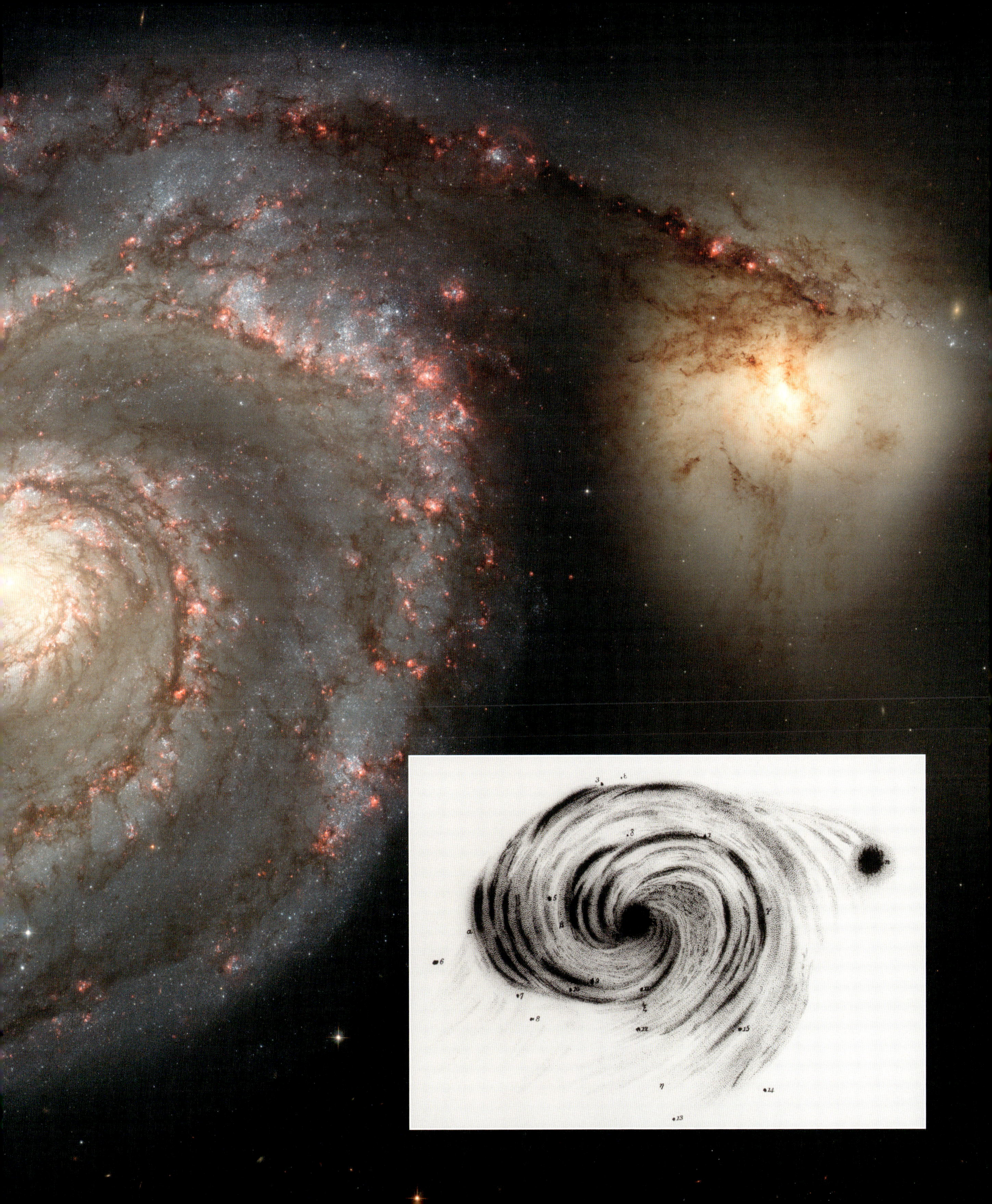

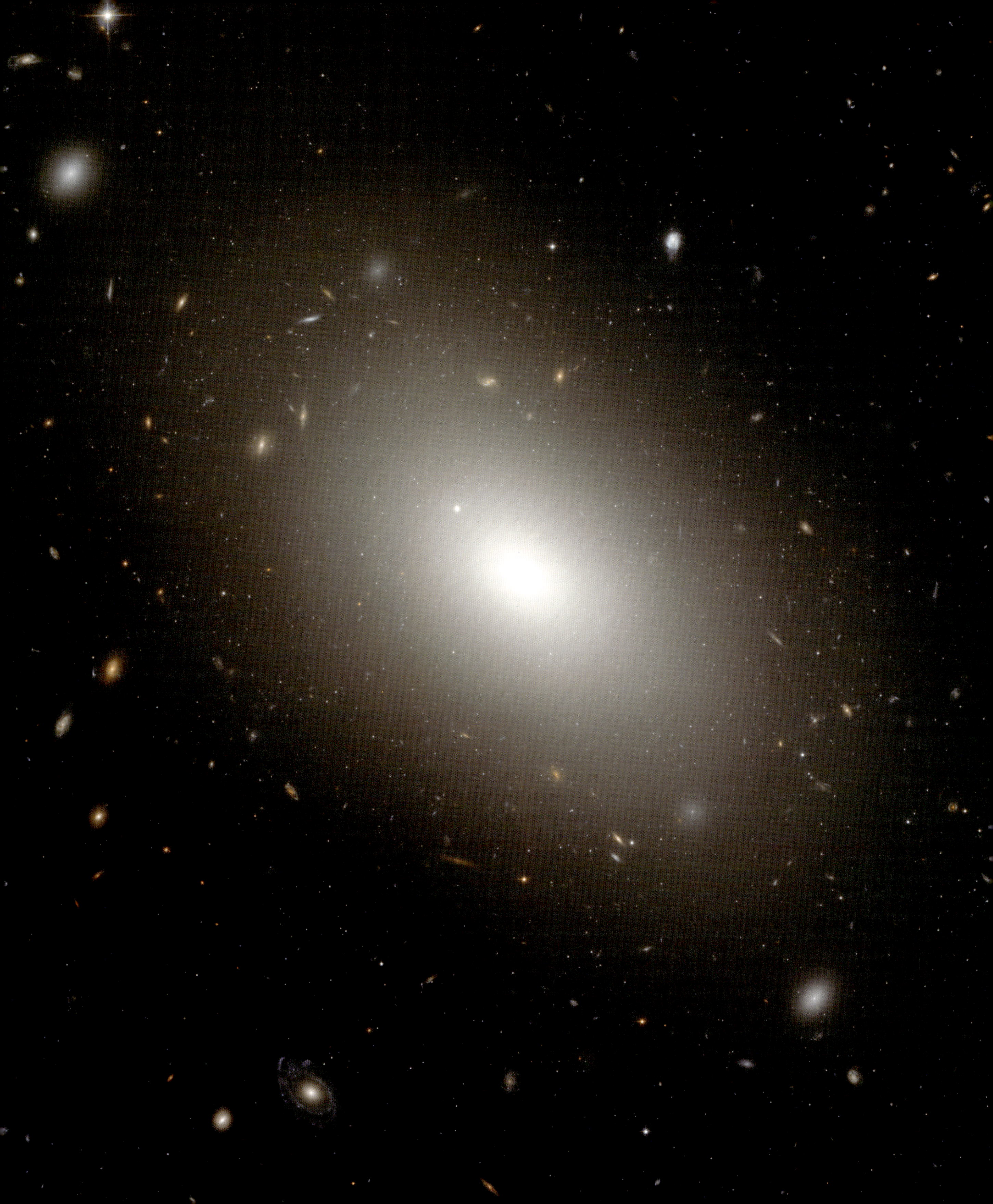

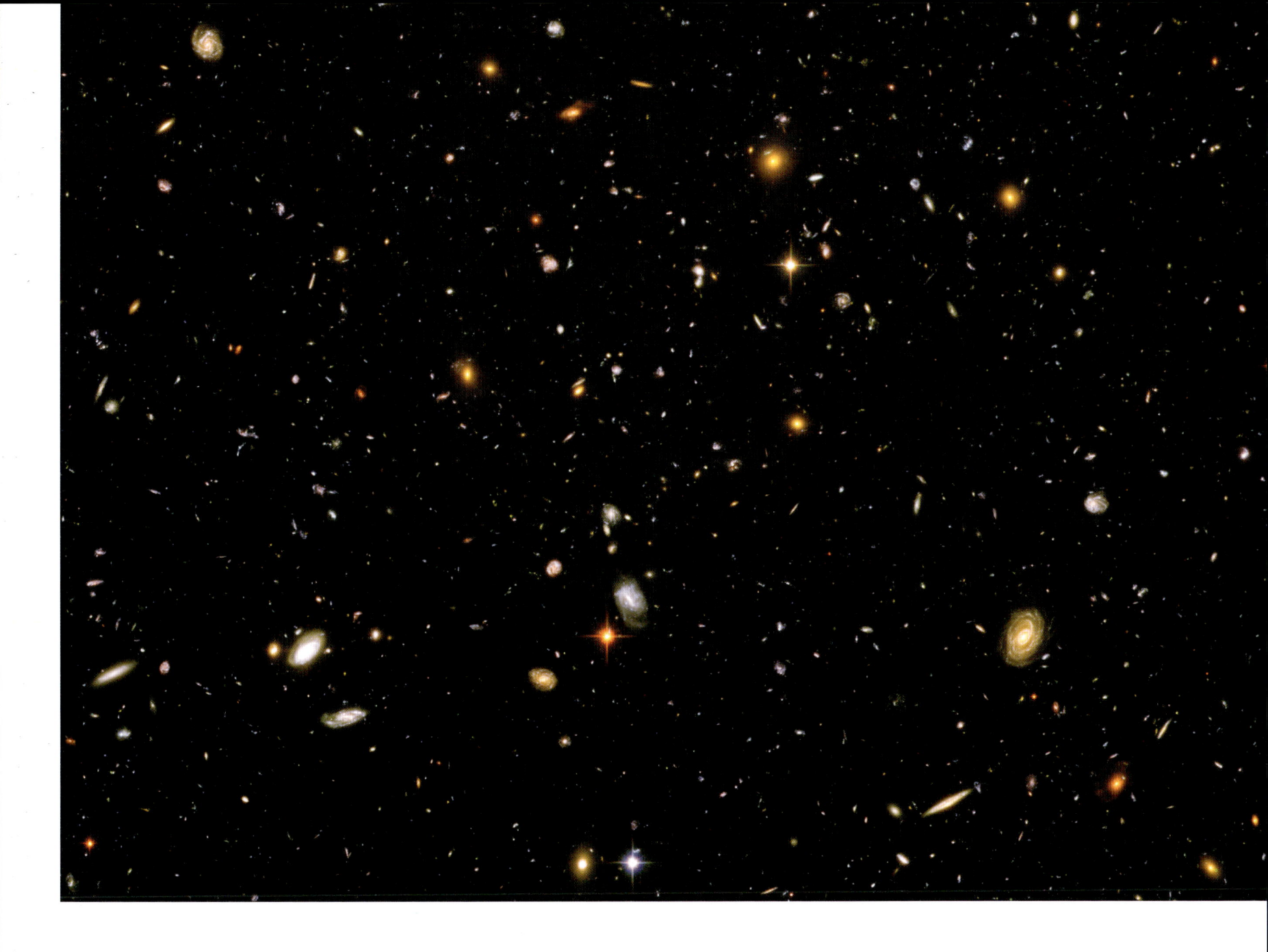

Diese näheren, helleren Galaxien wurden in der Folgezeit studiert und bildeten so die Grundlage für unsere Vorstellungen über den großräumigen Aufbau des Universums. Die ursprünglich als Nebel wahrgenommenen, verschwommenen Lichtfleckchen enthüllten in den zunehmend größeren Teleskopen allmählich ihre unterschiedlichen Formen. Den Anfang machte der sogenannte Leviathan von Parsonstown, ein Spiegelteleskop von 1,8 Meter Öffnung, das 1845 von William Parsons (1800–1867), dem Dritten Earl of Rosse, im irischen Birr Castle errichtet worden war. Es sollte für ein halbes Jahrhundert das größte Teleskop der Erde bleiben.

Parsons und seine Assistenten konnten in der – später sogenannten – Strudelgalaxie erstmals eine Spiralstruktur erkennen. Weitere Beispiele folgten, und allmählich setzte sich die Vorstellung durch, dass es sich dabei um flache, runde Scheiben handelt, die wir unter verschiedenen Blickwinkeln sehen. Die Spiralstruktur legte die Annahme von rotierenden Objekten nahe. Mit der Erfindung der Fotografie und deren Anwendung auf himmlische Objekte, die durch Pioniere wie den Waliser Isaac Roberts (1829–1904) und den Amerikaner Henry Draper (1837–1882) vorangetrieben wurde, konnten weitere Details der Galaxien enthüllt werden. So zeigte etwa die Aufnahme der Andromeda-Galaxie von Roberts aus dem Jahr 1888 eine Spiralgalaxie, auf die wir unter einem flachen Winkel blicken.

Bei manchen Galaxien beginnen die Spiralarme jedoch nicht im Kernbereich, sondern erst an den Enden eines „Balkens", der sich quer durch das Zentrum erstreckt. Solche Galaxien werden als Balkenspiralen bezeichnet. Besonders schöne Spiralgalaxien mit einer ausgeprägten Symmetrie führen darüber hinaus im Englischen das Prädikat „Grand Design Spiral".

Zunächst konzentrierte sich die Aufmerksamkeit der Astronomen stark auf diese Galaxien, nicht nur wegen ihrer Schönheit, sondern auch aufgrund der bereits erwähnten Nebularhypothese von Emanuel Swedenborg, Immanuel Kant und Pierre-Simon Laplace zum Ursprung des Sonnensystems. Immerhin mochte es sich bei diesen Spiralnebeln um mögliche Beweise für diese Hypothese handeln. Nachdem aber die Entfernungen – und damit auch die Ausmaße – der Spiralnebel deutlich wurden, schied diese Möglichkeit aus. Fortan waren sie jene Welteninseln, die ebenfalls von Kant postuliert worden waren. Zusätzlich fanden die Astronomen eine große Zahl von (meist noch größeren) Galaxien ohne erkennbare Strukturen. Sie besaßen ebenfalls ellipti-

Oben: Das Hubble Ultra Deep Field *(siehe Seite 106) zeigt eine bunte Mischung sehr weit entfernter Galaxien in einem lange zurückliegenden Zustand: kleiner und mit weniger ausgeprägten Formen als ihre heutigen Nachfolger. Sie hatten noch keine Zeit, mit Nachbargalaxien zu verschmelzen und eine Größe und Struktur zu entwickeln, die man bei unserer Galaxis antrifft.*

Linke Seite: Die Elliptische Riesengalaxie NGC 1132 ist aus der Verschmelzung vieler kleinerer Systeme hervorgegangen, die ihr einen Schwarm von Kugelsternhaufen „übertragen" haben.

sche Umrisse, doch diesmal auch räumlich, denn es handelte sich um dreidimensionale Ellipsoide wie Rugby-Bälle. Je nach Betrachtungswinkel erscheinen solche Strukturen mehr oder minder elliptisch, in besonderen Fällen auch kreisförmig.

1926 brachte Edwin Hubble (1889–1953) Ordnung in diese verwirrende Vielfalt galaktischer Strukturen, indem er Unterklassen für Elliptische und spiralförmige Galaxien einführte und jene, die zu keiner dieser Formen passten, als „Irreguläre Systeme" zusammenfasste. Oft handelt es sich dabei um Galaxienpaare, die nah beieinanderstehen und sich daher beeinflussen.

Die helleren Galaxien gehören zu den Spiralgalaxien oder den elliptischen Systemen, aber die überwiegende Mehrzahl wird von den viel dunkleren Zwerggalaxien gestellt. Die Bedeutung dieser Gruppe ist erst in letzter Zeit deutlich geworden, und die Zahl ihrer Mitglieder steigt beständig an. Meist bewegen sich solche Zwerggalaxien auf Bahnen um eine größere Galaxie. Auch die Milchstraße hat mehrere dieser Satellitengalaxien. Dazu zählt unter anderem die Sagittarius-Zwerggalaxie, die durch die Gezeitenkräfte der nahen Milchstraße auseinandergerissen wird und den Großteil ihrer Sterne an ihren deutlich größeren Nachbarn verliert.

Mitunter verschmelzen kollidierende Galaxien vollständig miteinander. So könnten nach Ansicht der Astronomen die großen Elliptischen Galaxien entstanden sein, denn Spiralgalaxien, die miteinander kollidieren, verlieren ihre Struktur, und das enthaltene Gas wird so zusammengewirbelt, dass es binnen kurzer Zeit nahezu vollständig in neue Sterne überführt wird. Nach dieser heftigen Sternentstehung fliegen die alternden Sterne dann wie ein Bienenschwarm scheinbar wild durcheinander und erzeugen so nach außen das Bild einer Elliptischen Galaxie.

Diese Vorstellungen über die Entstehung von Galaxien konnten allerdings erst mehr als ein halbes Jahrhundert nach Hubbles ersten Klassifizierungsversuchen durch Beobachtungen mit dem Hubble-Weltraumteleskop gestützt werden. 1995 entschied Robert Williams, der Direktor des Space Telescope Science Institute, das Weltraumteleskop zehn Tage lang auf ein Himmelsgebiet auszurichten, das bis dahin als nahezu leer galt. Während dieser Zeit würde es die lichtschwächsten Galaxien überhaupt aufzeichnen können, und nach dem Motto „je schwächer, desto weiter entfernt und damit auch entsprechend früher in der Geschichte des Kosmos" würde das heißen, dass das Teleskop so weit wie möglich in die Vergangenheit des Universums zurückblicken würde. Das Bild, das unter dem Namen *Hubble Deep Field* (HDF) bekannt wurde, enthält tatsächlich nur rund ein Dutzend lichtschwacher Sterne am Rand der Galaxis, aber etwa 3000 Galaxien in Entfernungen von bis zu zwölf Milliarden Lichtjahren. Und weil deren Licht entsprechend lange gebraucht hat, um uns zu erreichen, sehen wir sie in einem Zustand, den sie nur wenige hundert Millionen Jahre nach ihrer Entstehung aufwiesen. Die Daten und Erkenntnisse aus diesem HDF erwiesen sich als so bedeutsam, dass die Idee 2003 mit einer verbesserten Kamera und einer noch längeren Belichtungszeit wiederholt wurde. Dieses *Hubble Ultra Deep Field* enthält rund 10.000 Galaxien bis in eine Distanz von etwa 13 Milliarden Lichtjahren.

Dort draußen sind die Galaxien kleiner als in unserer näheren Umgebung. Es gibt weniger Elliptische Galaxien, und die Spiralgalaxien erscheinen unregelmäßiger geformt. Viele stehen deutlich dichter zusammen und beeinflussen sich gegenseitig, und die klassische Spiralstruktur hat sich noch nicht wirklich ausgeprägt. Offenbar haben die Galaxien des heutigen Universums ihre Größe und Form erst durch die Verschmelzung kleinerer, junger Galaxien wie dieser fernen Objekte erreicht.

Rechte Seite: Die Große Magellansche Wolke ist keine sehr strukturierte Galaxie. Dennoch wird in ihr eine Balkenspiralform sichtbar – mit einem diagonal verlaufenden Balken und Spiralarmansätzen mit vereinzelten rosafarbenen Sternentstehungsregionen an den Enden.

Links: Der amerikanische Astronom Edwin Hubble kontrolliert am Okular des 2,5-Meter-Spiegels auf dem Mount Wilson die Nachführung des Teleskops während einer langen Belichtungszeit, damit der schwache Lichtstrom ferner Galaxien immer auf die gleiche Stelle der fotografischen Platte im Brennpunkt des Teleskops trifft. Die warme Kleidung schützt ihn gegen die Kälte der Nacht.

Unten: Mit seinem Stimmgabeldiagramm wollte Hubble ein System in die verschiedenen Galaxienformen bringen.

HUBBLES STIMMGABELDIAGRAMM

Edwin Hubble ordnete die Galaxien nach ihrer erkennbaren Form und unterschied dabei zwei Haupttypen – die elliptischen Systeme und die Spiralgalaxien. Die Elliptischen Galaxien reichen von nahezu sphärischen bis hin zu lang gestreckt erscheinenden Sternansammlungen, bei den Spiralen und Balkenspiralen können die Arme unterschiedlich eng um den Kern gewunden sein. Lange Zeit war die genaue Zuordnung unserer Galaxis unklar, aber inzwischen herrscht Einvernehmen darüber, sie als große Balkenspirale anzusehen. Der Balken, auf den wir unter einem spitzen Winkel blicken, erscheint uns als heller, dicker Bereich der Milchstraße im Sternbild Schütze.

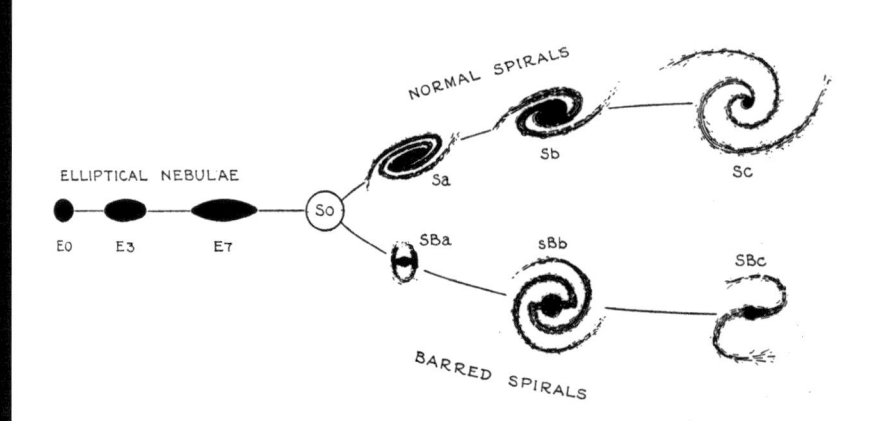

DIE MAGELLANSCHEN WOLKEN

Al-Sufi beschrieb ein Himmelsobjekt, das er al-Bakr, den Weißen Ochsen nannte, und fügte hinzu, dass dieses Objekt wegen seiner sehr südlichen Lage in den nördlichen arabischen Ländern nicht zu beobachten sei, sondern nur am südlichen Ausgang des Roten Meeres. Dies bezieht sich auf das eine der beiden ähnlichen Objekte, das größer ist als das andere, und die beide wie abgerissene Teile der Milchstraße aussehen. Europäer sahen die Wolken zum ersten Mal bei ihren südlichen Entdeckungsreisen. Zusammen mit dem Kreuz des Südens tauchen sie 1516 in einer Sternkarte des italienischen Seefahrers und Spions Andrea Corsali (1487–?) auf, der als Doppelagent für die Medici arbeitete und für sie auf einer geheimen Indienreise unter portugiesischer Flagge nach neuen Handelsmöglichkeiten Ausschau hielt. Später wurden diese Wolken nach Ferdinand Magellan (1480–1521) benannt, dem portugiesischen Kapitän, der die erste Erdumsegelung anführte (1519–1522). Besatzungsmitglieder hatten die Sternwolken gesehen und nach ihrer Rückkehr darüber berichtet. Leider konnte Magellan es ihnen nicht gleichtun, weil er vor der letzten Etappe auf den Philippinen getötet wurde. Die beiden Galaxien heißen heute Große und Kleine Magellansche Wolke.

Aktive Galaxien und Quasare

Einige Galaxien senden sehr große Energiemengen im Radiobereich aus. 1951 gelang Francis Graham Smith von der University of Cambridge eine sehr genaue Positionsbestimmung der Radioquelle Cygnus A, der hellsten im Sternbild Schwan. Walter Baade richtete den Fünf-Meter-Spiegel auf dem Mount Palomar auf diese Stelle aus und fand dort eine Galaxie von ungewöhnlichem Aussehen. Sie erinnerte ihn an zwei kollidierende Galaxien.

Der Durchbruch gelang jedoch erst 1963. Damals konnte man zeigen, dass die Radioquelle 3C273 mit einer sehr weit entfernten Galaxie zusammenfiel. Sie wurde zum Prototyp einer neuen Objektklasse, für die der Begriff „Quasar" (quasistellare Radioquelle) geprägt wurde. Quasare sind extrem hell, weit entfernt und klein, was die Frage nach ihrer Energiequelle verstärkte.

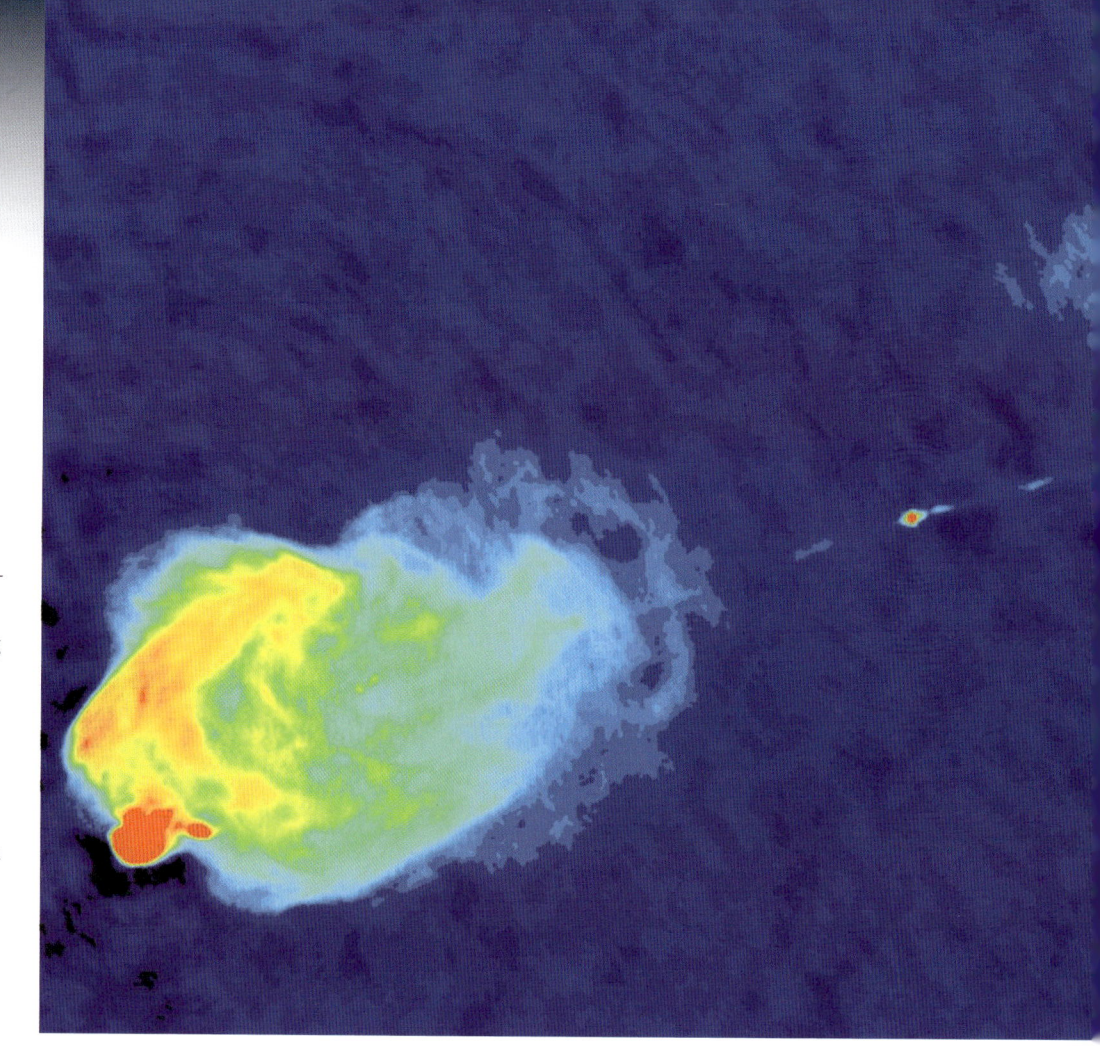

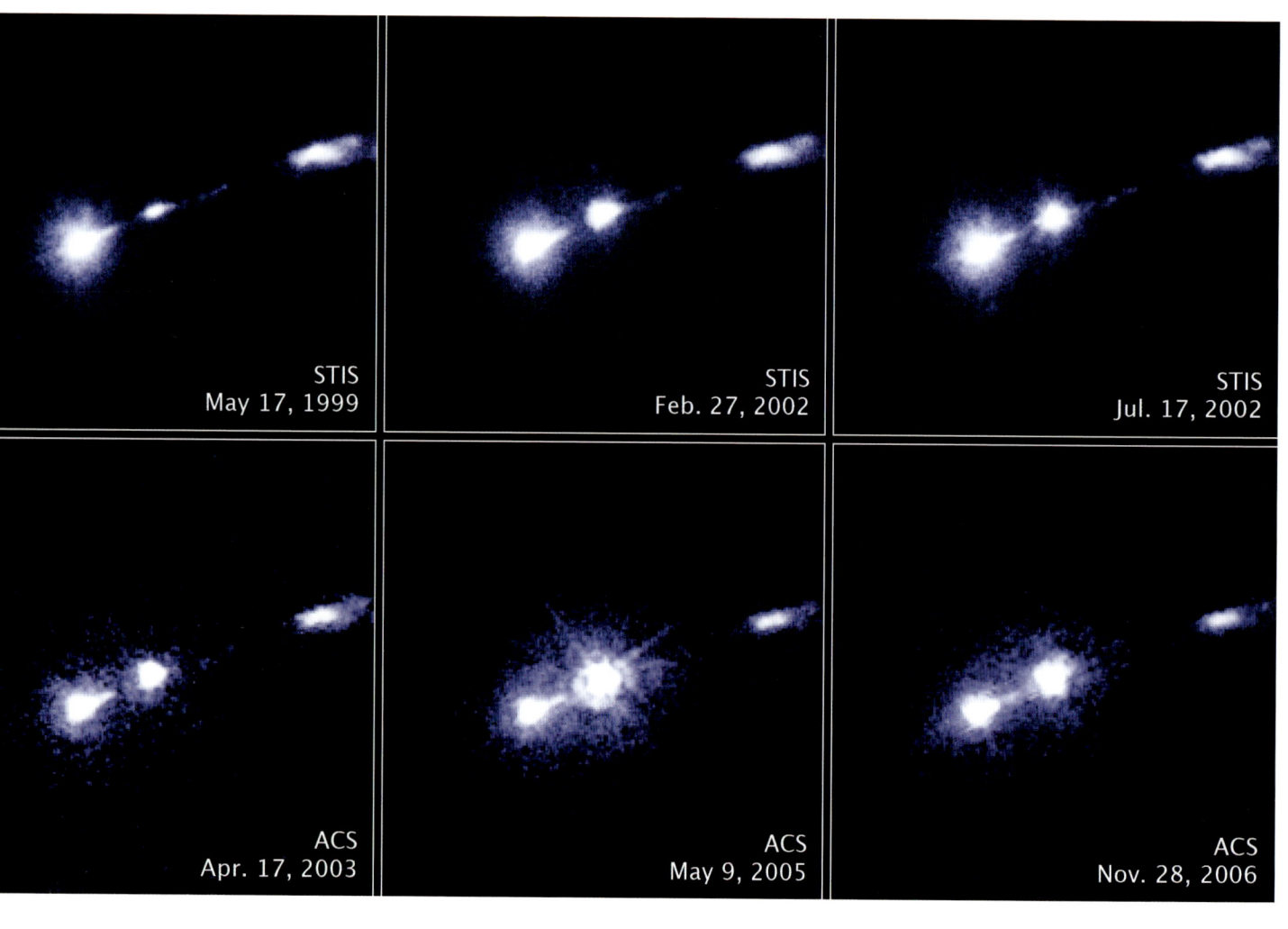

Oben: *Die Radiogalaxie Cygnus A in einer Falschfarbendarstellung des* Very-Large-Array-*Radioteleskops, die radiohelle Bereiche rot, dunklere Gebiete hingegen blau darstellt. Das massereiche Schwarze Loch im Zentrum (roter Punkt) schleudert zwei Materiejets mit energiereichen Teilchen in entgegengesetzte Richtungen, die mit dem umgebenden intergalaktischen Gas kollidieren. Dabei wird Radiostrahlung ausgesendet.*

Links: *Diese* Hubble-*Bildsequenz über sieben Jahre zeigt, wie ein Materiejet aus dem Zentrum der Galaxie M 87 auf ein Gebiet aus heißem Gas trifft und dieses zum Leuchten bringt.*

Rechte Seite: *Röntgenansicht eines Materiejets der entfernten Quasar-Galaxie 3C273.*

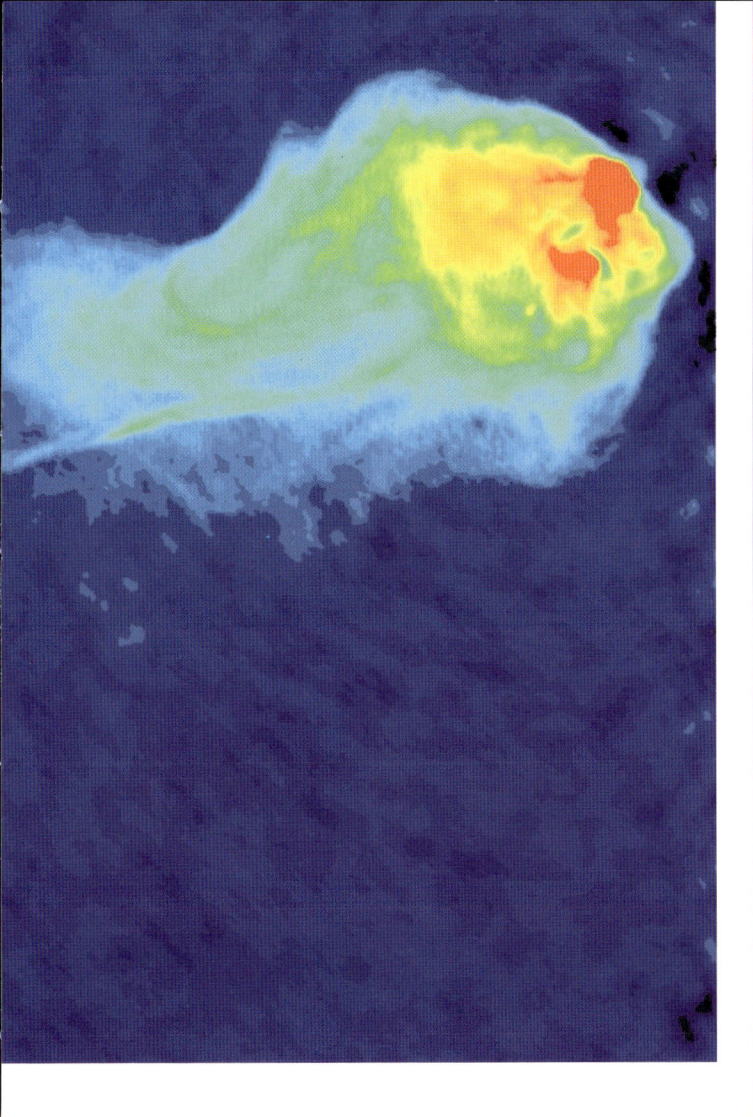

Allmählich entstand die Vorstellung, dass diese Energie freigesetzt wird, weil dort Materie auf ein massereiches Schwarzes Loch im Zentrum der Galaxie zustürzt. Offenbar wird dabei nicht alles verschluckt, sondern ein Teil „im letzten Moment" umgeleitet und in zwei gewaltigen Materiejets mit hoher Geschwindigkeit nach oben und unten davongeschleudert. Bei 3C273 hatte man einen dieser Jets schon früh erkannt, bei Cygnus A konnten später sogar beide Jets nachgewiesen werden.

In der unmittelbaren Umgebung eines Quasars wird das einfallende Gas mit großer Geschwindigkeit herumgewirbelt; aus entsprechenden Beobachtungen lässt sich daher die Masse des zentralen Schwarzen Loches ableiten. 1994 konnte Holland Ford von der Johns Hopkins University mit dem Hubble-Weltraumteleskop die Masse des Zentralobjekts in der Quasar-Galaxie M 87 zu etwa zwei bis drei Milliarden Sonnenmassen bestimmen.

Der Nachweis, dass es sich bei solchen Objekten wirklich um Schwarze Löcher handeln muss, gelang Andrew Fabian von der University of Cambridge mit Hilfe des japanischen Röntgensatelliten Asca: Im Spektrum der Quelle MCG-6-30-15 konnte er relativistische Effekte nachweisen, die nur im extremen Schwerefeld eines Schwarzen Lochs hervorgerufen werden können.

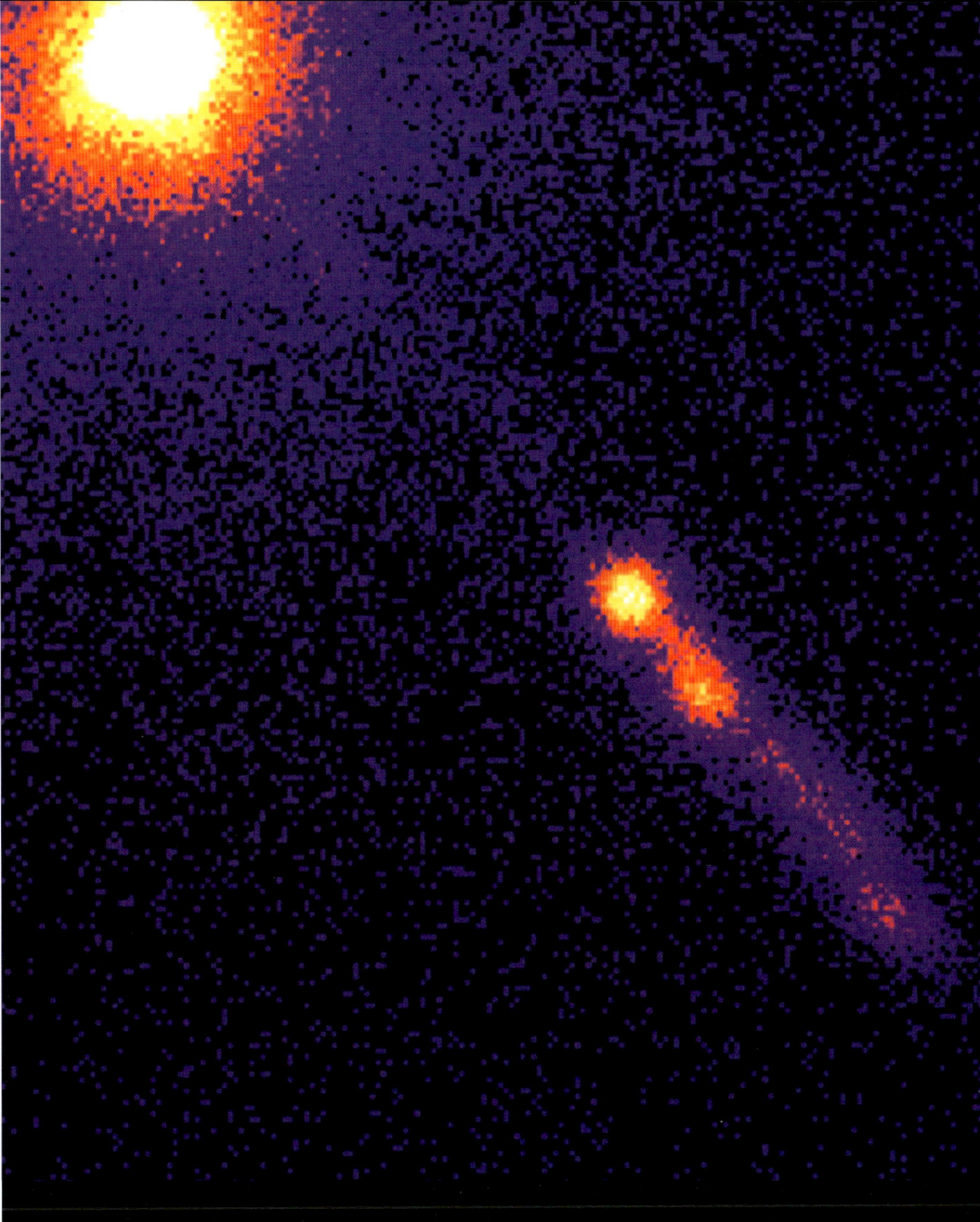

3C273 – EINE FERNE GALAXIE

3C273 ist eine starke Radioquelle unweit der Ekliptik. Zu Beginn der 1960er-Jahre war die Position dieser Quelle nur ungenau bekannt. Deshalb nutzte der anglo-australische Radioastronom Cyril Hazard 1962 mehrere Bedeckungen durch den Mond, um aus dem Zeitpunkt des Verschwindens die Position des Mondrandes zu Beginn der Bedeckung und damit den genauen Ort der Radioquelle zu ermitteln.

An dieser Stelle des Himmels fanden optische Astronomen kurz darauf ein sternähnliches Objekt mit einem kleinen Fortsatz. Maarten Schmidt vom California Institute of Technology untersuchte den „Stern" und fand ein zunächst sehr ungewöhnliches Spektrum, bis ihm die Erkenntnis kam: Einige der Spektrallinien zeigten ein bekanntes Muster und mussten von leuchtendem Wasserstoff stammen. Allerdings hatte Schmidt dieses Muster nicht sofort erkannt, weil es an einer „falschen" Position im Spektrum auftauchte. Die Spektrallinien waren stark rotverschoben, was bedeutete, dass 3C273 an der Expansion des Universums teilnahm und eine weit entfernte Galaxie sein musste.

Das expandierende Universum

Anfang des 20. Jahrhunderts begann Vesto Slipher (1875–1969) am Lowell Observatory, die Zusammensetzung der „Spiralnebel" zu untersuchen. Damals wusste man noch nicht, dass es sich um extragalaktische Systeme handelte. Im Rahmen dieser Beobachtungen konnte er 1912 beim Andromeda-Nebel (M 31) die größte bis dahin gefundene Geschwindigkeit eines Himmelsobjekts messen. Insgesamt bestimmte er die Geschwindigkeiten von mehr als einem Dutzend Spiralnebel und stellte dabei fest, dass sich die meisten dieser Objekte von uns weg bewegen.

Edwin Hubble setzte Sliphers Messungen zusammen mit Milton Humason (1891–1972) am Mount Wilson Observatory fort. 1929 konnte er zeigen, dass es einen Zusammenhang zwischen den Entfernungen der Galaxien und ihren Rotverschiebungswerten gibt, die ihrerseits ein Maß für die von uns weg gerichteten Fluchtgeschwindigkeiten sind. Dieser Zusammenhang wurde als Hubble-Beziehung bekannt.

Hubbles Arbeit stieß auf großes Interesse, denn zwei Jahre zuvor hatte der belgische Astrophysiker Georges Lemaître (1894–1966) eine Lösung der Einsteinschen Feldgleichungen zur Relativitätstheorie vorgelegt und daraus eine Expansion des Universums vorhergesagt. Wenn man sich im Innern eines gleichmäßig expandierenden Raums befindet, hängt die „Fluchtgeschwindigkeit" einzelner Raumbereiche (Galaxien) von ihrer Entfernung zum Betrachter ab. Aus dieser grundlegenden theoretischen

Rechts: Die Teleskopstruktur des 1,5-Meter-Spiegels wurde 1904 mit einem von Maultieren gezogenen Fuhrwerk auf den Mount Wilson gebracht. Er liegt in den San-Gabriel-Bergen in Kalifornien, zu jener Zeit befand sich dort bereits ein Sonnenobservatorium.

Ganz rechts: Sir Martin Ryle (rechts) und der damalige Präsident der Royal Society, Sir Alan Hodgkin, 1972 vor einer der Antennen des Fünf-Kilometer-Radioteleskops im englischen Cambridge.

Arbeit und Hubbles Messungen entwickelte sich die moderne Theorie vom expandierenden Universum.

In den 1960er-Jahren zeigte Maarten Schmidt, dass viele kosmische Radioquellen mit sehr weit entfernten Galaxien verknüpft sind. Schon 1951 hatte ein Team von Radioastronomen der University of Cambridge unter Leitung von Martin Ryle (1918–1984) herausgefunden, dass die schwächeren, mutmaßlich weiter entfernten Radiogalaxien dichter zusammenstehen als die helleren Objekte; unter anderem auch dafür erhielt er 1974 den Physik-Nobelpreis. Dies war ein indirekter Beweis der Expansion, zeigte er doch, dass die Objekte früher auf engerem Raum konzentriert waren als heute. Das Universum ist aus einer Explosion hervorgegangen, die offenbar bis heute andauert, denn noch immer entfernen sich die Galaxien voneinander.

Lemaître verglich den Anfang der kosmischen Expansion mit der Explosion eines heißen, kleinen und extrem dichten „Uratoms"; später wurde dafür der Begriff Urknall geprägt. Daraus folgte, dass das Universum am Anfang eine extrem heiße und dichte Mischung aus Materie und Strahlung gewesen sein muss. Beides findet man heute noch vor, wobei die Materie längst abgekühlt ist und Galaxien und Sterne geformt hat.

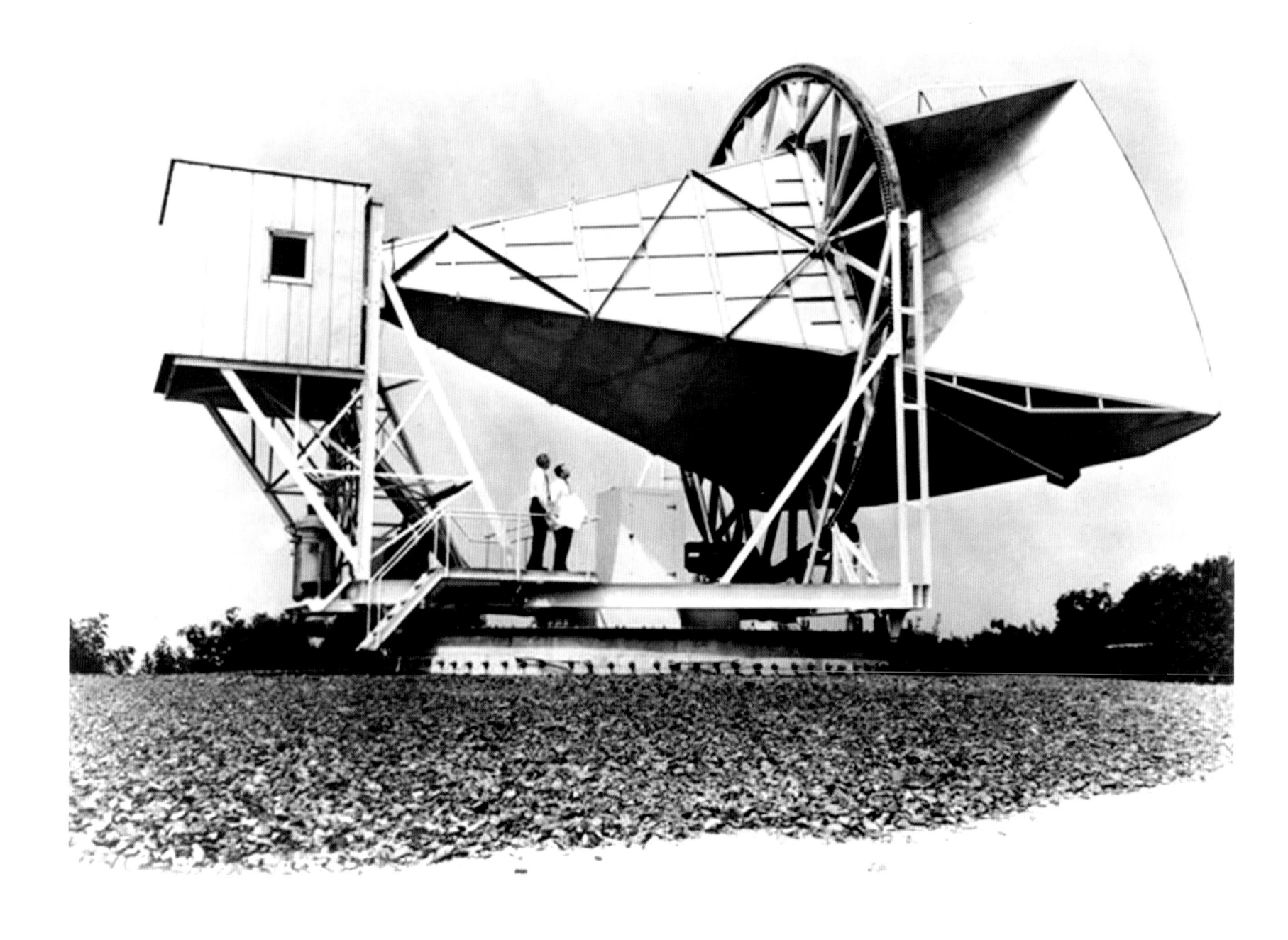

Das HUBBLE-Weltraumteleskop trägt seinen Namen, weil es unter anderem eine sorgfältige Messreihe zur genaueren Bestimmung der Hubble-Beziehung durchführen sollte. Dabei wurde deutlich, dass der Anfang des Universums rund 13,8 Milliarden Jahre zurückliegt. Aufgrund der seither andauernden Expansion hat sich nicht nur das Universum abgekühlt: auch die Wellenlänge der in früheren Zeiten ausgesandten Strahlung hat zugenommen. 1948 berechneten die US-Physiker George Gamow (1904–1968), Ralph Alpher (1921–2007) und Robert Herman (1914–1997), dass die Temperatur des Universums mittlerweile bis auf rund fünf Grad über dem absoluten Nullpunkt gesunken sein müsse. Aus dem ältesten Licht des Universums wäre also eine typische Mikrowellenstrahlung geworden.

1965 wurde diese Strahlung von Arno Penzias und Robert Wilson von den Bell Telephone Laboratories in New Jersey tatsächlich gefunden. Sie hatten eine spezielle Antenne zur Erprobung der satellitengestützten Datenübertragung gebaut. Doch ihre Messungen wurden ständig durch ein Störrauschen beeinträchtigt, das sie mit keiner Gegenmaßnahme loswerden konnten. Schließlich vermuteten sie, dass es sich wohl um eine natürliche Hintergrundstrahlung handeln müsse, die einer Temperatur von etwa drei Kelvin zugeordnet und dann sehr rasch mit der von Gamow vorhergesagten kosmischen Mikrowellenstrahlung identifiziert werden konnte. 1978 wurden Penzias und Wilson für ihre Entdeckung mit dem Physik-Nobelpreis geehrt.

Oben: *Arno Penzias und Robert Wilson auf dem Drehgerüst der gewaltigen Hornantenne in Holmdel, New Jersey, mit der sie 1965 die kosmische Mikrowellenhintergrundstrahlung entdeckten.*

MILTON HUMASON

Milton Humason (1891–1972), der mit 14 Jahren die Schule verließ, machte am Mount Wilson Observatory eine ungewöhnliche Karriere. Anfangs arbeitete er während der Bauphase als Maultiertreiber und transportierte Baumaterial auf den Berg. Nach einem kurzen Zwischenspiel als Ranch-Arbeiter kehrte er 1918 als Hausmeister an die Sternwarte zurück, bis der damalige Direktor, George Ellery Hale (1868–1938) seine Qualitäten erkannte und ihn in den Stab der wissenschaftlichen Mitarbeiter aufnahm. Zunächst durfte er das 2,5-Meter-Teleskop bedienen, später wurde er Forschungsassistent von Edwin Hubble. Er war für seine Erfahrung mit dem Betrieb des Teleskops bekannt und wusste, wie man bestimmte Unregelmäßigkeiten in der Mechanik auszugleichen hatte, um Bildfehler bei der Langzeitbelichtung von Galaxien zur Beobachtung veränderlicher Sterne – wie sie Edwin Hubble durchführte – zu vermeiden.

Links: Milton Humason, Maultiertreiber, Hausmeister und Astronom am Mount-Wilson-Observatorium.

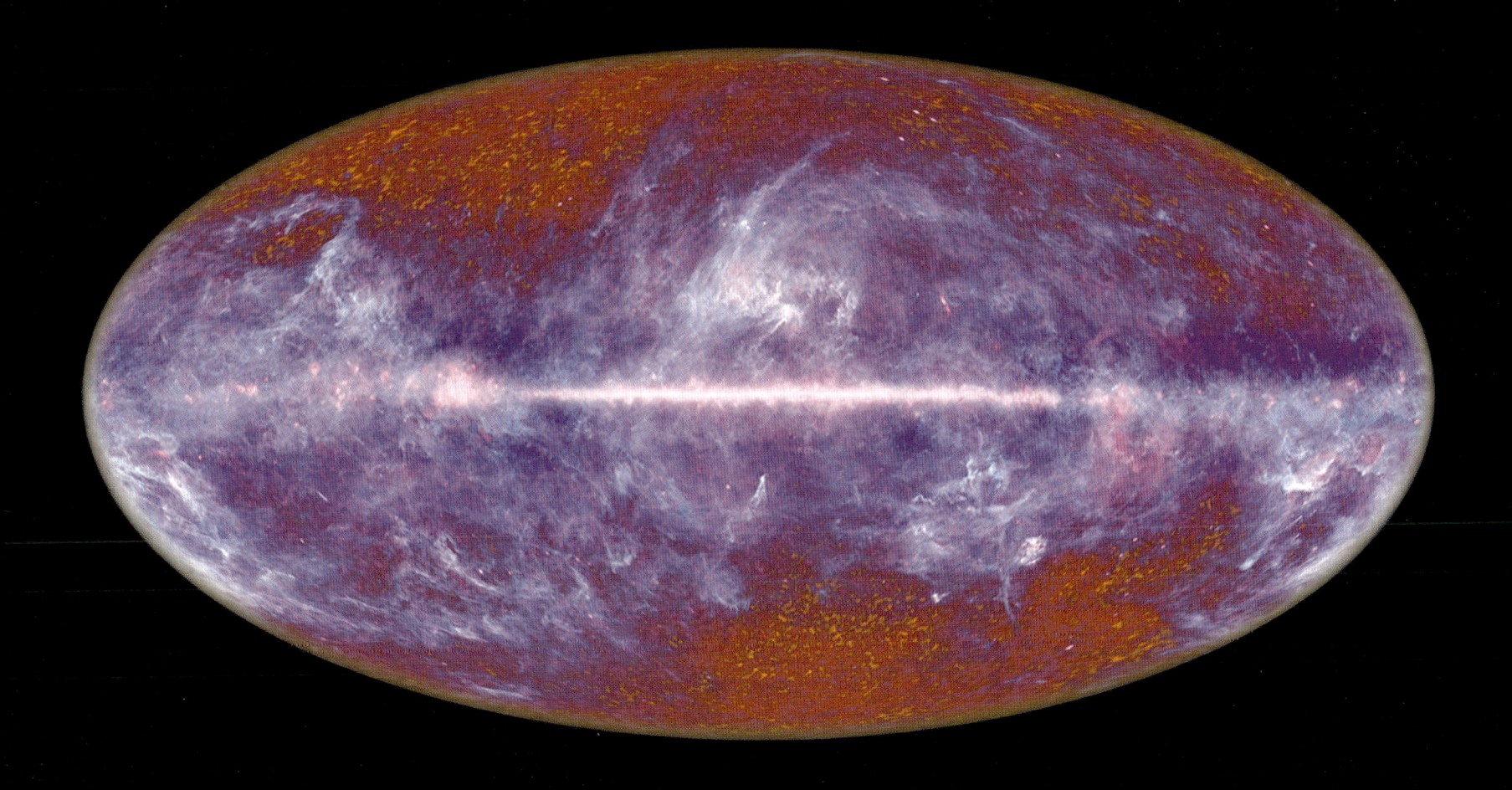

Oben: Gesamtansicht der kosmischen Mikrowellenhintergrundstrahlung und der Milchstraße durch den PLANCK-Satelliten (2010). In der Mitte dominiert die Strahlung der Milchstraße, darüber und darunter die leicht fleckig erscheinende Hintergrundstrahlung. Die Flecken zeigen Dichteunterschiede im frühen Kosmos an, aus denen alle heutigen Objekte entstanden sind.

ENTSCHEIDENDE UNREGELMÄSSIGKEITEN

Die kosmische Mikrowellenhintergrundstrahlung kommt aus allen Richtungen und erscheint ziemlich gleichmäßig (isotrop). Aber eben nicht vollständig, denn schon bald nach dem Urknall kam es zu zufälligen Dichteschwankungen, aus denen später alles entstanden ist – Galaxien, Sterne, Planeten, Sie und ich. 1989 konnte der NASA-Satellit COBE (**CO**smic **B**ackground **E**xplorer) diese Unregelmäßigkeiten erstmals mit einer Genauigkeit von 1 zu 100.000 vermessen, wofür die Projektleiter John Mather und George Smoot 2006 den Physik-Nobelpreis erhielten. Dem Nachfolgesatelliten WMAP (**W**ilkinson **M**icrowave **A**nisotropy **P**robe) gelang 2003 eine noch genauere Messung, und inzwischen hat der ESA-Satellit PLANCK, der seit 2009 im Einsatz ist, die Daten noch weiter verfeinern können. Diese Anstrengungen lohnen sich, weil die Eigenschaften dieser Anisotropien eine Menge präziser Informationen über den Anfang des Universums, seine Zusammensetzung und seine weitere Entwicklung verraten. Nach dem aktuellen Stand der PLANCK-Auswertungen entstand das Universum vor 13,82 Milliarden Jahren und die kosmische Mikrowellenhintergrundstrahlung wurde rund 380.000 Jahre später freigesetzt. Weil mehr als zwei Drittel seines Gesamtinhalts aus der sogenannten Dunklen Energie bestehen, wird sich das Universum auf Dauer und immer schneller ausdehnen.

Dunkle Materie und Energie

Ursprünglich hatten die Astronomen angenommen, dass sie mit ihren Teleskopen und Detektoren die meisten, wenn nicht sogar alle Bestandteile des Universums „sehen" könnten. Sterne und interstellare Materie senden Strahlung aus, die den ansonsten leeren Raum durchdringt und beobachtet werden kann. Dabei bestehen diese Sterne – ebenso wie die gesamte sichtbare Welt – aus Materie, deren Atome Protonen, Neutronen, Elektronen und weitere Elementarteilchen enthalten. Diese Materie, so schien es, stellte zusammen mit der Strahlung den Hauptbestandteil des Universums.

Erste Anzeichen dafür, dass wir möglicherweise wesentliche Elemente des Universums „übersehen" haben, tauchten 1933 auf. Damals stellte Fritz Zwicky (1898–1974), Astronom am California Institute of Technology fest, dass die Mitglieder von Galaxienhaufen sich zu schnell bewegen, um von der gemeinsamen Schwerkraft aller Galaxien in diesen Haufen festgehalten werden zu können. Zwicky äußerte den Verdacht, dass es eine Art „dunkler" Materie geben müsse, die nicht leuchtet, sich aber durch ihre Schwerkraftwirkung bemerkbar macht und so die Galaxien zu ihrer „zu schnellen" Bewegung zwingt.

Diese radikale Vorstellung fand zunächst wenig Anhänger, erhielt aber in den 1970er-Jahren neuen Auftrieb, als Vera Rubin innerhalb von Galaxien auf ein ähnliches Phänomen stieß. Sie drehten sich schneller, als man aufgrund der Schwerkraftwirkung der sichtbaren Materie allein erwartet hätte.

Zwicky hatte schon früh auf eine unabhängige Möglichkeit zur Massenbestimmung von Galaxien beziehungsweise Galaxienhaufen hingewiesen. Dabei griff er auf die Allgemeine Relativitätstheorie Albert Einsteins zurück, nach der eine große Masse die Raumzeit in ihrer Umgebung krümmt und so auf vorbeiziehende Strahlung eine ähnliche Wirkung ausübt wie eine Vergrößerungslinse. Wenn sich von uns aus gesehen hinter einer solchen Gravitationslinse eine ferne Galaxie befindet, kann deren Bild also verzerrt und verschoben und ihre Helligkeit verstärkt erscheinen. Dabei hängt es von der Masse der Gravitationslinse und der Anordnung zueinander ab, wie das Bild verändert wird. Erstmals wurde dieser Effekt als reales Phänomen 1979 von Dennis Walsh (1933–2005), Ray Weymann und Bob Carswell nachgewiesen. Sorgfältige Analysen der beteiligten Objekte ergaben seither immer wieder, dass die Wirkung (und damit die Masse) der Gravitationslinse stets größer war, als man aufgrund der dort sichtbaren Materie erwartet hätte. In der Regel reicht die sichtbare Materie lediglich für ein Sechstel der zur Erklärung erforderlichen Masse.

Wenn der Anteil der Dunklen Materie also rund fünfmal größer ist als jener der sichtbaren Materie, muss das Folgen für die Expansion des Universums haben. Die Anziehungskraft der Galaxien untereinander wirkt dieser Expansion entgegen und sollte sie im Laufe der Zeit verlangsamen. Daher wurde das Hubble-Weltraumteleskop 1998/99 von zwei großen Forscherteams zur vergleichenden Bestimmung der Expansionsrate bei nahen und fernen Supernova-Ereignissen eingesetzt. Wenn die Expansion wirklich gebremst würde, müsste die Expansionsrate im frühen Universum größer gewesen sein als heute.

Die Forscher waren schockiert, als sie das Gegenteil feststellten: Das Universum dehnt sich heute schneller aus als früher. Irgendetwas beschleunigt die Expansion, und diese geheimnisvolle Kraft wird vorläufig als „Dunkle Energie" bezeichnet.

Unser – bescheidenes – Wissen über Dunkle Materie und Dunkle Energie ist in die Untersuchungen des kosmischen

Oben: Abell 1689 ist mit vielen tausend Galaxien einer der massereichsten Galaxienhaufen. Zahlreiche weitere Galaxien liegen hinter dem Haufen. Durch den Gravitationslinseneffekt von Abell 1689 erscheinen sie teilweise zu langen Bögen auseinandergezogen, die um die massereichste, hellste Galaxie im Zentrum des Haufens angeordnet sind. Die gemessenen Verzerrungen liefern Hinweise auf die Menge an Dunkler Materie und deren Verteilung im Galaxienhaufen.

Mikrowellenhintergrundes eingeflossen. Die dort gefundenen winzigen Ungleichförmigkeiten entsprechen geringfügigen Dichteunterschieden der Materie zum Zeitpunkt der Freisetzung dieser Strahlung etwa 380.000 Jahre nach dem Urknall. Sie wurden durch die ebenfalls ungleich verteilte Dunkle Materie verstärkt, so dass die Galaxien aus diesen „Saatkörnern" schneller wachsen konnten als ohne deren Hilfe. 2005 wurde mit den damals leistungsstärksten Computern die sogenannte Millenium-Simulation zur Entwicklung der großräumigen Strukturen im Kosmos durchgerechnet. Dazu wurde das Verhalten von zehn Milliarden Probepunkten schrittweise nachvollzogen, wobei jeder Probepunkt für die Masse einer ganzen Galaxie stand. Ein Vergleich der Ergebnisse mit den Beobachtungen der Satelliten COBE und WMAP führte die Forscher zu der Erkenntnis, dass nur etwa vier Prozent des Universums aus normaler Materie bestehen; rund 21 Prozent werden von der Dunklen Materie und der überwiegende Anteil von der Dunklen Energie gestellt.

Oben: Die zentrale Region des Virgo-Galaxienhaufens.

Unten: Der LARGE HADRON COLLIDER beim CERN in Genf könnte in der Lage sein, Teilchen der Dunklen Materie nachzuweisen und zu identifizieren. Immerhin sind sie in so großer Zahl vorhanden, dass sie die Bewegung der Sterne und Galaxien kontrollieren.

VERA RUBIN

Schon als Kind begann Vera Rubin, sich für Astronomie zu interessieren, nachdem sie herausgefunden hatte, dass sich die Sterne um den Himmelspol drehen. Trotz ihres Abschlusses an der Elitehochschule Vassar College hatte sie als Frau zunächst Schwierigkeiten, an einem der großen astronomischen Institute Arbeit zu finden. So blieb ihr nur die Carnegie Institution in Washington D.C., deren astronomische Abteilung eher bescheiden war. Zusammen mit Kent Ford, der ein äußerst empfindliches Messgerät zur Untersuchung der Bewegung der Sterne innerhalb von Galaxien entwickelt hatte, fand sie in den 1970er-Jahren heraus, dass sich Sterne viel schneller um die Zentren ihrer Galaxien bewegen als man aufgrund der sichtbaren Masse erwarten würde.

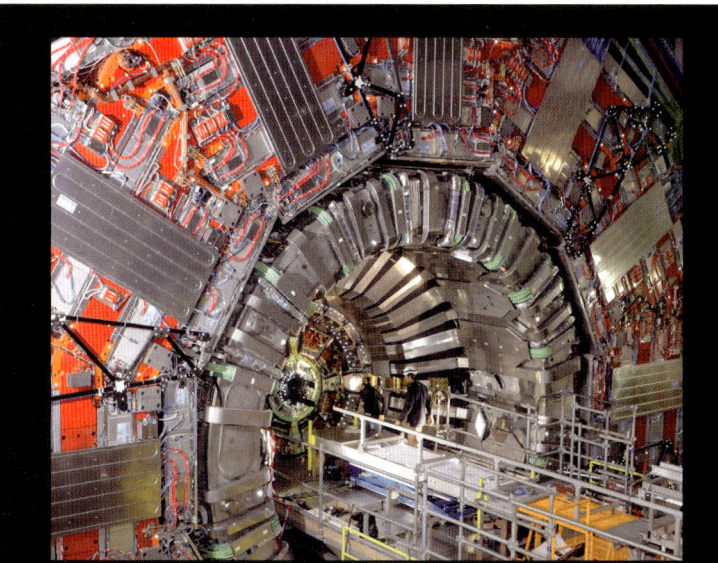

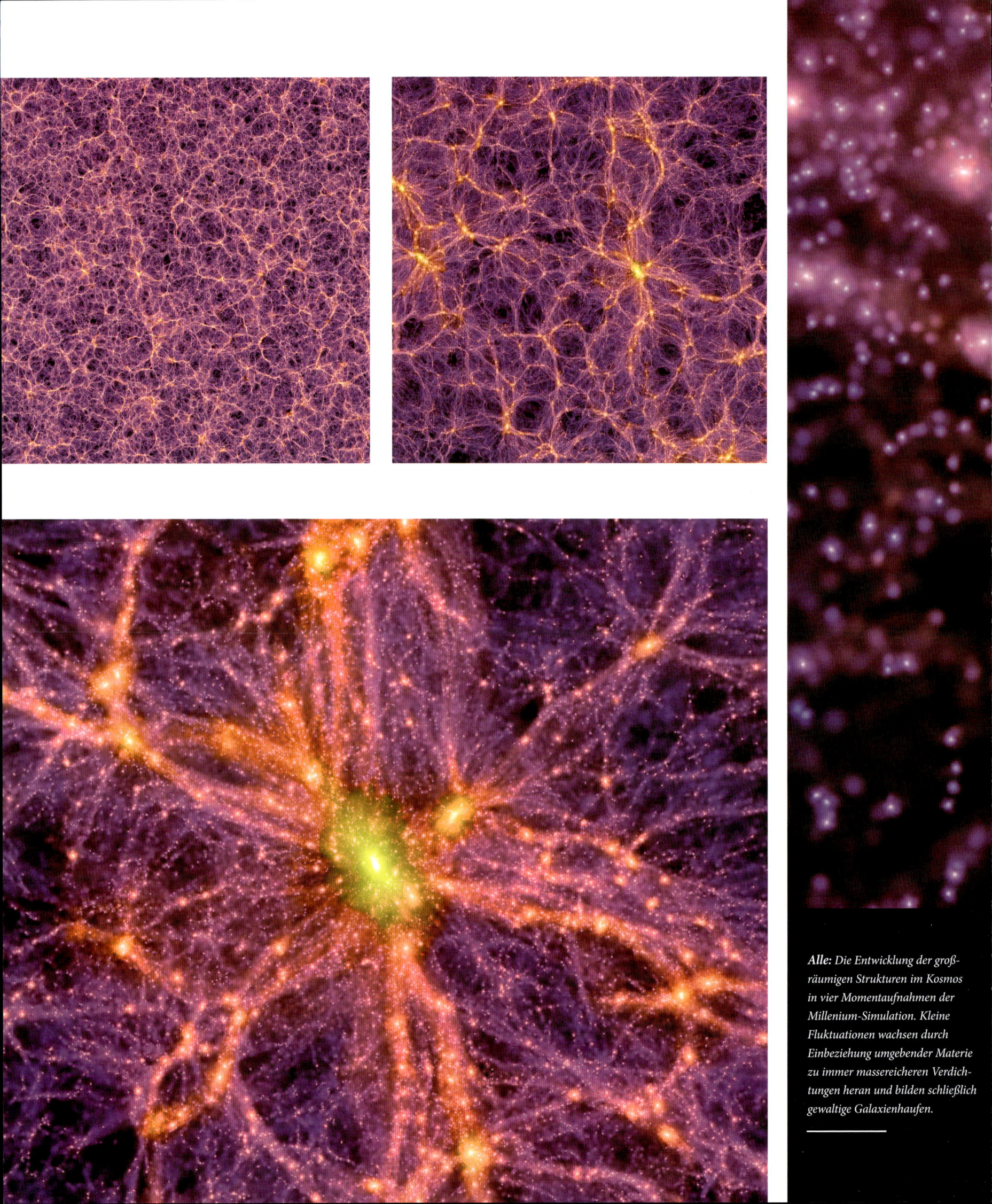

Alle: *Die Entwicklung der großräumigen Strukturen im Kosmos in vier Momentaufnahmen der Millenium-Simulation. Kleine Fluktuationen wachsen durch Einbeziehung umgebender Materie zu immer massereicheren Verdichtungen heran und bilden schließlich gewaltige Galaxienhaufen.*

WAS IST DUNKLE MATERIE?

Erste Erklärungsversuche griffen auf reaktionsträges Gas oder Sternleichen (Weiße Zwerge, Neutronensterne und Schwarze Löcher) zurück, sie lieferten aber keine befriedigenden Ergebnisse. Entsprechend wandten sich die Astronomen dem Urknall zu, mit dem alle Materie, vielleicht also auch die dunkle, entstand. Die Teilchen der Dunklen Materie reagieren offenbar kaum mit normaler Materie, sonst hätten wir

Interacting **M**assive **P**articles", schwach wechselwirkende, massereiche Teilchen). Sie müssen sehr massereich sein, sonst wären sie in heutigen Teilchenbeschleunigern schon in Erscheinung getreten und untersucht worden. Vielleicht wird man sie mit dem neuesten Instrument dieser Art, dem LARGE HADRON COLLIDER (LHC) in Genf aufspüren können, der seit ein paar Jahren in Betrieb ist und schon einem anderen,

Leben im Universum

Gibt es auch anderswo im Universum Leben, oder sind wir allein? Anfangs war dies eine philosophische Frage, denn Leben als natürliches Phänomen sollte überall dort existieren, wo die Bedingungen passen. So schrieb der griechische Philosoph Epikur (341–270 v. Chr.): „Es gibt eine unendliche Zahl von Welten, einige ähneln unserer, andere sind ganz anders." Und weiter: „… in manchen könnte es Samen geben, aus denen Pflanzen und Tiere heranwachsen." 1584 äußerte Giordano Bruno in seinem Buch *De l'infinito, universo e mondi* („Über das Unendliche, das Universum und die Welten") ähnliche Gedanken: „Die zahllosen Welten im Universum sind nicht schlimmer und nicht weniger bewohnt als die Erde."

Nachdem deutlich wurde, dass die Hauptbestandteile des Lebens im Innern der Sterne entstehen und überall verfügbar sind, nahm sich die Astrobiologie der Frage an. 1953 prägte Harlow Shapley den Begriff vom Wassergürtel des Sonnensystems, jener Zone, in der Wasser in flüssiger Form auf einem Planeten existieren und Leben unterstützen kann. Obwohl die Entfernung zur Sonne allein nicht als Kriterium ausreicht (wie der vermutete flüssige Ozean unter der Eiskruste des Jupitermonds Europa zeigt),

Unten: *Die Gesamtzahl der Sterne in der Galaxis – hier die Sternwolken in Richtung zum galaktischen Zentrum – ist gewaltig. Jeder von ihnen ist eine Sonne wie unsere und vielleicht von einem Planetensystem umgeben. Man kommt daher kaum umhin zu glauben, dass es auf einigen von ihnen Leben geben könnte.*

Rechts: 2004 fand der Mars Global Surveyor in einem Krater der Centauri-Montes-Region auf dem Mars eine Struktur, die dort nach der letzten Aufnahme vom August 1999 entstanden sein muss. Auf dem Abhang sieht man eine helle, längliche Verfärbung, als wäre dort eine Flüssigkeit heruntergeströmt und hätte dabei Ablagerungen zurückgelassen.

Unten rechts: SETI@home ist ein Bürgerforschungsprojekt, das die Rechenleistung einer sehr großen Zahl von Heim-Computern zur Suche nach interstellaren Radiobotschaften nutzt. Es könnte auch Ihr Computer sein, der solche Signale entdeckt, und dann würden Sie als die oder der Erste auf Ihrem Computer-Bildschirm davon erfahren.

nutzt die NASA dieses Konzept für ihre Suche nach Leben im All: Innerhalb des im Englischen als „Goldilock Zone" bezeichneten Bereichs ist die Temperatur gering genug, dass Wasser nicht vollständig verdampft, und hoch genug, dass es nicht gefriert.

Wenn Leben auf anderen Planeten existiert – könnten wir dann mit ihm in Verbindung treten? Vor rund hundert Jahren glaubten die ersten Radiopioniere, dass sie Signale von außerhalb der Erde empfangen hätten, möglicherweise vom Mars. Seit 1960 wird zunehmend systematischer, aber immer noch erfolglos, nach Botschaften intelligenter Wesen gesucht. Der Radioastronom Frank Drake hat dieses sogenannte SETI-Programm (**S**earch for **E**xtraterrestrial **I**ntelligence) initiiert und vorangetrieben. Heute kann sich jeder bei SETI@home anmelden und seinen Computer in Aktivitätspausen bei der Suche nach künstlichen Signalen einbinden.

Das SETI-Projekt geht von einer großen Zahl an Zivilisationen in der Galaxis aus. Die andere Seite verweist dagegen auf mehrere Zufallsereignisse und -aspekte in der Erdgeschichte, die unseren Planeten für die Entstehung von intelligenten Lebensformen besonders geeignet gemacht haben – so etwa das über lange Zeiten hinweg stabile Erdklima.

Wenn diese „Seltene-Erde-Hypothese" richtig ist, mag Leben im Universum zwar durchaus weit verbreitet, intelligentes Leben dagegen ziemlich selten sein. Noch reichen unsere astronomischen Beobachtungen jedoch nicht aus, um diese Frage wirklich zu beantworten.

DIE DRAKE-GLEICHUNG

1966 schätzten der sowjetische Radioastronomn Josef Schklowski (1916–1985) und der amerikanische Planetenforscher Carl Sagan (1934–1996) die Zahl der bewohnbaren Planeten in der Galaxis ab. Aus ihren Überlegungen stellte Frank Drake eine berühmte Gleichung zusammen, die die Gesamtzahl der kommunizierenden Zivilisationen N aus einer Anzahl von Faktoren ermittelt:

$$N = N_g \, f_p \, n_e \, f_l \, f_i \, f_c \, f_L$$

Hier steht N_g für die Gesamtzahl der Sterne in der Galaxis, von denen der Bruchteil f_p Planeten besitzt, wovon der Prozentsatz n_e erdähnlich ist. Auf f_l dieser erdähnlichen Planeten entsteht Leben, das in f_i Prozent der Fälle intelligente Formen hervorbringt, von denen f_c technisiert und zur Kommunikation fähig sind. Schließlich gibt f_L die Lebenserwartung einer kommunikationsfähigen Zivilisation relativ zum Alter der Galaxis an. Sagan schätzte die Zahl der „funkenden" Zivilisationen auf bis zu eine Million.

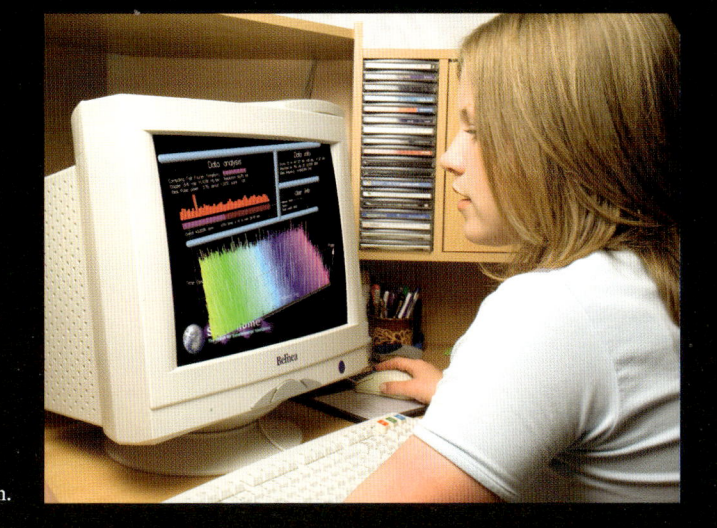

Register

Die Seitenangaben zu Abbildungen verweisen auf die zugehörigen Bildunterschriften; Kap. = Kapitel

3C273 108/109
61 Cygni 50

A
Abt, H. 8
Adams, J. C. 45
Adams, W. S. 63
Airy, G. 45
Akkretion 77
Albategnius (Mondkrater) 84
al-Din ibn Ma'ruf, Taqi 23
Aldrin, B. 78
Algol 55
al-Ma'mun 23
Alpher, R. 112
ar-Rashid, H. 23
al-Sufi, Abd al-Rahman 23, 102, 107
Anders, W. 84
Andromeda-Nebel (Galaxie) 100, 102, 105, 110
Apollo 80
Apollo 8 84
Apollo 11 78
Apollo 15 56
Apollo-Programm 78
Aquin, T. 20
Arago, F. 45
Aratos 12, 13
Aristoteles 14, 16, 20, 36
Armillarsphäre 10
Asteroiden 45, 48, 77
Astrolabien 11
Astrologie 13
   und Medizin 11
Astronomie der Inkas 9
Astronomie der Mayas 9
Astronomische Instrumente (vor der Erfindung des Teleskops) Kap. 2
Atkinson, R. d'E. 58
Averroës 23

B
Baade, W. 66, 108
Balkenspiralgalaxien 105
Barringer, D. 84
Barstow, M. 63
Becklin, E. 74
Becklin-Neugebauer-Objekt 74/75
Bell, J. 66
BepiColombo (Raumsonde) 83
BeppoSAX (Röntgensatellit) 68
Bessel, F. W. 50
Beta Pictoris 74
Beteigeuze 50, 60
Bethe, H. 58
Blake, W. 38
Bloxam, R. R. 14
Bode, J. 44
Borman, F. 84
Brahe, T. 15, 34, 36; Kap. 7
Bruno, G. 96, 118
Buffon, Comte 56
Bunsen, R. 50
Burbidge, G. 71
Burbidge, M. 71
Burke, B. 90

C
Caloris-Becken 82/83
Cameron, A. G. W. 71
Carswell, R. 114
Cassini (Raumsonde) 90, 93
Cassini, G. D. 42, 87, 90
Cassiopeia A 58
Cellarius, A. 15, 26
Cepheiden (veränderliche Sterne) 101
Ceres 45
Chaco Canyon (USA) 8/9
Chandra (Röntgen-Weltraumteleskop) 36, 63/64, 71, 108
Chandrasekhar, S. 63
Chandrasekhar-Grenze 63
Chinesische Astronomie 10, 13
Chondrit (Meteorit) 77
Christiansen, W. 101
Chromatische Aberration 42
Clark, A. 42
Colombo, G. 83
CoRoT (Satellit) 97
Corsali, A. 107
COBE (Satellit) 113, 115
CP1919 (Pulsar) 66
Krabbennebel 66, 68
Crabtree, W. 35
Creti, D. 32/33, 87
Curtis, H. 100
Cusco (Peru) 9
Cygnus A 108/109
Cygnus X-1 64, 66
Cysat, J.-B. 73

D
Daly, R. 84
de Peiresc, N. 73
Deimos 87
Demokrit 18
Dixon, J. 83
Dollond, J. 42
Drake, F. 119
Drake-Gleichung 119
Draper, H. 105
Dresdner Kodex 9
Dreyer, J. L. 102
Dunhuang-Sternkarte 12
Dunkle Energie Kap. 29
Dunkle Materie Kap. 29; 117

E
Eagle (Mondlandefähre) 78
Eddington, A. S. 53, 58, 63
Edgeworth, K. 48
Edgeworth-Kuiper-Gürtel 48
Einstein, A. 59, 63, 67, 83, 110, 114
Einstein (Satellit) 64
El Castillo 9
Elemente, chem. Kap. 18
   (Erde, Wasser, Feuer, Luft) 16
Elliptische Galaxien 106
Empyreum 20
Enceladus 95
Entartungsdruck der Elektronen 63
Eosphoros 80
Epikur 118
Eratosthenes von Cyrene 18
Erde Kap. 22
   Aufbau 71
   Bahn 50
   flüssiger Kern 84
   Form 18
   Magnetfeld 78
   tektonische Aktivität 84
Ereignishorizont 67
Erkundung des Weltraums Kap. 20
   unbemannte 79
Erster Beweger 16, 20
Eskimonebel 60, 63
Eudoxos von Knidos 12
Eulennebel 60, 63
Europa 92, 118
Ewen, H. 101
Expandierenes Universum Kap. 28
Explorer (Satelliten) 78
Exoplaneten 74; Kap. 24

F
Fabian, A. 109
Fabricius, D. 53
Farnese-Atlas 12/13
Firmament 20
Flammarion, C. 9, 16, 87
Flamsteed, J. 38
Fomalhaut 96
Ford, H. 109
Ford, K. 115
Fowler, R. 60
Fowler, W. 70/71
Frail, D. 96
Franklin, K. 90
Fraunhofer, J. 50

G
G292.0+1.8 (Supernova-Überrest) 71
Galaxien Kap. 25/26
   Elliptische 106
   Irreguläre 106
   Spiralgalaxien 106
   Verschmelzung von 106
   Zwerggalaxien 106
Galileo Galilei Kap. 8; 42, 84, 92/93
   und die Kirche 31
Galileo (Raumsonde) 90
Galle, J. 45
Gamma Ray Observatory (Satellit) 68
Gammaastronomie 66, 70
Gammastrahlenausbruch 66–68
Gamow, G. 112
Ganymed 92
Gasriesen Kap. 23
Genesis-Stein 56
Giacconi, R. 64

Gizeh (Pyramiden) 8
Goldilock Zone 119
Gomes, R. 77
Good, M. 66
Goodricke, J. 55
GRAN TELESCOPIO DE
 CANARIAS 43
Gravitationslinse 97, 114
Gravitationsrotver-
 schiebung 63
GRB 080319B 66/67
GRB 970228 68
GRB 970508 68
Greenstein, J. L. 63
Greenwich-Längengrad 41
Greenwich-Observatorium
 38–41
Greenwich-Zeit 41
Gregorianischer Kalender 22
Große Magellansche Wolke
 (LMC) 70, 99, 107
Großer Bär 12–15
Großer Roter Fleck 32, 90
Großer Wagen 12, 20

H
Hall, A. 87
Hall, C. M. 42
Halley, E. 38, 49
Halleyscher Komet 38, 49
Harriot, T. 28
Hauptreihe 53
Hawkins, G. 6
Hayashi, C. 74
Hazard, C. 109
Heimdall (Marskrater) 88
Heliometer 50
Helmholtz, H. 56
Herman, R. 112
Hermes 80
Herschel, C. 44
Herschel, J. 102
Herschel, W. 44, 60, 74,
 98, 102
Hertzsprung, E. 52
Hertzsprung-Russell-
 Diagramm 53, 60
Hesperos 80
Hewish, A. 66
Hexentanzplatz 83
Hey, J. 64
Hindman, J. 101
Hipparchos 11, 17
Holbein, H. 20
Hooke, R. 90
Horoskop 13
Horrocks, J. 35

Houtermans, F. 58
Hoyle, F. 6, 71
Hubble, E. 100, 106, 110
Hubble-Gesetz 110/111
Hubble Deep Field 55, 105
Hubble Ultra Deep Field
 55, 105/105
HUBBLE-Weltraumteleskop
 65, 68, 74/75, 106, 112
Huggins, W. 50
Humason, M. 110, 113
Huygens, C. 42, 86, 93
HUYGENS (Raumsonde) 93
Hypernova 67

I
Infrarotastronomie 64/65, 74
IRAS (Infrarot-Satellit)
 74
Innere Planeten Kap. 21
Internationale Atomzeit
 (TAI) 41
Io 90, 92
Irreguläre Galaxien 106
Irwin, J. 56
Islamische Astronomie 23

J
Jai Singh II. 11
Jakobsstab 10
JAMES-WEBB-Weltraum-
 teleskop 65
Jansky, K. 64
Jantar Mantar (Indien) 11
Jewitt, D. 48
Johannes von Sacrobosco 20
JOINT EUROPEAN TORUS 58
Julianischer Kalender 22
Julius Caesar 22
Juno 45
Jupiter Kap. 23; 28, 32
 Atmosphäre 90
 Entstehung 77
 innerer Aufbau 90
 Magnetfeld 90
 Monde 28, 32, 92
 Radiostrahlung 90

K
Kalender 6, 22
Kallisto 92
Kant, I. 74, 98, 100, 105
Kapteyn, K. 99
Karnak, Theben 8
Katzenaugennebel 60
KECK-Teleskope 43, 68
Keeler, J. 93

Kelvin, Lord 56
Kepler, J. Kap. 9; 25, 33
KEPLER (Satellit) 97
Keplersche Planeten-
 gesetze 35
Keplers Supernova 36
Kirchhoff, G. 50
Kleine Magellansche Wolke
 99, 107
Kolumbus, C. 18
Komet McNaught 48
Komet Shoemaker-Levy 9
 90, 92
Komet Wild 2 49
Kometen 49, 77
Koordinierte Weltzeit
 (UTC) 41
Kopernikus, N. Kap. 6;
 84, 96
Kosmische Hintergrund-
 strahlung 112/113
Krater 77
 auf dem Mond 84
 auf der Erde 84
 auf Europa 92
 auf Mars 87/88, 119
 auf Merkur 80, 83
Kreuz des Südens 12, 107
Kryovulkane 95
Kuiper, G. 48
Kuiper-Gürtel 47–49, 77

L
Lady's Comet 44
Laplace, P. S. 67, 74, 105
LARGE BINOCULAR TELE-
 SCOPE (LBT) 43
LARGE HADRON COLLIDER
 (LHC, CERN) 115, 117
Le Verrier, U. 45, 83
Leben im Universum Kap. 30
Leclerc, G. L. 56
Lemaître, G. 110/111
Leukippos 18
Leviathan von Parsonstown
 66, 105
Levison, H. 77
Liceti, F. 93
Linsenteleskop 42
Lipperhey, H. 28
Lockyer, N. 9
Lokale Galaxiengruppe 102
Lomonossow, M. 83
Lovell, J. 84
Lowell, P. 47, 87
Lowell-Observatorium 47, 87,
 110

LUNIK III (Raumsonde) 78
Lutetia (Asteroid) 48
Luu, J. 48

M
M 31 (Galaxie) 100–102, 110
M 51 (Galaxie) 102
M 87 (Galaxie) 108
Maat Mons 82
Madox Brown, F. 35
Magellan, F. 107
MAGELLAN (Raumsonde)
 82/83
Magellansche Wolken
 70, 102, 107
Maraldi, J. P. 87
MARINER 2 (Raumsonde)
 78, 83
MARINER 4 (Raumsonde)
 78, 88
MARINER 9 (Raumsonde) 88
MARINER 10 (Raumsonde) 82
Mars Kap. 22: 86–89
 Bahn 25, 35
 Erkundung 78/79
 Kanäle 86/87
 Monde 87
 Polkappen 86/87, 88
 Syrtis Major 87
 Wasser 88/89, 119
MARS EXPRESS (Raumsonde)
 87/88
MARS GLOBAL SURVEYOR
 (Raumsonde) 88, 119
MARS ODYSSEY (Raumsonde)
 88
MARS PATHFINDER (Raum-
 sonde) 78/79, 88
MARS RECONNAISSANCE
 ORBITER (Raumsonde) 88
Martinanus Capella 15
Mason, C. 83
Mather, J. 113
Maxwell, J. C. 93
Mayor, M. 97
MCG-6-30-15 (Galaxie) 109
Mechanismus von
 Antikythera 17
Merkur Kap. 21
MESSENGER (Raumsonde)
 82/83
Meteorit 77
Meteorkrater (Arizona) 84
Methan 45, 47, 88, 90, 95
Michell, J. 67
Milchstraße 33; Kap. 25; 106
 Radiostrahlung 64

Millenium-Simulation
 115–117
Miller, W. 8
Mimas 95
Mira 53
Miranda 95
Mittelalter Kap. 5
Mond 28/29; Kap. 22: 84/85
 Erkundung 56, 78
 Finsternis 18
 Röntgenstrahlung 64
 Ursprung 84
Mondbeben 78
Montanari, G. 55
Morabito, L. 92
Morbidelli, A. 77
Muhammad ibn Rushd 23
Muller, A. 101

N
Nazca-Linien 9
Nebel 73, 101
Nebularhypothese 74, 105
Neptun 45, 95
 Bahn 47
Neugebauer, G. 74
Neutronenstern 66, 71, 117
NEW HORIZONS (Raum-
 sonde) 79
Newcomb, S. 56
Newgrange (Irland) 8
Newton, I. Kap. 10;
 43, 96
NGC 1132 (Galaxie) 105
NGC 2346 (Planetarischer
 Nebel) 60
NGC 4526 (Spiralgalaxie) 67
NGC 5195 (Galaxie) 102
Nizza-Modell des Sonnen-
 systems 77
Nokturnal 20
Nullmeridian 41

O
O'Dell, R. 74
Olympus Mons 88
Oort, J. 49, 101
Oortsche Wolke 49, 77
OPPORTUNITY
 (Marsrover) 88
Orion 9, 33, 50, 73
Orion-Nebel 73–77

P
Pallas (Asteroid) 45
Papst Gregor XIII. 22
Parallaxe 36, 50

Pariser Observatorium 41
Parsons, W. 102, 105
Payne-Gaposchkin, C. 50
Peking, kaiserliche Sternwarte 10
Penzias, A. 112
Peuerbach, G. von 24
Phobos 87
PHOENIX (Raumsonde) 88
Piazzi, G. 45
Pickering, E. 50
PIONEER 10 (Raumsonde) 90
PIONEER 11 (Raumsonde) 93
Pitluga, P. 9
PLANCK (Satellit) 113
Planet X 47
Planetarischer Nebel 60–63, 71, 74
Planetenentstehung Kap. 19
Planetenerkundung Kap. 20
Planetesimal 77
Pluto 47, 77, 79
Polarstern 20
Potsdamer Astrophysikalisches Observatorium 53
Pound, R. 63
Proplyd 74, 77
Protoplanet 45, 74, 77
PSR 1257+12 97
Ptolemäus, C. 13/14
Pulsar 66
Pulsarplaneten 97
Purcell, E. 101
Pyramiden 8

Q
Quadrant 10/11, 27
Quasare Kap. 27
Queloz, D. 97
Quintessenz 16

R
Radioastronomie Kap. 16; 66, 101, 108
Reber, G. 64
Rebka, G. 63
Reiche, M. 9
Reifenstein, E. 66
Relativitätstheorie 63, 67, 83, 110, 114
Rheticus 24
Ringnebel 60
Robert-Fleury, J.-N. 31
Roberts, I. 105
Roche, E. 93

Röntgenastronomie Kap. 16; 60, 66
ROSAT (Satellit) 64
ROSETTA (Raumsonde) 48
Roter Riese 60
Roter Überriese 60
Rubin, V. 114/115
Russell, H. N. 52, 60
Rutherford, E. 56
Ryle, M. 110

S
Sagan, C. 119
Sagittarius-Zwerggalaxie 106
Samarkand 23
Saturn 29; Kap. 23: 93/94
Ringe 93
Schiaparelli, G. 87
Schklowski, J. 119
Schmetterlingsnebel 60
Schmidt, M. 109
Schwarzes Loch 63, 66/67, 108/109, 117
Schwarzschild, K. 67
Schwerkraft Kap. 10
Scorpius X-1 64
Scott, D. 56
Search for Extraterrestrial Intelligence (SETI) 119
Secchi, A. 50, 87
Seltene-Erde-Hypothese 119
SETI@home 119
Sextant 10/11
Shapley, H. 99/100, 118
Shoemaker, E. 84
Sirius 63
Slipher, V. 110
Smith, F. G. 108
Smoot, G. 113
Soddy, F. 56
SOJOURNER (Marsrover) 79
SOLARMAX (Satellit) 70
Sonne, Alter 56
Kernenergie 58
Schicksal 58
Sonnenuhr 11, 20
Sonnensystem 74, 77
Somerville, M. 45
Spektrallinien 50
Spiegelteleskop 43
Spiralgalaxie 105
Spiralnebel 105
SPIRIT (Marsrover) 88
SPITZER (Infrarot-Weltraumteleskop) 73

SPUTNIK (Satellit) 78
Staelin, D. 66
Steinsetzungen Kap. 1
Stern von Bethlehem 36
Sternbilder Kap. 3
Sterne Kap. 13
Bedeckungsveränderliche 55
Endstadien Kap. 15
Entfernung 50
Entstehung Kap. 19
Entwicklung Kap. 14
Farbe 50
innerer Aufbau 53
Kernfusion 56–59
Leuchtkraft 50
Masse 52
Riesen 53
Spektroskopie 50
Temperatur 50
Überriesen 53
Zwergsterne 53
Sternenburg 26/27
Sternmuster 12
Stimmgabeldiagramm 106
Stonehenge 6
Strudelgalaxie 102, 105
Stukeley, W. 8
Supernova Kap. 17; 70/71, 114
1987A 70
1994D 67
Überrest 36, 71
von 1054 8/9, 66
von 1572 26, 35/36
von 1604 36
Swedenborg, E. 74, 105

T
Teleskope Kap. 11
Galileis 28
Herschels 44
Lord Rosses 66, 105
Thales von Milet 16
Theia 84
Thomson, W. 56
Tierkreis 15
Tierkreiszeichen 13, 15, 22
Titan 93, 95
Titius, J. 44
Titius-Bodesche Regel 44
Tolosani, G. M. 25
Tombaugh, C. 47
Trans-Neptun-Objekte 48
Trapezsterne 73
Treibhauseffekt 83
Trifidnebel 77
Triton 95

Tsiganis, K. 77
Tychos Supernova 36

U
Überriesen 53, 60, 70
UHURU (Satellit) 64
Ulugh Beg 23
Uranienburg 26/27
Uranus 44/45, 95
Bahn 45
Urknall 111
Uxmal (Mexiko) 9

V
Van Allen 78
van de Hulst, H. 101
van Gent, J. 14
van Leeuwenhoek, A. 12
VELA (Satelliten) 66
VENERA-Sonden 78
VENERA 13 (Raumsonde) 80
VENERA 14 (Raumsonde) 79
Venus 33, 79; Kap. 21
Atmosphäre 83
Bahn 33
Erkundung 78/79
Kalender 9
Phasengestalt 29
Venustransit 35, 83
VENUS EXPRESS (Raumsonde) 83
Verbiest, F. 10
Vermeer, J. 12
VERY LARGE ARRAY (VLA) 108
VERY LARGE TELESCOPE (VLT) 43, 98
Vesta (Asteroid) 45
VIKING 1, 2 (Raumsonden) 88
VIKING-Lander 78
Virgo-Galaxienhaufen 102, 114/115
Vogel, H. C. 50
VOYAGER-Sonden 92/93
VOYAGER 1 (Raumsonde) 79, 92/93
VOYAGER 2 (Raumsonde) 79, 92/93, 95
Vulkan 83

W
Walsh, D. 114
Wasserstoffbombe 59
Wasserstoff 50, 56, 58/59, 70, 74, 92, 101

Wega 74
Wegener, A. 84
Weizsäcker, C. von 58
Wesley, A. 92
Weymann, R. 114
Weiße Zwerge 53, 60, 63, 66, 117
Weltbild
geozentrisch Kap. 4; 25
heliozentrisch Kap. 6
Keplers Modell 34
kopernikanisch Kap. 6; 28, 31, 33
ptolemäisch Kap. 4; 25
Tychos Modell 15, 26
WMAP (Satellit) 113, 115
Williams, R. 106
Wilson, R. 112
WIMPs (schwach wechselwirkende massereiche Teilchen) 117
Wolszczan, A. 96
Wren, C. 41
Wright, T. 93, 98–100

X
XMM-NEWTON (Röntgenteleskop) 36, 64

Y
Yerkes-Teleskop 43

Z
Zach, F. X. von 44
Zeitmessung 20, 41
Zeta Leporis 74
Zij 23
Zwerggalaxien 106
Zwicky, F. 66, 114

Bildnachweis

o = oben, u = unten, r = rechts, m = Mitte, l = links

6/7 Istockphoto.com, 8ol Alamy/George H. H. Huey, 8ur Getty Images, 8/9 Corbis/Bob Krist, 9ur Corbis/Macduff Everton, 10o Corbis/Bettmann, 10u Lonely Planet Images, 11o Getty Images/SSPL, 11u Corbis/Atlantide Phototravel, 12 Science Photo Library/Shelia Terry, 13 Getty Images/SSPL, 14o Corbis/The Gallery Collection, 14u Getty Images, 15o Private Sammlung, 15u Alamy/The Art Gallery Collection, 16 RMN/Hervé Lewandowski, 17o Private Sammlung, 17u Private Sammlung, 18ol Corbis/Antar Dayal/Illustration Works, 18/19 Science Photo Library/Dr. Fred Espenak, 19ur Akg-Images/North Wind Picture Archives, 20ul The Bridgeman Art Library, 20/21 The Bridgeman Art Library/National Gallery, London, UK, 22 Getty Images/De Agostini, 23o The Bridgeman Art Library/Bibliothèque Nationale, Paris, Frankreich, 23u Science Photo Library/NYPL/Science Source, 24o The Bridgeman Art Library/Nicolaus Copernicus Museum, Frauenburg, Polen, 24u Science Photo Library/Royal Astronomical Society, 25l Science Photo Library/Shelia Terry, 25r Private Sammlung, 26o Science Photo Library/Royal Astronomical Society, 26u Science Photo Library/Royal Observatory, Edinburgh, 27o The Bridgeman Art Library/Private Sammlung, 27u Getty Images/SSPL, 28 The Bridgeman Art Library/Galleria Palatina, Palazzo Pitti, Florenz, Italien, 29l The Bridgeman Art Library/Gianni Tortoli, 29or Private Sammlung, 29ur Private Sammlung, 30/31 The Bridgeman Art Library/Louvre, Paris, Frankreich, 32 The Bridgeman Art Library/Vatikan-Museen und Galerien, Vatikanstadt, Italien, 33 Photo Scala, Florenz, Italien, 34o Science Photo Library/Detlev van Ravenswaay, 34, 35u The Bridgeman Art Library/Manchester Art Gallery, UK, 35ol, 35or Topfoto.co.uk/World History Archive, 35ur Private Sammlung, 36/37 Science Photo Library/Caltech Archives, 36o NASA/CXC/Rutgers/J.Warren & J.Hughes et al, 36m NASA/ESA/JHU/R.Sankrit und W.Blair, 38/39 © Tate, London 2009, William Blake 1757–1827, 40o, 40m, 40u Getty Images, 41 Photolibrary.com/Japan Travel Bureau, 41u The Bridgeman Art Library/Private Sammlung, 42 Private Sammlung, 43o Corbis/Jim Sugar, 43u Getty Images/SSPL, 44o Getty Images/SSPL, 44u Science Photo Library/Caltech Archives, 45o Getty Images/SSPL, 45u NASA, 46 NASA, 47 NASA, ESA, und M. Buie (Southwest Research Institute), 48o Getty Images, 48u Science Photo Library/Robert McNaught, 49o The Bridgeman Art Library/ Musée de la Tapisserie, Bayeux, Frankreich, 49u NASA/JPL/Stardust Team, 50o Science Photo Library, 50u Science Photo Library/Dr Jeremy Burgess, 51 © Akira Fujii/DMI, 52ml Getty Images/SSPL, 52ul Science Photo Library/Library of Congress, 52/53 Alamy/LOOK Die Bildagentur der Fotografen GmbH, 54 Science Photo Library/Eckhard Slawik, 55o Science Photo Library/Mark Garlick, 55u NASA/Robert Williams und Hubble Deep Field Team (STScI), 56o NASA, 56u Corbis/Bettmann, 57 NASA, 58o Science Photo Library/James King-Holmes, 58u istockphoto.com, 59o NASA und Hubble Heritage Team (STScI/AURA), 59u United States Department of Energy, 60o Xavier Haubois/Observatoire de Paris et al., 60u, 61/62 NASA/AURA/STScI, 63l NASA, 63r NASA/SAO/CXC, 64m Image courtesy of NRAO/AUI, 64u NASA/Rosat, 65o, 65u NASA, 66o Science Photo Library/Hencoup Enterprises Ltd., 66m Science Photo Library, 66u National Radio Astronomy Observatory, 67ol NASA/ESA/Hubble Key Project Team und High-Z Supernova Search Team, 67 NASA/Swift/Stefan Immler, 68 Science Photo Library/Royal Astronomical Society, 68/69 NASA/Jet Propulsion Laboratory, 70o NASA/ESA und R. Kirshner (Harvard-Smithsonian Center for Astrophysics), 70u Science Photo Library/© Estate of Francis Bello, 71 NASA/CXC/Rutgers/J.Hughes et al, 72/73 NASA/ESA/M. Robberto (Space Telescope Science Institute/ESA) und Hubble Space Telescope, 74o Science Photo Library/Detlev van Ravenswaay, 74u ESO/A.-M. Lagrange et al, 75 NASA/Rodger Thompson/Marcia Rieke/Glenn Schneider/Susan Stolovy (University of Arizona) Edwin Erickson, 76 NASA/Mark McCaughrean (Max-Planck-Institut für Astronomie) und C. Robert O'Dell (Rice University), 77o NASA/ESA und Hubble Heritage Team (STScI/AURA), 77u Private Sammlung, 78 NASA, 79o NASA/JPL, 79u Russische Akademie der Wissenschaften, 80 Science Photo Library/Ria Novosti, 80/81 © Josselin Desmars, 82o NASA/JHU/APL, 82ul, 82ur NASA/JPL, 83 Science Photo Library/Royal Astronomical Society, 84 Science and Society Picture Library/Science Museum, 85 NASA/HQ/GRIN, 86 Science Photo Library/Detlev van Ravenswaay, 87o Photo Scala, Florenz, 87u European Space Agency, 88o, 88m, 88u NASA, 89 NASA/Hubble Site, 90o Science Photo Library, 90u, 91 NASA/JPL/Cornell University, 92om NASA, 92or NASA/JPL/University of Arizona, 92m Science Photo Library/US Geological Survey/NASA, 92u NASA/Hubble Shoemaker-Levy, 93o Science Photo Library/Royal Astronomical Society, 93u NASA/JPL/Space Science Institute, 94 Cassini Imaging Team/SSI/JPL/ESA, 95m NASA/JPL/SSI/LPI, 95ul Science Photo Library/NASA, 95ur NASA/JPL, 96 NASA, ESA und P. Kalas (University of California, Berkeley, USA), 97o CoRoT exo-team, 97m, 97u EROS, 98o Science Photo Library, 98m Science Photo Library/Royal Astronomical Society, 98, 99u ESO/H. H. Heyer, 99o History of Science Collections of the University of Oklahoma, 100/101 NASA/Swift/Stefan Immler (GSFC) und Erin Grand (UMCP), 101r Science Photo Library/Max-Planck-Institut für Radioastronomie, 102l Science Photo Library/Royal Institution of Great Britain, 102/103 NASA/ESA/S. Beckwith (STScI) und Hubble Heritage Team (STScI), 103ur Science Photo Library, 104 NASA/ESA und Hubble Heritage (STScI/AURA)/ESA/Hubble Collaboration. M. West (ESO, Chile), 105 NASA/ESA/S. Beckwith (STScI) und HUDF-Team, 106m Getty Images/Time & Life Pictures, 106u Science Photo Library/Royal Astronomical Society, 107 © Wei-Hao Wang (IfA, U. Hawaii), 108ul NASA/ESA/und J. Madrid (McMaster University), 108/109 NASA, 109 NASA/CXC/SAO/H. Marshall et al., 110/111 Science Photo Library/Royal Astronomical Society, 111r Getty Images, 112 NASA, 113ol Science Photo Library, 113m ESA/LFI und HFI Consortia, 114/115 NASA/N. Benitez (JHU)/T. Broadhurst (Racah-Institut für Physik/Hebräischen Universität)/H. Ford (JHU)/M. Clampin (STScI)/G. Hartig (STScI), G. Illingworth (UCO/Lick Observatory), ACS Science Team und ESA, 115o Science Photo Library/Royal Observatory, Edinburgh/AATB, 115u Getty Images/Barcroft Media, 116ol, 116m, 116u, 116/117 Science Photo Library/Volker Springel/Max-Planck-Institut für Astrophysik, 118 Science Photo Library/Dr. Fred Espenak, 119o Science Photo Library/NASA/JPL/MSSS, 119u Science Photo Library/Paul Rapson

Historische Dokumente

Science and Society Picture Library/Science Museum Pictorial: Dokument 1

Special Collections Library, University of Michigan: Dokument 2

History of Science Collections, University of Oklahoma Libraries: Dokumente 3 und 7

Science Photo Library: Dokument 6; /**Marty Snyderman, Visuals Unlimited:** Dokument 4; /**NASA/VRS:** Dokument 5; /**Royal Astronomical Society:** Dokumente 8, 9, 10, 11, 12 und 13

NASA: Dokument 17; /**HST:** Dokument 14; /**JPL/University of Arizona:** Dokument 15; /**JPL/Space Science Institute:** Dokument 16

Mitarbeiter der englischen Ausgabe

Chefredakteurin: Gemma Maclagan
Redaktion: Philip Parker, Lesley Malkin, Alice Payne und Victoria Marshallsay
Layout: Katie Baxendale
Gestaltung: Sooky Choi
Bildrecherche: Steve Behan
Produktion: Maria Petalidou

Danksagung des Autors

Das elegante Layout dieses Buches stammt aus der Feder von Katie Baxendale und Sooky Choi. Steve Behan gelang es, selbst meine ungenauesten Vorstellungen von Illustrationen zu erfüllen, dabei kamen viele gute Vorschläge von ihm selbst. Die Idee zu diesem Buch hatte Chefredakteurin Gemma Maclagan, die das Projekt in jeder Phase mit ansteckender Begeisterung, großer Kompetenz und einem kritischen und genauen Auge vorangetrieben hat. Mein Dank gilt ihnen und allen anderen bei Carlton, die geholfen haben, dieses Buch so schnell zu verwirklichen.

Paul Murdin